陕西省社会科学基金项目"清至民国陕西农业自然灾害研究"（立项号：11J052）最终成果

西安文理学院专门史省级重点学科专项建设经费资助出版

清至民国陕西农业自然灾害研究

QINGZHI MINGUO SHANXI NONGYE ZIRANZAIHAI YANJIU

耿占军　雷亚妮　等著

中国社会科学出版社

图书在版编目(CIP)数据

清至民国陕西农业自然灾害研究／耿占军等著.—北京：中国
社会科学出版社，2015.4
ISBN 978 – 7 – 5161 – 5875 – 3

Ⅰ.①清…　Ⅱ.①耿…　Ⅲ.①农业 – 自然灾害 – 研究 – 中国 –
清代~民国　Ⅳ.①S42 – 092

中国版本图书馆 CIP 数据核字(2015)第 069569 号

出 版 人	赵剑英
责任编辑	宫京蕾
责任校对	李　楠
责任印制	何　艳

出　　　版	中国社会科学出版社
社　　　址	北京鼓楼西大街甲 158 号
邮　　　编	100720
网　　　址	http://www.csspw.cn
发 行 部	010 – 84083685
门 市 部	010 – 84029450
经　　　销	新华书店及其他书店

印刷装订	北京市兴怀印刷厂
版　　　次	2015 年 4 月第 1 版
印　　　次	2015 年 4 月第 1 次印刷

开　　　本	710×1000　1/16
印　　　张	17
插　　　页	2
字　　　数	253 千字
定　　　价	55.00 元

凡购买中国社会科学出版社图书，如有质量问题请与本社联系调换
电话：010 – 84083683

目　　录

第一章　绪论 ·· （1）

　　第一节　项目研究的意义 ·· （1）

　　第二节　清至民国时期陕西的区域范围 ····························· （3）

　　第三节　陕西的自然状况 ·· （6）

　　第四节　研究综述 ··· （9）

第二章　清至民国陕西农业自然灾害的发生概况及特点 ········· （27）

　　第一节　旱灾的时空分布特点 ··· （28）

　　第二节　水灾的时空分布特点 ··· （33）

　　第三节　雹灾的时空分布特点 ··· （37）

　　第四节　冻灾的时空分布特点 ··· （41）

　　第五节　虫灾的时空分布特点 ··· （44）

　　第六节　风灾的时空分布特点 ··· （46）

　　第七节　小结 ··· （48）

第三章　清至民国陕西农业自然灾害影响的多维分析 ··········· （50）

　　第一节　农业自然灾害与人口的变迁 ································· （50）

　　第二节　农业自然灾害与社会经济的萧条 ························· （70）

　　第三节　农业自然灾害与社会秩序的混乱 ························· （81）

　　第四节　农业自然灾害对社会文化的影响 ························· （88）

第四章　继承与嬗变——清至民国陕西官方救灾机制的发展与

　　　　　完善 ··· （99）

　　第一节　清代陕西官方的救灾措施 ···································· （99）

　　第二节　清代陕西官方的救灾资源调控体系 ···················· （135）

　　第三节　政府主导：民国陕西救灾机制的现代化构建 ········· （144）

第五章　清至民国陕西社会救灾力量的兴起与壮大 …………（185）

　　第一节　民间力量的兴起——清代陕西的社会救灾活动……（186）

　　第二节　民国陕西社会救灾力量的壮大——以华洋义赈会

　　　　　　为例 ………………………………………………（195）

第六章　清至民国时期陕西地区救灾活动的特点、困境与

　　　　启示 ……………………………………………………（220）

　　第一节　清至民国陕西救灾活动的特点 ………………（220）

　　第二节　救灾机制现代化构建的困境 …………………（230）

　　第三节　清至民国陕西救灾活动的启示 ………………（236）

参考文献 ……………………………………………………（239）

后记 …………………………………………………………（267）

第一章 绪论

目前全球自然灾害严重，中国也进入自然灾害频发期，水、旱、风、雹、蝗等农业自然灾害给农业生产和农民生活造成了重大生命与财产损失，亟待学界研究防灾、减灾和救灾的有效机制。

第一节 项目研究的意义

中国自古以来就是一个农业国，农业历来被视为各业之本，备受历代统治者的重视。即使在进行社会主义现代化建设的今天，尽管工业在国民经济中所占的比重已经远远超过了农业，但是农业作为国民经济的基础部门这一地位并未受到丝毫的影响和削弱。尤其对于中国这样一个拥有13亿多人口的大国，对农业的发展更是不敢稍有疏忽。

农业生产是天、地、人三者的统一，人能承天之时，尽地之利，做农之事，就能取得农业生产的丰收。但是天时是变化无常的，正如恩格斯所说："直到今天，农业不但不能控制气候，还不得不受气候的控制。"[①] 正因为人类到目前为止还不能完全有效地控制自然，因而就难免会经常受到水、旱、风、雹、蝗等自然灾害的侵袭，以致给农业生产和农民生活造成极大的灾难。在封建社会以及近代半殖民地半封建社会小农经济条件下，农民的抗灾能力是很弱的，故每逢灾害到来，就有大批的农民流离、逃亡，饥饿而死的人也不在少数，直接影响了社会安定和经济发展，甚至导致王朝的覆灭。20世纪以来，无论是中国还是其他各国，自然灾害及其所造成的损失，都呈现出上升的趋势。这一现象已经引起世界各国的关注，如何有效地防灾减灾

---

① 恩格斯：《反杜林论》，人民出版社1970年版，第172页。

已经成为人类目前所面临的紧迫课题。作为一个农业大国，要解决关系到社会稳定、国家富强、民族复兴的"三农"问题，农业自然灾害具有典型的标本研究价值。

而从研究的时段来看，清到民国时期正处于中国社会从古代到近代发展转型的一个转折时期，一方面，各级政府对灾荒都非常重视，由灾前备荒措施、临灾赈济措施和灾后补救措施等组成的减灾救荒体系比较系统化和全面化；另一方面，虽然作为中国传统救灾形式的"荒政"依然是救灾的主要形式，但是受外国传教士和国内资本主义萌芽的影响，具有现代意义的"义赈"应势而生，二者既合作又碰撞，借鉴西方模式的现代新型救灾机制在形式上逐步建立，并且社会各个阶层、团体发起的新型救灾活动也以积极的姿态参与其中，民间赈灾主体，如外国传教士、本地乡绅等力量的增强以及现代化交通技术的参与，凸显了那个阶段社会救灾机制的时代性和特殊性。所以，研究清至民国时期的社会救灾机制，具有时段上的典型性。

陕西是中国农业的一个重要发源地，曾经长期是中国传统的富庶地区和重要的粮食生产基地。但是，随着历史的发展和社会、政治条件的变化，陕西农业的地位逐渐下降了。尤其是近代以来，当地的农业生态环境不断恶化，灾害频繁发生，农业经济已经远远落后于全国许多地区。而且，陕西地跨中国南北气候和东西经济区衔接的双向过渡带，地理环境丰富多彩，南北跨度大，加上地质时期的构造运动，自北而南以北山、秦岭为界，形成了自然综合特征差异显著的3个自然区：陕北黄土高原、关中渭河平原、陕南秦巴山地。这3个区域地形不同，气候差异显著，农业自然灾害的发生各有侧重，陕北高原一带以旱、雹、霜为主，陕南山地则以水、蝗为主，关中平原旱、蝗、风、雪灾害严重。因此，3个区域的社会救灾机制也各有特点。把"陕西"作为农业自然灾害的研究地域，具有地域代表性。

自然灾害与荒政是互相影响、互相依存的动态关系，即灾害促使政府采取应对措施，而应对措施会反过来对灾害产生消减作用。一些应对措施会发展为稳定的制度设置，如防灾的仓储制度、防旱的兴修水利措施等；当然也有短期行为，如救灾的"异地就食"、减免税役、发放物资、鼓励救济等。防灾、减灾的关键在于"防"，而要做到这一点，最佳、最重要的途径是对灾害的预测，故可对历史时期自然灾害时空分布规律做相应的研究。而通过对清至民国陕西荒政制度的对比，可以体现救灾制度的发展与完善过程。通过对各级官府与民间社会历次救灾实践的总结，对于我们正确认识中国历史上农业自然灾害的演变规律，深入了解清至民国时期防灾、减灾、救灾的经验教训，为现代政府实现"农民增收、农业增长、农村稳定"的目标，有效防灾、减灾、救灾提供借鉴与帮助，具有重要的理论意义和现实意义。

第二节　清至民国时期陕西的区域范围

本项目研究的时间段上自清朝建立（1644）下至中华人民共和国成立（1949），贯穿整个清朝和民国时期，共计306年。从清代到民国的300多年间，陕西省的地域范围虽然变化不大，但受政治、军事、社会经济等各方面因素的影响，内部的行政区划则是多有变化。

清初因明制，陕西与甘肃合为陕甘行省，设左、右两个布政使。康熙六年（1667）七月，陕、甘分省而治。陕西"东濒黄河，南据汉水，西连秦陇，北居朔漠"①，范围与今陕西省大致相同，基本相当于今陕西省长城以南的地域。据《大清一统志》、《续修陕西通志稿》等史料的记载，清代陕西省下辖西安、凤翔、同州、汉中、兴安、榆林、延安等7个府和乾州、邠州、鄜州、绥德州、商州等5个直隶州，各个府、直隶州之下又分别辖有不同数量的州、县、厅等。清中期以后，随着陕南山地的开发，大量流民涌入，为了加强对这些地区的管理，清政府分别在乾隆（1736—1795）、嘉庆（1796—1820）年间于西安府设立孝义厅、宁陕厅，于汉中府设立留坝厅、定远厅、佛坪厅，后又于道光二年（1822）从安康、平利2县分出部分

①　（清）穆彰阿：《大清一统志》卷226，上海古籍出版社2008年版，第524页。

土地设立砖坪厅，隶属于兴安府。因此，晚清时期陕西全省共辖有大小91个州、县、厅（表.1-1）。

　　民国二年（1913）三月，陕西省分设陕中、陕东、陕南、陕西、陕北5道。随后因陕西省地形南北广而东西狭，分设5道，殊形破碎，内务部饬令就地理形势将陕西省划分为陕西中道、陕西南道、陕西北道3道，并调整各道辖县。民国三年（1914）五月，又将陕西中道、陕西南道、陕西北道改设为关中道、汉中道、榆林道等3道。民国二十四年（1935）八月，全省划为榆林、绥德、洛川、商县、安康、南郑等6个行政督察区。中间行政督察区几经变化，到抗日战争后，全省又划分为11个区，行政院于民国三十六年（1947）六月核准备案①。到民国三十六年（1947），全省土地面积187691千米，东接山西、河南、湖北，北邻绥远，西接甘肃，南接四川。东部、南部界限基本与今相近，西部界线亦与今相近，但是西南角宁强县西界与今不同，今界已经西移。北部法律界线仍以长城一线为界，事实界线已经与今界相近②。民国陕西榆林、关中、汉中3道共辖92县，其具体区域范围与陕西省3大自然区基本吻合：关中地区共设置41县，属于关中道，并设西安市；陕北地区设置23县，属于榆林道；陕南地区设置28县，分属汉中道和关中道，商县、雒南、柞水虽属关中道，但其在自然区域上则属于陕南地区（表1-2）。

表1-1　　　　　　　　　　清代陕西政区简表

陕北	延安府	肤施县、安塞县、甘泉县、安定县、保安县、宜川县、延长县、延川县、靖边县、定边县
	榆林府	榆林县、横山县、葭州、神木县、府谷县
	绥德直隶州	绥德州、米脂县、清涧县、吴堡县
	鄜州直隶州	鄜州、洛川县、中部县、宜君县

　　① 傅林祥、郑宝恒：《中国行政区划通史》（中华民国卷），复旦大学出版社2007年版，第395—406页。

　　② 二者的差别，参考申报馆《中国分省新图》第1版、第2版与第3版、第4版、第5版陕西图幅的差异。

续表

关中	西安府	长安县、咸宁县、咸阳县、兴平县、高陵县、临潼县、鄠县、蓝田县、泾阳县、三原县、盩厔县、渭南县、富平县、醴泉县、同官县、耀州、宁陕厅、孝义厅
	凤翔府	凤翔县、岐山县、扶风县、郿县、宝鸡县、汧阳县、麟游县、陇县
	同州府	大荔县、朝邑县、郃阳县、澄城县、韩城县、华阴县、蒲城县、潼关厅、华州、白水县
	乾州直隶州	乾州、武功县、永寿县
	邠州直隶州	邠州、三水县、淳化县、长武县
陕南	汉中府	南郑县、褒城县、城固县、洋县、西乡县、凤县、宁羌州、沔县、略阳县、佛坪厅、留坝厅、定远厅
	兴安府	安康县、平利县、洵阳县、白河县、紫阳县、石泉县、汉阴厅、砖坪厅
	商州直隶州	商州、镇安县、雒南县、山阳县、商南县

表 1 - 2 　　　　　　　　　　　　**民国陕西政区简表**

自然区	辖　县	北京政府	南京政府
陕北	榆林、神木、府谷、葭县、横山、靖边、定边	榆林道（共23县）	第1行政督察区
	安塞、保安（1936年改名志丹）、肤施、延长、甘泉、鄜县		第2行政督察区
	洛川、宜川、中部（1944年改名黄陵）、宜君		第3行政督察区
	米脂、绥德、清涧、吴堡、安定（1939年改名子长）、延川		第11行政督察区
关中	西安市	关中道（共44县）	
	铜川县（1936年由同官改名）		第3行政督察区
	邠县、长武、永寿、乾县、醴泉、栒邑、淳化		第7行政督察区
	大荔、朝邑、平民、郃阳、澄城、蒲城、韩城、白水、华县、华阴、潼关、渭南		第8行政督察区
	宝鸡、凤翔、岐山、扶风、武功、盩厔、郿县、陇县、汧阳、麟游		第9行政督察区
	咸阳、泾阳、高陵、长安（1914年省咸宁入长安）、临潼、蓝田、鄠县、兴平、三原、富平、耀县		第10行政督察区

续表

自然区	辖　　　县	北京政府	南京政府
陕南	商县、雒南、柞水	关中道 （共44县）	第4行政督察区
	商南、山阳、镇安	汉中道 （共25县）	第4行政督察区
	安康、宁陕、石泉、汉阴、洵阳、白河、紫阳、砖坪（1917年改名岚皋）、平利、镇坪（1920年设置）		第5行政督察区
	南郑、褒城、沔县、略阳、凤县、留坝、洋县、佛坪、城固、西乡、镇巴（定远）、宁强		第6行政督察区

资料来源：傅林祥、郑宝恒：《中国行政区划通史》（中华民国卷），复旦大学出版社2007年版，第395—406页；时间段定位为民国三十六年（1947）。

第三节　陕西的自然状况[①]

陕西地处中国西北内陆，位于北纬31°42′—39°35′与东经105°29′—111°15′之间，南北跨度7°53′。地域狭长，南北长约870千米，东西宽200—500千米。地势南北高、中间低，由西向东倾斜，有高原、山地、平原和盆地等多种地形。北山和秦岭从北到南把陕西分为区域差异十分明显的3大区域：即由黄土沉积物堆积而成的陕北高原，由渭河干支流的冲积作用而形成的关中平原，以及由秦岭和大巴山等组成的陕南山地。3个自然区内地貌、气候、水文、植被等环境特征差异明显。

一　陕北黄土高原

位于北纬35°20′30″—38°24′和东经107°41′—110°47′之间，北至陕蒙边境，南到北山，是中国辽阔的黄土高原的一部分，地势西北高、东南低，分布有沙漠、滩地相间地貌、黄土丘陵沟壑与黄土高原沟壑地貌。沙地主要分布在长城沿线，为毛乌素沙漠的一部分，是一

---

① 本部分资料来源：陕西省地方志编纂委员会编：《陕西省志·地理志》，陕西人民出版社2000年版；唐海彬主编：《陕西省经济地理》第一章第一节《自然条件特点及经济评价》，新华出版社1988年版。

个东西长约 420 千米，南北宽 12—120 千米的狭长地带，地势平缓，海拔 1000—1500 米。风沙滩地与关中盆地之间为黄土高原丘陵沟壑与高原沟壑地貌，东以黄河为界，西至陕甘交界与陇东黄土高原相连，海拔 900—1800 米。区域环境的突出特征是黄土广布、土质松散、地形破碎，90% 以上的土地水土流失严重，农业基础薄弱，生产条件较差，为中国黄土高原区的典型代表。这个区域除西北部山区外，大部分属暖温带大陆性季风气候，光照充足；受夏季东南风影响较弱，因此年降水量偏少，大致由西南部向东北部递减。受水分和热量条件的影响，自然植被具有明显的过渡性特色，为典型草原和森林草原，有利于发展林牧业生产。

二 关中渭河平原

位于陕西省中部，介于北纬 33°35′—35°51′和东经 106°19′—110°36′之间，北至北山，南到秦岭，由渭河及其支流冲积而成。地势西高东低，东西长 360 千米，西窄东宽，呈喇叭形，号称"八百里秦川"。渭河横贯平原中部，形成两岸宽广的阶地平原。从渭河向南北两侧，地貌分布依次为：河漫滩—河流阶地—黄土台塬—山前洪积扇—山地，构成这个区域主要的地貌特征。各地自然条件和景观差异较明显，可进一步划分为渭河冲积平原区、渭北黄土台塬北山区、秦岭山麓台塬洪积扇区、秦岭北坡山地区、西部陇山地区 5 个自然区。这个区域属北半球暖温带半湿润季风气候，特点是温暖湿润，四季分明，冬冷夏热，雨热同季，有利于各种农作物的生长发育。关中平原河流众多，长度超过 30 千米的河流共 63 条，流域面积大于 100 平方千米的河流有 135 条。渭河、泾河、洛河的长度均超过 400 千米，流域面积大于 5000 平方千米，为关中三大河流；地下水丰富，类型多样。这个区域的植被、土壤种类丰富多样，又具有明显的地区差异，主要表现在平原与山地、高地与河谷、阴坡与阳坡不同，分成 3 个植被—土壤区，即渭北山地台塬区、渭河河谷平原区、秦岭北坡峰谷区。由于关中地区自然环境的优越性和开发较早的原因，使这一区域很早就有"天府之国"的美誉。

三　陕南秦巴山地

位于秦岭以南，处于北纬 31°42′—34°25′和东经 105°30′—111°1′之间，长约 450 千米，宽约 300 千米，绝大部分为崇山峻岭，盆地、平坝面积不足 10%。地势西高东低，南北高中部低，地形复杂，可进一步划分为 5 个亚区，即秦岭南坡高山中山自然区、秦岭南坡低山丘陵自然区、汉江沿岸宽谷盆地丘陵自然区、大巴山北坡低山丘陵自然区和大巴山亚高山中山自然区，形成两山夹一川的地貌格局。秦岭山系横亘于渭河平原与汉江谷地之间，是长江与黄河的分水岭，也是中国南北方的天然分界线，在陕西境内东西长约 400—500 千米，南北宽 120—180 千米，北坡陡峻，断崖如壁，峡谷深切，河短而流急，多急流瀑布和险滩；南坡较缓，河流源远流长，宽谷与峡谷交替出现，间或有山间断陷盆地分布，如洛南盆地、商丹盆地、山阳盆地、商南盆地、太白盆地、香泉盆地等。汉江谷地界于秦岭、大巴山之间，以 800 米等高线为界，东西长约 450 千米，南北宽 10—60 千米，峡谷与盆地相间出现，主要有汉中盆地、安康盆地等，这部分地区地面平坦，水源充足，土壤肥沃，为陕西省最主要的稻谷产区以及全省亚热带资源的宝库。大巴山地是汉江与嘉陵江的分水岭，基本走向为西北—东南，高出汉江谷地 1000—1500 米。这个区域属北亚热带季风气候，水平地带性和垂直地带性比较明显，其水平区域分异随纬度的增高而减小；垂直分异随海拔高度增加有明显的不同，以植被为标志，形成山地落叶阔叶林气候、山地针阔叶混交林气候和山地针叶林气候 3 个垂直气候带。区域内降水较丰富，年降水量在 800 毫米以上，温暖潮湿，地形变化大，河流密布，有大小河流及山沟多达 20 多万条，其中流域面积大于 100 平方千米以上的河流有 170 多条，流域面积在 1000 平方千米以上的也有 22 条之多，主要河流有汉江、嘉陵江、丹江等，这些大小河流及支流分别构成羽毛状、树枝状水系格局，为陕南农业发展提供了非常丰富的水利资源。

第四节　研究综述

灾害史研究横跨自然科学和社会科学两个方面，其研究成果更是广泛分布于各学科之中。自然科学领域的研究者大多从事天文、地理、气候、农业等学科研究，而社会科学领域的研究者则多是从事历史领域的研究。现代学科意义上的灾害史研究产生于 20 世纪 20 年代初期，不同领域的研究者采取不同的研究方法，为灾害与灾荒学的研究贡献着各自的力量。在诸多涉及清至民国自然灾害的研究成果中，大体可以划分为 3 大类：一是对灾害本身的研究，其中包括对灾害成因、灾害的实际发生情况、灾害的特点及规律等方面的考察；二是对灾害所造成的社会影响的研究，此类研究将灾害的发生与社会的动态紧密地结合在一起，以灾害为线索探讨社会的诸多现况，其中包括灾害与政治、灾害与经济、灾害与社会文化、灾害与群众心理等一系列深层关系；三是有关灾害应对问题的研究，主要是关于救灾、备灾、防灾等方面的研究。清到民国时期农业自然灾害的研究论述颇为丰富，对本书的构思与写作具有重要的参考价值，主要有以下几个方面。

一　关于中国历史时期自然灾害的通论性研究成果

研究灾害首先要找到正确的研究方法。对于灾害研究法，现今可借鉴的成果主要是邹逸麟的《"灾害与社会"研究刍议》[①]与夏明方的《中国灾害史研究的非人文化倾向》[②]。邹逸麟在文章中提到，灾荒研究与社会关系研究是双向互动关系；夏明方在文章中则提出，在灾害史的研究中应同时关注自然和社会两个方面。二者的结论大体一致，就是对于灾害的研究不能单单将视角停留在灾害本身，还要同时关注社会层面，灾害与社会是息息相关的，不能将二者割裂开来。

---

① 邹逸麟：《"灾害与社会"研究刍议》，《复旦大学学报》2000 年第 6 期。

② 夏明方：《中国灾害史研究的非人文化倾向》，《史学月刊》2004 年第 4 期。

关于清代和民国时期自然灾害的研究综述，此前已有学者写过文章。对于清代灾荒的研究，朱浒的《二十世纪清代灾荒史研究评述》①是代表性著作，作者对清代灾荒史研究的历史发展状况进行了回顾，并对具体的研究成果进行了评述，指出各项论著的特点、论述的内容及其优缺点，最后在肯定前人在此领域研究成果的同时，指出了清代灾荒研究领域的不足之处。欧阳晴的《民国自然灾害史研究综述》②则是评述民国时期自然灾害研究成果的代表性论文，作者总结了新中国成立以来民国自然灾害史的研究成果，尤其对 20 世纪 80 年代后期在社会学视角下自然灾害史研究的新成果和新趋向进行了介绍，同时指出今后自然灾害史研究需要在研究深度和广度、拓展资料来源、促进多学科交叉等方面进一步加强。

自然灾害研究的文集是有关灾害研究领域一些代表性成果的集成，涉及灾害领域的诸多方面，研究范围较为宽广。例如：赫志清主编的《中国古代灾害史研究》③，内容涉及先秦至明清历代各类灾害的灾情，对历代的赈灾防灾政策及灾害与社会的关系进行了论述，是一部集合多人研究成就的中国古代自然灾害与对策的专题研究著作。李文海、夏明方主编的《天有凶年——清代灾荒与中国社会》④是针对清代灾荒研究的文集，书中以多编体例对清代灾荒的社会影响、政府及民间的救荒制度与实践、思想层面上的救荒理论进行了相关论述。另外，曹树基主编的《田祖有神——明清以来的自然灾害及其社会应对机制》⑤是一部由 14 篇论文构成的文集，从文化、微生物学、流行病学等角度展开灾荒史研究，并且涉及政府的赈灾救灾措施。

灾害研究领域还有一些工具书性质的著作，这类著作以灾害史料

① 朱浒：《二十世纪清代灾荒史研究评述》，《清史研究》2003 年第 2 期。

② 欧阳晴：《民国自然灾害史研究综述》，《陕西科技学院学报》2008 年第 4 期。

③ 赫治清主编：《中国古代灾害史研究》，中国社会科学出版社 2007 年版。

④ 李文海、夏明方主编：《天有凶年——清代灾荒与中国社会》，三联书店 2007 年版。

⑤ 曹树基主编：《田祖有神——明清以来的自然灾害及其社会应对机制》，上海交通大学出版社 2007 年版。

的整理与统计为主，对历史时期全国发生的各类重大自然灾害情况进行了详细说明，这些著作对后人研究历史时期的自然灾害提供了诸多的便利条件。有关这方面的贡献当首推李文海先生，他是近代中国灾荒研究中用力颇多者，其主持撰写的《近代中国灾荒纪年》[①] 是迄今为止最为完备的中国近代灾荒的资料汇编，该书系统和详细地反映了中国近代各类灾荒发生的原因、灾况及政府的救灾情形。此外，还有陈高佣的《中国历代天灾人祸表》[②]，将历代天灾人祸之事实按年记述，以年为经，以事为纬，是一部灾害资料整理与统计的著作。赵连赏、翟清福主编的《中国历代荒政史料》[③]，是新中国成立以来第一部全面具体收录历史上自然灾害内容的史料集，内容包括历史上各类灾害的灾况及政府的救灾措施，并且首次集中收录了历代皇帝针对各类灾害的朱批奏折，这为灾害的研究提供了极高的史料价值。图集的编纂对自然灾害的研究也十分重要，如中央气象局气象科学研究院主编的《中国近五百年旱涝分布图集》[④]，包括了中国自 1470 年至 1979年历年旱涝分布图 510 幅，为历史时期旱涝灾害研究提供了有价值的地图材料；白虎志等编著的《中国西北地区近 500 年旱涝分布图集（1470—2008）》[⑤]，是研究旱涝灾害的基本材料，为西北地区气候和环境变化的科研和决策服务提供了科学依据。另外，宋正海的《中国古代重大自然灾害和异常年表总集》[⑥]、张波的《中国农业自然灾害史料集》[⑦]、科技部国家计委国家经贸委灾害综合研究组主编的《中

---

① 李文海等：《近代中国灾荒纪年》，湖南教育出版社 1990 年版。

② 陈高佣：《中国历代天灾人祸表》，北京图书馆出版社 2008 年版。

③ 赵连赏、翟清福主编：《中国历代荒政史料》，京华出版社 2010 年版。

④ 中央气象局气象科学研究院主编：《中国近五百年旱涝分布图集》，地图出版社 1981 年版。

⑤ 白虎志、董安祥、郑广芬等编著：《中国西北地区近 500 年旱涝分布图集（1470—2008）》，气象出版社 2010 年版。

⑥ 宋正海：《中国古代重大自然灾害和异常年表总集》，广东教育出版社 1992 年版。

⑦ 张波：《中国农业自然灾害史料集》，陕西科学技术出版社 1994 年版。

国重大自然灾害与社会图集》①、马宗晋主编的《中国重大自然灾害
及减灾对策（分论）》② 等，都是以灾害史料的整理与统计为主，其
中也涉及灾害的类型、规律及相关应灾措施。

对于灾害本身的研究，上文中已经提到，这个领域涉及灾害的成
因、灾况、灾害的特点及规律等。现今这个领域的研究成果颇多，主
要成果大体有：朱凤祥的《中国灾害通史·清代卷》③，分析了灾害
的发生概况、时空分布、危害程度等，当然也涉及当时的救灾制度、
救灾措施及相关的防灾理念；李文海等所著的《中国近代十大灾
荒》④，则对中国近代史上灾情尤为严重、影响巨大的 10 次自然灾害
进行了相关论述。另外，李文海与周源所著的《灾荒与饥馑：1840—
1919》⑤，是一部专门研究近代灾荒史的开拓性历史新著，将"天灾"
与"人祸"联系在一起，对于产生灾害的社会因素的研究具有独到
见解，以求将灾荒的研究最终应用于社会需求；孔祥成、刘芳的《试
论民国时期的战争与灾荒》⑥ 一文，认为战争与灾荒是民国时期的两
大显征，二者之间存在着紧密的因果关系；李明志、袁嘉祖所写的
《近 600 年来我国的旱灾与瘟疫》⑦，依据相关的历史文献、气象史料
及地方志，以时间为线索，对 15—19 世纪、20 世纪的旱灾与疫情进
行了大体论述，并且得出旱灾与疫情的相关性规律；刘毅、杨宇的论
文《历史时期中国重大自然灾害时空分异特征》⑧，对中国历史时期

① 科技部国家计委国家经贸委灾害综合研究组主编、广州地理研究所协编：《中国重
大自然灾害与社会图集》，广东科技出版社 2004 年版。
② 马宗晋主编：《中国重大自然灾害及减灾对策（分论）》，科学出版社 1993 年版。
③ 朱凤祥：《中国灾害通史·清代卷》，郑州大学出版社 2009 年版。
④ 李文海、程歗、刘仰东、夏明方：《中国近代十大灾荒》，上海人民出版社 1994
年版。
⑤ 李文海、周源：《灾荒与饥馑：1840—1919》，高等教育出版社 1991 年版。
⑥ 孔祥成、刘芳：《试论民国时期的战争与灾荒》，《延安大学学报》（社会科学版）
2007 年第 5 期。
⑦ 李明志、袁嘉祖：《近 600 年来我国的旱灾与瘟疫》，《北京林业大学学报》（社会
科学版）2003 年第 3 期。
⑧ 刘毅、杨宇：《历史时期中国重大自然灾害时空分异特征》，《地理学报》2012 年
第 3 期。

的重大自然灾害进行了梳理，并且得出重大自然灾害发生的频次、时空格局分异特征，将灾种与发生频次及灾害损失之间的相互关系结合在一起；张喜顺、羊守森的《民国时期灾荒探析》① 一文，对民国时期灾荒的特点、灾荒成因及灾荒的影响进行了简要论述；吴德华的《试论民国时期的灾荒》② 一文，对民国时期灾荒的特点、灾荒的影响及发生原因进行了系统性论述。

　　一次重大灾荒的后果不亚于一场战争，灾荒影响的严重性凸显于社会的各个层面，研究灾荒的社会影响，探讨灾荒与社会深层结构之间的复杂关系，最终将成果服务于社会，无疑是众多学者的最终目的。现今这个领域的研究成果也非常丰硕，其着力点多是探讨灾荒与政治、灾荒与经济、灾荒与思想理念之间的关系。刘仰东、夏明方所著的《百年灾荒史话》③ 是一部全面介绍灾荒社会影响的代表性著作，主要介绍的是发生在 1840—1949 年间的自然灾害以及与此相关的史事，并且将灾荒与当时中国的政治、经济、军事和文化等各个领域相衔接，体现灾害所造成的社会影响。康沛竹所著的《灾荒与晚清政治》④，主要研究晚清灾荒的社会影响，揭示了晚清灾荒频发的政治原因，将灾荒与晚清政局相挂钩，体现二者之间的相互关系。夏明方的《民国时期自然灾害与乡村社会》⑤，对民国时期自然灾害与乡村社会各个方面的互动关系进行了系统分析，体现了自然灾害的形成与演变规律，指出了灾害源与社会脆弱性的相互作用。张艳丽所著的《嘉道时期的灾荒与社会》⑥，则是一部以嘉道时期为一个整体时段，从灾荒切入社会，探讨这一时期的灾荒成因，分析灾荒的社会影响，总结政府的应灾举措，最终凸显特殊时期的特殊社会现象。卜风贤的

---

① 张喜顺、羊守森：《民国时期灾荒探析》，《贵州文史丛刊》2004 年第 1 期。
② 吴德华：《试论民国时期的灾荒》，《武汉大学学报》1993 年第 3 期。
③ 刘仰东、夏明方：《百年灾荒史话》，社会科学文献出版社 2000 年版。
④ 康沛竹：《灾荒与晚清政治》，北京大学出版社 2002 年版。
⑤ 夏明方：《民国时期自然灾害与乡村社会》，中华书局 2000 年版。
⑥ 张艳丽：《嘉道时期的灾荒与社会》，人民出版社 2008 年版。

《农业灾荒论》① 是研究农业灾荒的著作，从灾荒理论、灾荒发生演变规律、农业减灾与农村社会发展等多方面进行灾荒研究。孟昭华的《中国灾荒史记》②，主要记载了历代灾荒对民生的影响；李文海的《中国近代灾荒与社会生活》③，对近代灾荒状况及其同社会生活的关系做了一个轮廓性的介绍；刘仰东的《灾荒：考察近代中国社会的另一个视角》④，以灾荒为独特视角，对近代中国社会的受灾性及近代灾害的社会影响进行了相关论述；王虹波在《论民国时期灾荒对民生的影响》⑤《论民国时期自然灾害对乡村经济的影响》⑥ 两篇文章中，分别论述了自然灾害对人口的削减及流动、恶化社会环境、人们的精神思想及农业生产造成的严重影响；胡克刚在《试论晚清时期灾荒及其政治后果》⑦ 中，对晚清时期的灾荒基本情况及灾荒与政治的关系进行了论述。

中国古代把国家有关救济灾荒的法令、制度与政策措施统称为荒政。荒政是中国古代政治中一个非常特殊而且重要的领域。由于清朝至民国时期中国的灾荒具有频发性与严重性，破坏力非常大，故使得此时期的荒政更显突出，有关此时期灾荒应对问题方面的研究成果数量亦为可观。有关此领域的成果，当首推邓拓的《中国救荒史》⑧，此著作对历代灾荒史实进行了分析，对历代救荒思想的发展及历代救荒政策的实施进行了分编论述，并附有中国历代救荒大事年表，是"一部全面系统的中国救荒史专著"。清代荒政的研究无论是在数量

① 卜风贤：《农业灾荒论》，中国农业出版社 2006 年版。
② 孟昭华：《中国灾荒史记》，中国社会出版社 2003 年版。
③ 李文海：《中国近代灾荒与社会生活》，《近代史研究》1990 年第 5 期。
④ 刘仰东：《灾荒：考察近代中国社会的另一个视角》，《清史研究》1995 年第 2 期。
⑤ 王虹波：《论民国时期灾荒对民生的影响》，《通化师范学院学报》2006 年第 3 期。
⑥ 王虹波：《论民国时期自然灾害对乡村经济的影响》，《通化师范学院学报》2007 年第 1 期。
⑦ 胡克刚：《试论晚清时期灾荒及其政治后果》，《湘潭师范学院学报》1992 年第 5 期。
⑧ 邓拓：《中国救荒史》，三联书店 1961 年版。

还是在质量上都远远超过了其他的朝代，如李向军的《清代荒政研究》①，论述了清代的防灾减灾活动及其基本特征，其发表的论文《清代前期的荒政与吏治》②更是从经济史与政治史的视角，考察了清代荒政和清代政治的某些关系，得出吏治是影响荒政成效的重要因素。另外一些学术论文，如鲁克亮的《清末民初的灾荒与荒政研究（1840—1927）》③，对清末民初的义赈和荒政近代化进行了研究，这对了解这一时期的灾害应对机制具有重要的借鉴意义；叶依能的《清代荒政述论》④则是对清代荒政的特点、救荒措施、荒政评价等方面进行了论述。管恩贵的《晚清灾荒与荒政研究》⑤主要是针对晚清时期（1840—1911）的自然灾害及其成因，考察了清政府的救荒政策，评析了晚清政府荒政的得失；张若开在《晚清时期的灾荒及清政府的赈灾措施》⑥中，对晚清时期中国自然灾害的发生、灾害原因及影响进行了阐述，并且对清代赈灾措施及其特点进行了总结与评价；曹琳、许颖写的《浅述清代荒政程序及措施》⑦，对清代荒政的基本程序及措施加以阐述，得出清代备荒救灾已成体系并取得很大成效的结论。

关于救灾思想的研究成果主要有张涛、项永琴、檀晶合著的《中国传统救灾思想研究》⑧与苏全有、邹宝刚所写的论文《晚清赈灾思

---

①　李向军：《清代荒政研究》，中国农业出版社 1995 年版。

②　李向军：《清代前期的荒政与吏治》，《中国社会科学院研究生院学报》1993 年第 3 期。

③　鲁克亮：《清末民初的灾荒与荒政研究（1840—1927）》，硕士学位论文，广西师范大学，2004 年。

④　叶依能：《清代荒政述论》，《中国农史》1998 年第 4 期。

⑤　管恩贵：《晚清灾荒与荒政研究》，硕士学位论文，山东大学，2008 年。

⑥　张若开：《晚清时期的灾荒及清政府的赈灾措施》，硕士学位论文，吉林大学，2006 年。

⑦　曹琳、许颖：《浅述清代荒政程序及措施》，《学理论》2009 年第 15 期。

⑧　张涛、项永琴、檀晶：《中国传统救灾思想研究》，社会科学文献出版社 2009 年版。

想研究评述》①，前者对中国传统救灾思想进行了广泛的考察与系统
整理，分析总结了中国历史时期的防灾救灾思想主张，形成一部以救
灾思想为线索的中国思想文化史；后者则是从官赈思想和义赈思想两
个方面对晚清赈灾思想的研究进行了评述。而蔡勤禹、李元峰写的
《试论近代中国社会救济思想》②，认为近代西方社会救济思想及制度
传入中国，引起了中国传统社会救济思想的变革，并且指出清末民国
思想界正试图结合社会救济思想主张，构建新的社会保障体系。

　　对于中国救灾制度的研究成果主要有孙绍聘的《中国救灾制度研
究》③，该书介绍了各种自然灾害及其成因及灾害的特点与发展趋势，
对中国救灾制度的演变进行了阐述。李军的《中国传统社会的救灾：
供给阻滞与演进》④，则对中国传统社会的救灾制度体系进行层级划
分，将救灾制度的演变与中国王朝的更替相联系。另外，张明爱、蔡
勤禹写的《民国时期政府救灾制度论析》⑤、马真写的《南京国民政
府救灾体制研究（1927—1937）》⑥，都对民国时期的救灾体制进行了
相关研究，并且分析了其中的利与弊。对于民国时期的灾害应对研究
还有杨琪的《民国时期的减灾研究（1912—1937）》⑦，以民国时期抗
战前的减灾问题为主旨，运用多学科知识对民国减灾政策、措施、救
灾方式的演化做了总体研究。葛凤的《〈大公报〉与近代灾荒救济》⑧
与徐元德的《1935年水旱灾害与救济——大众传媒视阈下》⑨，分别

---

　　① 苏全有、邹宝刚：《晚清赈灾思想研究评述》，《防灾科技学院学报》2011年第
1期。

　　② 蔡勤禹、李元峰：《试论近代中国社会救济思想》，《东方论坛》2002年第5期。

　　③ 孙绍聘：《中国救灾制度研究》，商务印书馆2004年版。

　　④ 李军：《中国传统社会的救灾：供给阻滞与演进》，中国农业出版社2011年版。

　　⑤ 张明爱、蔡勤禹：《民国时期政府救灾制度论析》，《东方论坛》2003年第2期。

　　⑥ 马真：《南京国民政府救灾体制研究（1927—1937）》，硕士学位论文，山东师范大
学，2006年。

　　⑦ 杨琪：《民国时期的减灾研究（1912—1937）》，齐鲁书社2009年版。

　　⑧ 葛凤：《〈大公报〉与近代灾荒救济》，硕士学位论文，山东师范大学，2007年。

　　⑨ 徐元德：《1935年水旱灾害与救济——大众传媒视阈下》，硕士学位论文，安徽大
学，2011年。

从《大公报》等宣传媒体及大众传媒的视角进行研究，体现出二者在民国时期灾害救助过程中所起的作用。

另外，诸如倪玉平的《试论清代的荒政》①、吕美颐《略论清代赈灾制度中的弊端与防弊措施》②、杨明《清朝救荒政策述评》③、宋湛庆《宋元明清时期备荒救灾的主要措施》④ 等，都是关于灾害应对方面的研究成果。这些成果对于本专题的研究都具有借鉴价值。

义赈是荒政之外的救荒形态，是晚清、民国时期民间自发的跨地域救荒活动。虽然义赈仍然属于灾荒应对的领域，但是由于其在晚清、民国时期的特殊地位及影响力，故将其研究成果在此单独表述。现今对于义赈研究的著作主要有：朱浒的《地方性流动及其超越：晚清义赈与近代中国的新陈代谢》⑤、蔡勤禹的《民间组织与灾荒救治——民国华洋义赈会研究》⑥、薛毅的《中国华洋义赈救灾总会研究》⑦ 等，深入研究了义赈在中国的形成和发展演变进程，是研究近代中国社会团体、民间组织的救灾机制及其与中国社会转型之间关系的著作。靳环宇的《晚清义赈组织研究》⑧，则从历时性和共时性的研究视角聚焦于晚清义赈组织，概括了义赈组织的结构和功能，并且初步探讨了其成败得失问题。研究论文则主要有蔡勤禹的《华洋义赈会工赈救灾活动析论》⑨，以华洋义赈会为研究对象，以近代中国为社会背景，凸显出义赈的社会作用；杨琪、徐林的《试论华洋义赈会

---

① 倪玉平：《试论清代的荒政》，《青岛大学学报》2002 年第 4 期。

② 吕美颐：《略论清代赈灾制度中的弊端与防弊措施》，《兰州大学学报》1995 年第 4 期。

③ 杨明：《清朝救荒制度述评》，《四川师范大学学报》1988 年第 3 期。

④ 宋湛庆：《宋元明清时期备荒救灾的主要措施》，《中国农史》1990 年第 2 期。

⑤ 朱浒：《地方性流动及其超越：晚清义赈与近代中国的新陈代谢》，中国人民大学出版社 2006 年版。

⑥ 蔡勤禹：《民间组织与灾荒救治——民国华洋义赈会研究》，商务印书馆 2005 年版。

⑦ 薛毅：《中国华洋义赈救灾总会研究》，武汉大学出版社 2008 年版。

⑧ 靳环宇：《晚清义赈组织研究》，湖南人民出版社 2008 年版。

⑨ 蔡勤禹：《华洋义赈会工赈救灾活动析论》，《东方论坛》2004 年第 4 期。

的工赈赈灾》①，则以义赈为主题，体现出"防灾胜于救灾"的基本理念。另外，杨剑利的《晚清社会灾荒救治功能的演变——"以丁戊奇荒"的两种赈济方式为例》②，对晚清特大旱灾"丁戊奇荒"的两种赈灾方式进行了论述，其中一种便是义赈；而虞和平的《经元善集》③、夏东元的《郑观应集》④ 以及《申报》等都不乏关于清代义赈的资料，这些对本书的写作都有一定的借鉴价值。

对于自然灾害的研究还有众多的个案研究成果。在实证的个案研究方面，汪汉忠的《灾害社会与现代化：以苏北民国时期为中心的考察》⑤，以苏北为个案研究对象，对灾害发生的概况、灾害赈济及灾害对社会的影响进行了论述，并且得出灾荒是导致苏北现代化滞后的直接原因。陈业新的《明至民国时期皖北地区灾害环境与社会应对研究》⑥ 与尹玲玲的《明清两湖平原的环境变迁与社会应对》⑦，都属于500年来环境变迁与社会应对丛书系列，二者分别以皖北地区和两湖平原为个案进行相关灾害问题的研究。另外，苏新留的《民国时期河南水旱灾害与乡村社会》⑧、池子华的《明清直隶灾害及救灾措施研究》⑨、吴媛媛的《明清时期徽州的灾害及其社会应对》⑩、高岩的

① 杨琪、徐林：《试论华洋义赈会的工赈赈灾》，《北方论坛》2005 年第 2 期。

② 杨剑利：《晚清社会灾荒救治功能的演变——"以丁戊奇荒"的两种赈济方式为例》，《清史研究》2000 年第 4 期。

③ 虞和平：《经元善集》，华中师范大学出版社 1988 年版。

④ 夏东元：《郑观应集》，上海人民出版社 1988 年版。

⑤ 汪汉忠：《灾害社会与现代化：以苏北民国时期为中心的考察》，社会科学文献出版社 2005 年版。

⑥ 陈业新：《明至民国时期皖北地区灾害环境与社会应对研究》，上海人民出版社 2008 年版。

⑦ 尹玲玲：《明清两湖平原的环境变迁与社会应对》，上海人民出版社 2008 年版。

⑧ 苏新留：《民国时期河南水旱灾害与乡村社会》，博士学位论文，复旦大学，2003 年。

⑨ 池子华：《明清直隶灾害及救灾措施研究》，《清史研究》2007 年第 2 期。

⑩ 吴媛媛：《明清时期徽州的灾害及其社会应对》，博士学位论文，复旦大学，2007 年。

《明清时期四川地区水灾及社会救济》①、吴启琳的《明清时期丰城水灾与灾后社会应对》②、孙语圣的《民国时期自然灾害救治社会化研究——以 1931 年大水灾为重点的考察》③ 等，都是关于灾害个案研究的成果。虽然这些成果基本未涉及西北地区，但是研究的思路与方法对于本课题的研究具有借鉴意义。

二　关于历史时期西北地区自然灾害的区域性研究成果

中国西北地区包括陕甘宁青新 5 省和自治区，地处欧亚大陆腹地，从灾害学的角度来说，是处于西北风沙、水土流失多灾区和西部地震、高寒灾害区④。由于西北地区独特的自然条件，加之脆弱的生态环境，更是因为人为因素的影响，使得西北地区的自然灾害更具频繁性、严重性等特点，极大地影响了西北地区经济社会的发展，故对西北地区自然灾害的研究历来备受学者们的重视。

提及西北地区自然灾害的研究成果，当首推袁林的《西北灾荒史》⑤。这部著作分上下两编，上编主要是研究自然灾害的理论、方法以及发生规律，下编则是以时间编年形式记叙了中国历史时期西北地区各种自然灾害的发生情况，引用的史料多为正史或地方志，考证严实，是一部灾荒资料的汇编。温艳的《20 世纪 20—40 年代西北灾荒研究》⑥、李喜霞的《民国时期西北地区的灾荒研究》⑦，则对民国

---

①　高岩：《明清时期四川地区水灾及社会救济》，硕士学位论文，西南大学，2010 年。

②　吴启琳：《明清时期丰城水灾与灾后社会应对》，《西南科技大学学报》（哲学社会科学版）2011 年第 1 期。

③　孙语圣：《民国时期自然灾害救治社会化研究——以 1931 年大水灾为重点的考察》，博士学位论文，苏州大学，2006 年。

④　何爱萍的《灾害经济学》把全国分为 8 大自然灾害区，其中陕西、甘肃、宁夏位于西北风沙、水土流失多灾区，以干旱、水土流失、沙漠化、滑坡等自然灾害为主；青海、新疆位于西部地震、高寒灾害区，以地震、雪崩、雪灾等自然灾害为主。

⑤　袁林：《西北灾荒史》，甘肃人民出版社 1994 年版。

⑥　温艳：《20 世纪 20—40 年代西北灾荒研究》，硕士学位论文，西北大学，2005 年。

⑦　李喜霞：《民国时期西北地区的灾荒研究》，《西安文理学院学报》（社会科学版）2006 年第 2 期。

时期西北地区灾荒的特点、发生规律、灾荒对社会的影响及当时政府的赈灾措施进行了论述，并且在一定程度上对义赈做了相关研究。

对于西北地区自然灾害本身的研究成果则主要有王金香的《近代北中国旱灾特点》[①] 与《近代北中国旱灾成因探析》[②]，这两篇文章分别从旱灾的特点、产生因素方面对中国北方地区近代旱灾进行了系统论述。杨志娟的《近代西北地区自然灾害特点规律初探——自然灾害与近代西北社会研究之一》[③]，对近代西北地区自然灾害的发生概况、灾害暴发规律进行了论述。温艳的《民国时期西北地区灾祸因素探析》[④]《民国时期西北地区灾荒成因探析》[⑤]《民国时期西北地区灾荒与社会脆弱性问题》[⑥]《民国时期西北地区自然灾害特征》[⑦] 等一系列文章，对民国时期西北地区自然灾害的影响因素、特征规律以及灾荒与社会脆弱性的关系进行了研究。王金香的《光绪初年北方五省灾荒述略》[⑧]，对光绪年间的特大旱灾——"丁戊奇荒"的社会原因进行了探索，得出灾荒的严重性在一定程度上取决于政府的腐败及农业的衰退。

对于西北地区灾荒的社会影响研究，则有王向辉、卜风贤、樊志民的《历史时期西北地区季节性灾害对农业技术选择的影响》[⑨]，此文从农业技术的角度对历史时期西北地区的防灾减灾策略进行了论

---

① 王金香：《近代北中国旱灾特点》，《黄河科技大学学报》2000 年第 1 期。

② 王金香：《近代北中国旱灾成因探析》，《晋阳学刊》2000 年第 6 期。

③ 杨志娟：《近代西北地区自然灾害特点规律初探——自然灾害与近代西北社会研究之一》，《西北民族大学学报》（哲学社会科学版）2008 年第 4 期。

④ 温艳：《民国时期西北地区灾祸因素探析》，《陕西理工学院学报》（社会科学版）2006 年第 3 期。

⑤ 温艳：《民国时期西北地区灾荒成因探析》，《社会科学家》2010 年第 3 期。

⑥ 温艳：《民国时期西北地区灾荒与社会脆弱性问题》，《陕西理工学院学报》（社会科学版）2010 年第 4 期。

⑦ 温艳：《民国时期西北地区自然灾害特征》，《甘肃社会科学》2012 年第 4 期。

⑧ 王金香：《光绪初年北方五省灾荒述略》，《山西师范大学学报》（社会科学版）1991 年第 4 期。

⑨ 王向辉、卜风贤、樊志民：《历史时期西北地区季节性灾害对农业技术选择的影响》，《安徽农业科学》2007 年第 34 期。

述，凸显出农业减灾技术的重要性；雷波的《历史时期西北地区自然灾害与农业生产结构变迁研究》①与卜风贤、彭莉的《明清时期西北地区自然灾害与农业生产结构变化》②，围绕历史时期西北地区自然灾害与农业生产结构的互动关系展开论述，分析了自然灾害对农业生产结构变迁的影响，并且剖析了农业结构变迁对灾害的反作用；温艳、岳珑的《论民国时期西北地区自然灾害对人口的影响》③，论述了灾害对人口数量、质量、伦理道德等方面所产生的严重影响；李强的《民国时期西北民族地区灾荒引发的社会问题研究》④，论述了民国时期因西北地区的频繁灾荒而引起的鸦片问题、救济问题、人口问题、土匪问题等，这给当时的民族社会带来了深远影响；沈社荣的《浅析 1928—1930 年西北大旱灾的特点及影响》⑤，专门针对 1928—1930 年西北大旱灾展开研究，对旱灾的特点及影响做了相关分析。温艳的《灾荒与人性——以民国时期西北为例》⑥，着重论述了民国时期西北灾荒在人们心理、伦理道德等精神层面上所造成的恶劣影响。

在灾害应对层面，针对历史时期西北地区的自然灾害，政府与群众也实施了相应的防灾救灾措施，目前的研究成果主要有尚季芳的《传教士与民国甘宁青社会赈灾研究》⑦，从宗教视角将外国传教士与甘宁青的灾荒相联系，论述了传教士在记述灾情及参与救灾方面的积

---

① 雷波：《历史时期西北地区自然灾害与农业生产结构变迁研究》，硕士学位论文，西北农林科技大学，2008 年。

② 卜风贤、彭莉：《明清时期西北地区自然灾害与农业生产结构变化》，《安徽农业科学》2008 年第 21 期。

③ 温艳、岳珑：《论民国时期西北地区自然灾害对人口的影响》，《求索》2010 年第 9 期。

④ 李强：《民国时期西北民族地区灾荒引发的社会问题研究》，硕士学位论文，兰州大学，2006 年。

⑤ 沈社荣：《浅析 1928—1930 年西北大旱灾的特点及影响》，《固原师专学报》（社会科学版）2002 年第 1 期。

⑥ 温艳：《灾荒与人性——以民国时期西北为例》，《社会科学家》2005 年第 12 期。

⑦ 尚季芳：《传教士与民国甘宁青社会赈灾研究》，《宗教学研究》2010 年第 3 期。

极作用；温艳的《再论民国时期灾荒与国民政府开发西北》①，论述
了国民政府面对西北灾荒，大力开发西北，水利建设成效显著，但是
由于忽视了环境保护，最终没有达到根治西北灾荒的目的。

三　关于清至民国时期陕西自然灾害的区域性研究成果

陕西三个自然区之间，自然环境与社会经济差异明显，因而针对
各个区域的分区研究比较多见。关中地区是陕西人口密集、经济发达
地区，对关中灾荒的研究多是从自然地理的角度进行的。赵景波等人
发表了一系列论文，如《渭河流域汉代洪涝灾害研究》②《渭河关中
段近400a来洪涝灾害变化研究》③ 和《明代泾河流域洪涝灾害研
究》④，这些论文对关中地区洪涝灾害发生的时间、等级、规律等进
行了探究。另外，张玉芳等的《关中地区历史特大干旱探讨》⑤、唐
亦工、郝松枝的《关中地区旱涝灾害演变的时间序列分形研究》⑥ 亦
属于这一方面的文章。从历史文化角度对清代关中灾荒研究的代表作
是朱瑾的《晚清关中农业灾害与民间信仰风俗》⑦，分析了晚清关中
地区主要的农业灾害及其民间应对方式，重在对信仰与社会应灾关系
的探讨。

陕南的开发在清代呈现快速化的态势，对这个区的研究既有对自

---

① 温艳：《再论民国时期灾荒与国民政府开发西北》，《甘肃社会科学》2011 年第
1 期。

② 张冲、赵景波、张淑源：《渭河流域汉代洪涝灾害研究》，《地理科学》2011 年第
9 期。

③ 赵景波、龙腾文、陈颖：《渭河关中段近 400 a 来洪涝灾害变化研究》，《水土保持
通报》2010 年第 2 期。

④ 阴雷鹏、赵景波：《明代泾河流域洪涝灾害研究》，《干旱区资源与环境》2008 年
第 8 期。

⑤ 张玉芳、邢大韦、刘明云、粟晓玲：《关中地区历史特大干旱探讨》，《西北水资源
与水工程》2002 年第 3 期。

⑥ 唐亦工、郝松枝：《关中地区旱涝灾害演变的时间序列分形研究》，《西北大学学
报》2001 年第 3 期。

⑦ 朱瑾：《晚清关中农业灾害与民间信仰风俗》，《西藏民族学院学报》（哲学社会科
学版）2007 年第 3 期。

然灾害本身发生原因、过程、分布的探讨，如张健、曹志红的《清代安康地区水灾的时空分布》①、张健民的《碑石所见清代后期陕南地区的水利问题与自然灾害》② 等；也有对灾害影响进行探析的，如蔡云辉的《洪灾与近代陕南城镇》③。另外，关于清代陕南社会应灾机制研究的论文也有两篇：张韬岚的《试论清代陕南地区的荒政实施》④、张健的《灾害与应对——以清代安康地区为例》⑤。

　　关于陕北地区灾害的研究主要集中于明代，专门论述清代、民国时期陕北灾害的文章主要有：于国珍的《清代陕北地区旱灾时空特征分析》⑥，对陕北地区的旱灾资料进行了统计分析，从其结论可以看出，道光二十年至宣统二年（1840—1910）为陕北地区旱灾的高发期，这也从一个侧面反映了对这一阶段进行研究的必要性；王颖的《1923—1932 年陕北自然灾害的初步研究》⑦，指出 1923—1932 年陕北自然灾害具有受灾时间长、范围广，受害程度不一、地域不平衡，受灾种类多、多灾并发的特点，自然环境的不稳定性、脆弱性及恶劣的社会政治环境是其原因；冯圣兵的《陕甘宁边区灾荒研究（1937—1947）》⑧，较为系统地对边区灾荒的概况、成因及边区救助思想、组织程序与措施进行了考证。

---

　　① 张健、曹志红：《清代安康地区水灾的时空分布》，《安康学院学报》2009 年第 3 期。

　　② 张健民：《碑石所见清代后期陕南地区的水利问题与自然灾害》，《清史研究》2002 年第 2 期。

　　③ 蔡云辉：《洪灾与近代陕南城镇》，《西安电子科技大学学报》（社会科学版）2003 年第 3 期。

　　④ 张韬岚：《试论清代陕南地区的荒政实施》，硕士学位论文，复旦大学，2010 年。

　　⑤ 张健：《灾害与应对——以清代安康地区为例》，硕士学位论文，陕西师范大学，2009 年。

　　⑥ 于国珍：《清代陕北地区旱灾时空特征分析》，西北地区人地关系演变与历史地理学学术研讨会论文，西安，2010 年 10 月。

　　⑦ 王颖：《1923—1932 年陕北自然灾害的初步研究》，《气象与减灾研究》2006 年第 3 期。

　　⑧ 冯圣兵：《陕甘宁边区灾荒研究（1937—1947）》，硕士学位论文，华中师范大学，2001 年。

　　关于陕西历史时期自然灾害发生原因、发生次数、分布规律等的研究主要有：袁林的《陕西历史旱灾发生规律研究》①《陕西历史水涝灾害发生规律研究》②，分别对陕西历史时期水、旱灾害的发生规律进行了分析；于玲玲的《陕西旱作农区旱灾发生的时空规律及减灾政策研究》③、石忆邵的《陕西省干旱灾害的成因及其时空分布特征》④ 等，都剖析了陕西省干旱的成因及其影响因素，阐述了旱灾的时空分布特征；李登弟、朱凯的《史籍方志中关于陕西水旱灾情的记述》⑤，通过分析历史上陕西水旱灾害资料，认为陕西各地历史上的水旱灾害越来越频繁，而且有着逐渐加重的发展趋势，并分析其原因，包括自然因素、社会政治因素、生态环境累积因素等；耿占军的《清代陕西农业地理研究》⑥，围绕着影响清代陕西农业生产发展的劳动力、耕地、水利、作物及自然灾害等诸要素展开论述，其中在相关自然灾害章节中研究了清代陕西自然灾害的时空规律及其对农业生产的影响；张红霞的《民国时期陕西地区的灾荒研究（1928—1945）》⑦，对南京国民政府统治时期陕西地区各类灾害的灾情、特点、原因、影响及政府的救灾措施进行了研究；李德民、周世春的《论陕西近代旱荒的影响及成因》⑧，探讨了陕西近代旱荒对农业生产和农民生活的摧残，认为政治腐败是其发生的最主要和最终的原因；

---

　　① 袁林：《陕西历史旱灾发生规律研究》，《灾害学》1993 年第 4 期。

　　② 袁林：《陕西历史水涝灾害发生规律研究》，《中国历史地理论丛》2002 年第 1 期。

　　③ 于玲玲：《陕西旱作农区旱灾发生的时空规律及减灾政策研究》，硕士学位论文，西北农林科技大学，2009 年。

　　④ 石忆邵：《陕西省干旱灾害的成因及其时空分布特征》，《干旱区资源与环境》1994 年第 3 期。

　　⑤ 李登弟、朱凯：《史籍方志中关于陕西水旱灾情的记述》，《人文杂志》1982 年第 5 期。

　　⑥ 耿占军：《清代陕西农业地理研究》，西北大学出版社 1996 年版。

　　⑦ 张红霞：《民国时期陕西地区的灾荒研究（1928—1945）》，硕士学位论文，西北大学，2007 年。

　　⑧ 李德民、周世春：《论陕西近代旱荒的影响及成因》，《西北大学学报》（哲学社会科学版）1994 年第 3 期。

安少梅、王建军的《陕西"民国十八年年馑"巨灾的人祸因素分析》①，认为陕西"民国十八年年馑"巨灾的原因，"人祸"大于"天灾"。

关于陕西应灾机制的研究主要有：张银娜的《光绪"丁戊奇荒"与地方政府应对》②，从文化层面和物质层面对"丁戊奇荒"期间陕西渭北州县地方政府的应对措施进行了论述，角度选择比较新颖；张莉的《乾隆朝陕西灾荒及救灾政策》③，通过档案资料分析了乾隆朝的灾荒及应灾措施；王文涛的《清末民国时期秦东地区的民间救灾初探》④，对清末秦东地区的民间救灾组织进行了论述；肖育雷、吕波的《论1928—1930年陕西大旱灾的救荒》⑤，研究了国民政府和民间社会对1928年至1930年陕西大旱灾的救灾及成效与制约因素。仓储是古代应灾的一个重要方面，为备荒第一要务，对清代陕西仓储进行研究的成果亦不少：康沛竹的《清代仓储制度的衰败与饥荒》⑥，明确提出了仓储与赈灾的问题，认为仓储制度的衰败是导致晚清饥荒严重的重要原因；吴洪琳的《论清代陕西社仓的区域性特征》⑦《清代陕西社仓的经营管理》⑧两篇文章，分析了社仓在陕北、陕南、关中的分布特征，认为陕西社仓发挥作用主要是采用赈济的方式；刘永刚的《清代陕甘地区仓储探析》⑨，指出清代陕西的社仓救灾能力有限；

---

①　安少梅、王建军：《陕西"民国十八年年馑"巨灾的人祸因素分析》，《西安文理学院学报》（社会科学版）2008年第4期。

②　张银娜：《光绪"丁戊奇荒"与地方政府应对》，硕士学位论文，陕西师范大学，2011年。

③　张莉：《乾隆朝陕西灾荒及救灾政策》，《历史档案》2004年第3期。

④　王文涛：《清末民国时期秦东地区的民间救灾初探》，《兰台世界》2007年第1期。

⑤　肖育雷、吕波：《论1928—1930年陕西大旱灾的救荒》，《榆林学院学报》2007年第3期。

⑥　康沛竹：《清代仓储制度的衰败与饥荒》，《社会科学战线》1996年第3期。

⑦　吴洪琳：《论清代陕西社仓的区域性特征》，《中国历史地理论丛》2001年第1期。

⑧　吴洪琳：《清代陕西社仓的经营管理》，《陕西师范大学学报》（哲学社会科学版）2004年第2期。

⑨　刘永刚：《清代陕甘地区仓储探析》，《文博》2008年第3期。

胡波的《试论清代陕西黄土高原地区农村的仓储保障体制》①，认为仓储是否能发挥应灾作用与灾害的程度有关。

另外，陕西省气象局气象台主编的《陕西省自然灾害史料》②、陕西省历史自然灾害简要纪实编委会主编的《陕西省历史自然灾害简要纪实》③ 等，均为历史时期陕西农业自然灾害的研究提供了宝贵的资料。

综上所述，虽然有关历史时期自然灾害方面的研究论著颇为丰富，但是正如夏明方、曲彦斌等学者指出的，中国灾害史的研究多侧重于成灾体即灾害自然属性的研究，而忽略承灾体即灾害社会属性的研究，即使有救灾制度史方面的论述，也多与灾害史研究相分离，无法体现灾害与救灾制度之间密切的互动关系。其次，就是对于中国古代自然灾害的区域性断代研究较少。由于中国各区域地理特点差异很大，自然灾害发生发展的规律各异，各区域救灾机制的形成与发展过程自然也就各不相同。这就要求学界致力于不同区域的救灾机制研究，从而为现代防灾救灾提供有效的借鉴。

① 胡波：《试论清代陕西黄土高原地区农村的仓储保障体制》，《陕西师范大学学报》（哲学社会科学版）2002 年第 1 期。

② 陕西省气象局气象台主编：《陕西省自然灾害史料》，陕西省气象局气象台 1976 年版。

③ 陕西省历史自然灾害简要纪实编委会主编：《陕西省历史自然灾害简要纪实》，气象出版社 2002 年版。

第二章　清至民国陕西农业自然灾害的发生概况及特点

陕西地处中国内陆地区，传统农业根基深厚。清至民国时期，旱灾、水灾、雹灾、风灾、冻灾、虫灾等诸多农业自然灾害频发，给当时的陕西社会造成了重大影响。因此，对当时的农业自然灾害进行统计整理，并且在这个基础上对其时空分布特点进行分析总结，对于今天的灾害研究和预测以及防灾、减灾应该是不无裨益的。

近年来，诸多学者都对清至民国时期陕西自然灾害发生的频次进行了量化统计，但是因为统计方法、资料不同，结果呈现出一定的差异性。笔者认为，陕西省农业自然灾害的形成是区域自然环境（气候、地貌、水文、植被）及社会环境（政治、经济、文化）综合作用的结果，因此对其科学的评定要以不同的人类社会发展阶段以及同一阶段不同地区的自然、社会差异性为基础。此外，随着近年来灾害研究的深入，一大批有关灾害记录的翔实资料不断被挖掘、整理，因此本书在拓宽资料来源的基础上，把陕西分为陕北、关中、陕南3个区域，科学、系统地对农业自然灾害发生的概况做一统计，并且以此为基础，总结其发生规律。

本书统计资料的来源主要以清到民国时期的陕西方志、乡土志以及新中国成立后陕西省、市、县地方志编纂委员会编纂的一系列地方志、袁林的《西北灾荒史·西北灾荒志》[①]、陕西省气象局气象台主编的《陕西省自然灾害史料》[②]、陕西省历史自然灾害简要纪实编委

---

①　袁林：《西北灾荒史·西北灾荒志》，甘肃人民出版社1994年版。

②　陕西省气象局气象台主编：《陕西省自然灾害史料》，陕西省气象局气象台1976年版。

会主编的《陕西省历史自然灾害简要纪实》①等资料为主，并且以陕
西省档案馆馆藏的一系列档案资料为补充。

　　本书统计的灾害类型主要有旱灾、水灾、雹灾、风灾、冻灾
（霜、雪、冻）、虫灾6种。统计原则如下：凡同一类型的灾害发生在
同一年、同一地域的，记为一次灾害年；统计的月份概指农历；凡灾
害发生的月份有明确记载的，则统计到相应月份；凡灾害发生的时间
记载为某一季节的，考虑到不同灾害的不同特点，旱灾和水灾则在其
对应的三个月各记1次，雹灾、风灾、冻灾和虫灾则统计到相应季
节，不与具体月份一一对应。

第一节　旱灾的时空分布特点

　　干旱，是指因降水异常偏少而导致土壤和河流缺水及空气干燥的
一种特殊气象水文现象。干旱的定量表现是缺水，如地表径流和地下
水量大幅度减少；其类型多样，如农业干旱、城市干旱、气象干旱、
水文干旱等；根据干旱发生季节分为春旱、夏旱、秋旱、冬旱。一般
而言，旱灾影响最大的是农业，一次大旱往往导致赤地千里、饿殍遍
野，给农业生产和人民生活造成极大的灾难。

　　陕西"通省山田较多，即平原种植地形亦均高燥，向来夏秋之
交，患旱不患涝"②。农业旱灾，是陕西省最主要的农业自然灾害，
造成的损害也最为严重。其实质是，由于雨水不足、水资源短缺，引
起土壤中水分的供应不能满足农作物需要而导致农业减产与失收。旱
灾的发生并不是孤立的，其形成是气候、地形、土壤、生物特性等多
种因素综合影响的结果。第一，从气候因素分析，陕西地处中国内陆
腹地，远离海洋，大陆性季风气候显著，造成全年降水量少且分布不

---

　　① 陕西省历史自然灾害简要纪实编委会主编：《陕西省历史自然灾害简要纪实》，气
象出版社2002年版。

　　② 水利电力部水管司、科技司、水利水电科学研究院主编：《清代黄河流域洪涝档案
史料》，中华书局1993年版，第632页。

均的气候特点。第二，从土壤特性因素分析，陕西秦岭以北的陕北高
原和关中平原都属于典型的黄土分布区，黄土的多孔性、透水性和垂
直节理结构使蓄水能力极为低下，一旦降水偏少，土壤就会出现干燥
现象。第三，从生物特性上讲，各种生物的生理特性和生育期对干旱
的敏感程度不同，若是正值作物抽节或灌花之时发生干旱，势必造成
灾害，轻则减产，重则绝收。除此之外，地表覆被状况也影响着干旱
成灾的可能。地表植被有调节大气湿度的作用，植被覆盖良好时，其
调节作用增强，植被被大规模破坏时，其调节作用减弱，地表暴露，
蒸发作用增强，干旱也容易成灾。灾害严重程度主要从旱期降水量的
多寡、土壤湿度的大小、农业受旱面积、地下水位及江河流量等方面
来评定。

一　旱灾的年际分布特点

据统计，在清至民国的 306 年里，陕西地区旱灾发生年共 193
年，平均 1.59 年即有一个旱灾年，基本上是 3 年 2 旱。当然，旱灾
的发生在时间上也不是很均衡的，其中清代旱灾间隔时间最长的为 9
年，即从康熙四十九年（1710）至康熙五十八年（1719）；而旱灾年
连续时间最长的可达 13 年，即从道光八年（1828）至道光二十年
（1840）。民国共 38 年，旱灾发生年也达 38 年，平均 1 年发生 1 次，
发生频率达到了百分之百。此外，在这 193 个旱灾年中，其中大面积
旱灾年 [1] 为 71 年，平均 4.31 年发生 1 次大的旱灾年；较大面积旱灾
年[2] 为 28 年，平均 10.93 年 1 次；两项合计共 99 年，平均 3.09 年 1
次，占旱灾年总数的 51.3%。可见，频繁性和严重性是陕西旱灾的
重要特征。

（一）陕北地区旱灾的年际分布特点

据统计，在清至民国的 306 年里，陕北地区旱灾发生年共 134

---

[1]　指干旱面积接近或达到陕西 3 个自然区中 2 个自然区及其以上的灾害年。以下各自
然灾害同此。

[2]　指干旱面积接近或达到陕西 3 个自然区中 1 个自然区及其以上的灾害年。以下各自
然灾害同此。

年，平均 2.28 年即有一个旱灾年，基本上是 5 年 2 旱。据图 2－1 所示，清至民国陕北地区旱灾的发生基本上呈递增趋势，也就是越往后旱灾发生越频繁，尤其是民国的 38 年里，陕北旱灾发生年高达 35 年，而且旱灾的发生大致存在一个 30 年或 40 年的变化周期。

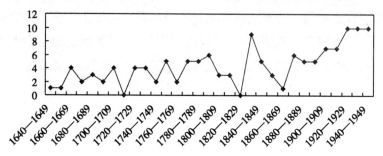

图 2－1　陕北地区旱灾的年际分布图

注：本图横轴表示时间，以 10 年为一个基本单位；纵轴表示 10 年中灾害发生的年次数。以下各图皆同此。

（二）关中地区旱灾的年际分布特点

据统计，在清至民国的 306 年里，关中地区旱灾发生年共 149 年，平均 2.05 年即有一个旱灾年，基本上是 2 年 1 旱，较之陕北地区还要频繁一些。据图 2－2 所示，清至民国关中地区旱灾的发生也是越来越频繁，基本上呈递增趋势，民国时期的 38 年里，关中旱灾发生年竟高达 37 年；而且旱灾的发生也大致存在一个 30 年或 40 年的变化周期。

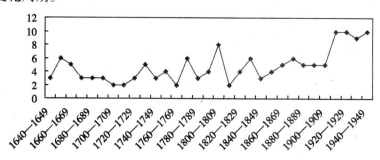

图 2－2　关中地区旱灾的年际分布图

（三）陕南地区旱灾的年际分布特点

据统计，在清至民国的 306 年里，陕南地区旱灾发生年共 109

年，平均 2.81 年即有一个旱灾年，基本上是 3 年 1 旱，相对而言，少于陕北和关中地区。据图 2 - 3 所示，清至民国陕南地区旱灾的发生也是越来越频繁，尤其是民国后期几乎连年旱灾；不过，陕南地区旱灾发生年的变化周期较之陕北和关中要复杂一些，不仅存在 30 年、40 年的变化周期，而且 20 年的变化周期更为常见，一般是每隔 30 年或 40 年即有一个 20 年的变化周期。

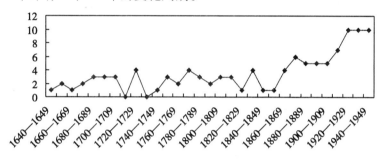

图 2 - 3　陕南地区旱灾的年际分布图

二　旱灾的季节和月份分布特点

表 2 - 1　　　　　　　　　　陕西旱灾的季节和月份分布表

		春			夏			秋			冬			合计
		1 月	2 月	3 月	4 月	5 月	6 月	7 月	8 月	9 月	10 月	11 月	12 月	
陕北	次数	39	40	41	65	70	69	44	41	42	11	11	11	484
	百分比（％）	8.1	8.3	8.5	13.4	14.5	14.3	9.1	8.5	8.7	2.3	2.3	2.3	100
关中	次数	54	55	55	67	78	74	61	57	54	27	27	27	636
	百分比（％）	8.5	8.6	8.6	10.5	12.3	11.6	9.6	9.0	8.5	4.3	4.3	4.3	100
陕南	次数	45	45	46	53	57	60	42	39	38	15	15	15	470
	百分比（％）	9.6	9.6	9.8	11.3	12.1	12.8	8.9	8.3	8.1	3.2	3.2	3.2	100

　　如表 2 - 1 所示，就清至民国陕西旱灾的季节分布特点而言，陕北地区的旱灾以夏旱为最多，共 204 次；秋旱次之，共 127 次；再次为春旱，共 120 次；冬旱最少，共 33 次。关中地区的旱灾以夏旱为

最多，共 219 次；秋旱次之，共 172 次；再次为春旱，共 164 次；冬旱最少，共 81 次。陕南地区的旱灾以夏旱为最多，共 170 次；春旱次之，共 136 次；再次为秋旱，共 119 次；冬旱最少，共 45 次。

就清至民国陕西旱灾的月份分布特点而言，陕北地区最易发生旱灾的月份为 5 月，其次依次为 6 月、4 月、7 月、9 月、8 月、3 月等月；关中地区最易发生旱灾的月份为 5 月，其次依次为 6 月、4 月、7 月、8 月等月；陕南地区最易发生旱灾的月份为 6 月，其次依次为 5 月、4 月、3 月、2 月、1 月等月。

三 旱灾的空间分布特点

旱灾是危害陕西农业最为严重的一种自然灾害，其形成的直接原因是土壤干旱，而造成土壤干旱的原因则多种多样，包括降水、土壤含水量、土壤性质、地下水位、蒸发量、作物品种等多种因素，其中降水状况是干旱灾害是否形成、程度高低的决定因素。而陕西地区的降水状况是陕南最多，陕北最少，关中居中。按照前述理论，应该是陕北旱灾最多、最重，关中次之，陕南最少。但是，事实上清至民国陕西旱灾最多的地区却是关中，共有 149 个旱灾发生年；陕北次之，有 134 个旱灾发生年；陕南最少，有 109 个旱灾发生年。而造成关中地区旱灾发生年比陕北地区多的原因，应该说并不是降水因素，这可能与两地的作物种植制度及其耐旱性能有很大关系。在清至民国时期，陕北地区农作物一般是一年一熟，春种秋收，越冬作物种植面积很少，故遭遇冬、春两季旱灾的机会相对也要少一些；而且，陕北地区的农作物一般耐旱性能都比其他地区要好；而关中地区的种植制度一般是一年两季，或者是两年三季，秋种夏收，越冬作物种植普遍，面积广大，故遭遇冬、春两季旱灾的机会相对就多一些；而且，关中地区所种主要农作物的耐旱性能相对来说要比陕北稍差，这样就造成清至民国关中地区旱灾的发生年比陕北显得要多一些。此外，关中作为省会所在地，人口稠密，州、县最多，文献记载可能要比陕北详细一些，这也可能是造成关中地区旱灾发生年多于陕北地区的一个因素。

第二节　水灾的时空分布特点

水灾，泛指洪水泛滥、暴雨积水和土壤水分过多对人类社会造成的灾害。大体可分作两类，一类是雨水型灾害，是指由于长时间大雨或短期暴雨、骤雨所致的水灾，史书中一般记作"淫雨"、"连雨"等；另一类是江河洪水型灾害，是指由于江河涨水、决口、漫溢等导致的水灾，史书一般记作"某河水涨"、"某河漫溢"等。从形成条件而言，两种类型的水灾都是水多造成的，二者都直接破坏了农作物的正常生长，造成农作物的减产或绝收；但是就危害程度而言，往往江河洪水型水灾的危害程度更大一些，洪水往往淹没农田、冲刷土壤、冲毁水利设施、房屋、道路、桥梁，引起泥石流和山体滑坡等，破坏性更大，对人民生命财产造成的损失也更为严重。

水灾的发生是多种因素综合作用的结果，与气候、地形、河流的比降、植被、土壤等因素密切相关。具体到陕西而言，首先，陕西地处西北内陆，受大陆性季风气候影响，区内降水季节分布不均，春、冬两季降水偏少，夏、秋两季则多暴雨和连续性降雨，容易造成雨水型水灾；其次，陕西兼属黄河流域和长江流域，黄河贯穿陕西北部边界和山、陕交界处，黄河最大支流渭河横贯关中平原中部，长江的最大支流汉江则流经陕南秦巴山区，这就极大地增加了江河型水灾发生的几率；最后，植被状况也间接影响水灾的发生，而清代由于人口的大量增加和开荒政策的实施，导致植被遭到严重破坏，尤其是清中后期陕南山区棚民的生产、生活方式，使得原本林荫蔽天的秦巴山脉成了"童山"，失去了水土保持的作用，一旦降水偏多就造成滑坡、泥石流（史书一般记作"山水"）等灾害。

一　水灾的年际分布特点

据统计，在清至民国的 306 年里，陕西地区水灾发生年共 242 年，平均 1.26 年即有一个水灾年，基本上是 5 年 4 涝，其发生之频

繁程度甚至超过干旱灾害，只是每次水灾持续的时间一般比干旱灾害
要短。当然，水灾的发生也不都是均衡的，其中间隔时间最长的为5
年，即从康熙五十三年（1714）至康熙五十八年（1719）；而水灾年
连续时间最长的可达70年，即从光绪六年（1880）至1949年。在这
242个水灾年中，其中大面积水灾年为41年，平均7.46年1次；较
大面积水灾年为30年，平均10.2年1次；两项合计共71年，平均
4.31年1次，占水灾年总数的29.34%。可见，水灾的发生尽管比旱
灾频繁，但是受灾面积却远不如旱灾大，故局部性当是水灾发生的特
征之一。

（一）陕北地区水灾的年际分布特点

据统计，在清至民国的306年里，陕北地区水灾发生年为113
年，平均2.71年有一个水灾发生年，较之关中和陕南地区要少得多。
据图2－4所示，在陕北地区，水灾的发生是越来越频繁；在陕北地
区水灾发生年的变化周期中，以30年和20年的周期最为常见，偶尔
也存在40年或60年的变化周期。

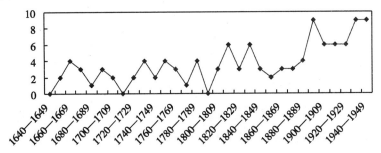

图2－4　陕北地区水灾的年际分布图

（二）关中地区水灾的年际分布特点

据统计，在清至民国的306年里，关中地区水灾发生年为203
年，平均1.51年即有一个水灾年，可以说是3年2涝，较之陕南地
区水灾的发生还要频繁一些。根据资料显示，在关中地区的水灾
中，因渭河、洛河及黄河河道变迁而造成的水灾占有相当的比例。
可见，关中地区水灾的发生之所以比陕南地区还要频繁，并不是因
为降水的因素，而是由河道的特性、河流含沙量等因素的不同造成

的。关中平原地势平坦，河道比降小，河水含沙量大，堤岸多为土质和沙质，易崩塌，故河道摆动较之陕南要频繁得多，这就是关中地区水灾的发生比陕南还要频繁的根本原因。据图 2 - 5 所示，在关中地区，水灾的发生也是越来越频繁；与此相适应，在 1820 年以前，水灾的发生存在一个 30 年或 60 年的变化周期，且 30 年的变化周期更为常见；在 1820 年以后，水灾的发生则存在一个 20 年或 50 年的变化周期。

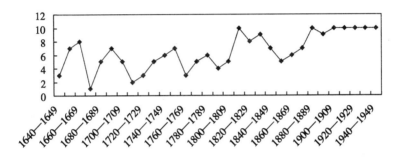

图 2 - 5　关中地区水灾的年际分布图

（三）陕南地区水灾的年际分布特点

据统计，在清至民国的 306 年里，陕南地区水灾发生年为 161 年，平均 1.9 年即有一个水灾发生年，可以说是 2 年 1 涝。据图 2 - 6

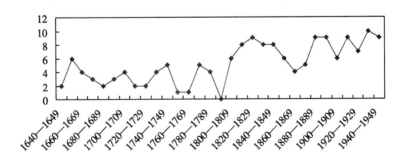

图 2 - 6　陕南地区水灾的年际分布图

所示，在陕南地区，水灾的发生基本上呈递增的趋势，尤其是清末至民国时期是水灾高发期，而且水灾的发生大致存在一个 40 年或 50 年的变化周期。

二　水灾的季节和月份分布特点

表 2 - 2　　　　　　　　陕西省水灾的季节和月份分布表

		春			夏			秋			冬			合计
		1 月	2 月	3 月	4 月	5 月	6 月	7 月	8 月	9 月	10 月	11 月	12 月	
陕北	次数	0	0	2	13	15	46	45	32	21	3	1	0	178
	百分比（%）	0	0	1.1	7.3	8.4	25.8	25.3	18.0	11.8	1.7	0.6	0	100
关中	次数	7	8	16	45	58	89	114	102	73	5	1	1	519
	百分比（%）	1.4	1.5	3.1	8.7	11.2	17.2	22.0	19.7	14.1	1.0	0.2	0.2	100
陕南	次数	5	7	9	38	67	75	84	76	52	1	2	0	416
	百分比（%）	1.2	1.7	2.2	9.1	16.1	18.0	20.2	18.3	12.5	0.2	0.5	0	100

　　如表 2 - 2 所示，就清至民国陕西水灾的季节分布特点而言，陕北地区的水灾以秋季为最多，达 98 次；夏季次之，共 74 次；再次为冬季，共 4 次；春季最少，共 2 次。关中地区的水灾以秋季为最多，达 289 次；夏季次之，共 192 次；再次为春季，共 31 次；冬季最少，共 7 次。陕南地区的水灾以秋季为最多，达 212 次；夏季次之，共 180 次；再次为春季，共 21 次；冬季最少，共 3 次。

　　就清至民国陕西水灾的月份分布特点而言，陕北地区最易发生水灾的月份为 6 月，其次依次为 7 月、8 月、9 月、5 月等月；关中地区最易发生水灾的月份为 7 月，其次依次为 8 月、6 月、9 月、5 月等月；陕南地区最易发生水灾的月份为 7 月，其次依次为 8 月、6 月、5 月、9 月等月。

三　水灾的空间分布特点

　　按照年降水量、年暴雨日数以及地形的差异，陕西的水灾应该是从南向北逐渐减少，即陕南最多，关中次之，陕北最少。但是事实上清至民国陕西水灾最多的地区却是关中，共有 203 个水灾发生年；陕南次之，共有 161 个水灾发生年；陕北最少，有 113 个水灾发生年。

如前所述，在关中地区的水灾中，因渭河、黄河以及洛河河道变迁而造成的水涝灾害占有相当的比例。如果扣除此类水涝灾害，则清至民国陕西水灾最多的仍将是陕南。可见，关中地区水灾的发生之所以比陕南地区还要频繁，并不是因为降水因素，而是由于河道的特性、河流的含沙量、堤岸的性质等因素造成的。关中平原地势平坦，河道比降小，河床宽浅，河水含沙量大，堤岸又多为沙质和土质，易崩塌，故河道的摆动要比陕南地区频繁得多。由于河道摆动频繁，由此而造成的水涝灾害也就大量增加，这就是关中地区水灾比陕南还要频繁的根本原因。

第三节　雹灾的时空分布特点

雹灾，指冰雹降落造成的灾害。冰雹，指在对流性天气控制下，积雨云中凝结生成的冰块从空中降落形成的一种局地性强、季节性明显、时间短、强度及破坏性大的天气现象。就陕西而言，因为"陕西省地处中纬度大陆内部，由于下垫面的性质和复杂的地形，气温差异较大，局部地区易形成强烈的上升气流，产生强的不稳定层结，在具备适中的水汽含量，适宜的 0℃ 和 −20℃ 大气层温度，有触发机制和强的垂直风切变等条件下，即可形成冰雹"[1]，因此常有"雹打一条线"的说法。

雹灾轻重主要取决于降雹强度、范围以及降雹季节与农作物生长发育的关系。冰雹常常伴随着大风，形成风雹，一般分为轻雹灾、中雹灾、重雹灾三级。雹灾对农业生产的危害，主要通过使农作物茎叶和果实遭受损伤，造成农作物减产或绝收。此外，雹灾有时还会致使人畜伤亡，并且破坏交通、通信、输电等工程设施，从而造成更严重的损失。

---

[1]　陕西省历史自然灾害简要纪实编委会主编：《陕西省历史自然灾害简要纪实》，气象出版社 2002 年版，第 80 页。

一　雹灾的年际分布特点

据统计，在清至民国的 306 年里，陕西地区雹灾发生年共 196 年，平均 1.56 年即有一个雹灾年，基本上是 3 年 2 雹，其发生之频繁虽然比不上水灾，但是要稍高于旱灾。当然，冰雹灾害的发生同样也不是很均衡的，其中间隔时间最长的为 11 年，即从康熙三十七年（1698）至康熙四十八年（1709）；而雹灾年连续时间最长的可达 21 年，即从光绪六年（1880）至光绪二十六年（1900）。此外，1930 年到 1949 年雹灾年连续时间为 20 年，1913 年到 1928 年雹灾年连续时间为 16 年。在这 196 个雹灾年中，其中大面积雹灾年为 30 年，平均 10.2 年 1 次，占雹灾年总数的 15.31%；较大面积雹灾年为 25 年，平均 12.24 年 1 次，占雹灾年总数的 12.76%；两项合计共 55 年，平均 5.56 年 1 次，占雹灾年总数的 28.06%。可见，雹灾的发生尽管比较频繁，但是受灾面积一般都比较小，故局部性当是雹灾发生的特征之一。

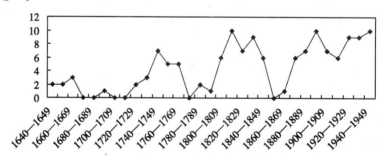

图 2 - 7　陕北地区雹灾的年际分布图

（一）陕北地区雹灾的年际分布特点

据统计，在清至民国的 306 年里，陕北地区雹灾发生年为 136 年，平均 2.25 年有一个雹灾年，基本上是 5 年 2 雹。据图 2 - 7 所示，在陕北地区，雹灾的发生基本上呈递增趋势，也就是雹灾的发生越来越频繁；与之相适应，在清代前期，大致相隔 50 年有一个雹灾频繁发生期；到了清代中期，缩短为相隔 30 年有一个雹灾频繁发生期；至清代后期，又缩短为相隔 20 年有一个雹灾频繁发生期；民国时期，陕北雹灾几乎连年发生，频率非常高；而雹灾频繁发生期的持续时间一般为50年。

（二）关中地区雹灾的年际分布特点

据统计，在清至民国的306年里，关中地区雹灾发生年为146年，平均2.1年有一个雹灾年，比陕北地区雹灾的发生还要稍频繁一些。据图2-8所示，在关中地区，雹灾的发生也基本上是越来越频繁；与此相适应，在1830年以前，雹灾的发生存在着30年、60年左右的变化周期；在1830年以后，雹灾的发生则存在着20年、40年左右的变化周期。换一种说法，在1770年以前，大致相隔60年有一个雹灾频繁发生期；在1770年以后，缩短为大致相隔30年有一个雹灾频繁发生期；雹灾频繁发生期的持续时间大致为40年左右。

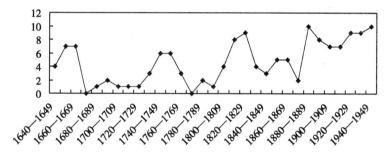

图2-8　关中地区雹灾的年际分布图

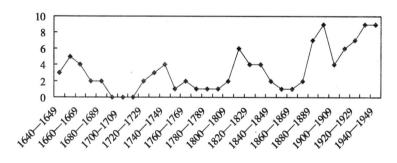

图2-9　陕南地区雹灾的年际分布图

（三）陕南地区雹灾的年际分布特点

据统计，在清至民国的306年里，陕南地区雹灾发生年为104年，平均2.94年有一个雹灾年，是陕西雹灾最少的地区。据图2-9

所示，在陕南地区，雹灾的发生也基本上是越来越频繁，而且就雹灾发生的特点而言，大约每相隔40年就有一个持续约40年的雹灾频繁发生期。

二　雹灾的季节和月份分布特点

表 2 - 3　　　　　　　　**陕西省雹灾的季节和月份分布表**

		1月	2月	3月	春	4月	5月	6月	夏	7月	8月	9月	秋	10月	11月	12月	冬	合计
陕北	次数	1	0	3	0	16	26	34	15	38	25	4	17	2	0	0	1	182
	百分比（%）	0.5	0	1.6	0	8.8	14.3	18.7	8.2	20.9	13.7	2.2	9.3	1.1	0	0	0.5	100
关中	次数	0	0	20	2	48	35	30	22	20	13	5	3	0	0	0	0	204
	百分比（%）	0	0	9.8	1.0	23.5	17.2	14.7	10.8	9.8	6.4	2.5	2.9	1.5	0	0	0	100
陕南	次数	3	2	5	3	11	6	16	14	13	4	6	13	4	0	4	0	104
	百分比（%）	2.9	1.9	4.8	2.9	10.6	5.8	15.4	13.5	12.5	3.8	5.8	12.5	3.8	0	3.8	0	100

　　注：表中的春、夏、秋、冬对应的是只知发生季节而不知具体月份的灾害次数。表2 - 4、2 - 5、2 - 6同此。

　　如表2 - 3所示，就清至民国陕西雹灾的季节分布特点而言，陕北地区的雹灾以夏季为最多，共91次；秋季次之，共84次；再次为春季，共4次；冬季最少，共3次。关中地区的雹灾以夏季为最多，共135次；秋季次之，共44次；再次为春季，共22次；冬季最少，共3次。陕南地区的雹灾以夏季为最多，共47次；秋季次之，共36次；再次为春季，共13次；冬季最少，共8次。

　　就清至民国陕西雹灾的月份分布特点而言，陕北地区最易发生雹灾的月份为7月，其次依次为6月、5月、8月、4月等月；关中地区最易发生雹灾的月份为4月，其次依次为5月、6月、7月、3月等月；陕南地区最易发生雹灾的月份为6月，其次依次为7月、4月、5月、9月等月。

三　雹灾的空间分布特点

　　雹灾是一种综合性灾害，危害程度是十分严重的，冰雹几乎都伴

有大风和暴雨，并且降水时间短（十几分钟至几个小时）、强度大，
往往是雹后暴发洪水，冲毁土地、庄稼，造成人畜伤亡等重大损失。
如出现特大雹灾，将造成毁灭性灾害。一般而言，雹灾的发生是山地
多于平原，中纬度地区多于高纬度和低纬度地区，山区、丘陵、海拔
一两千米的高原地区雹灾较为多见，宽阔的山谷、山间盆地、山区与
平原交接地区雹灾特别频繁。所以，在清至民国时期的陕西地区，雹
灾最多的是关中和陕北地区，各有 146 个和 136 个雹灾年，其中关中
地区又以其北部和西北部雹灾的发生最为频繁；雹灾最少的是陕南地
区，只有 104 个雹灾年。

第四节　冻灾的时空分布特点

　　冻灾，指因冷空气活动异常而造成的剧烈降温、雨雪、霜冻等气
象现象，主要包括寒潮（含强冷空气）、霜冻、低温冷害等，是另一
种对陕西农业危害较大的自然灾害。

　　寒潮，俗称寒流，指北方的冷空气大规模向南侵袭中国，造成大
范围急剧降温和偏北大风的灾害性天气过程，多发于秋末、冬季、初
春时节。

　　霜冻与霜不同，霜是近地面空气中的水汽达到饱和，并且地面温
度低于零摄氏度，在物体上直接凝华而成的白色冰晶。霜冻是指农作
物生产发育期间，由于受较强冷空气影响，使气温或地面温度降至零
摄氏度及以下，使农作物幼苗或尚未成熟的庄稼受到冻害减产的灾害
性天气，多发于秋、冬、春三季。霜冻分为初霜冻和终霜冻。所谓初
霜冻是指秋季因冷空气影响，使得入秋后气温或地面温度初次下降至
零摄氏度及以下，造成未成熟秋作物受冻减产。初霜冻又称早霜冻、
秋霜冻，其平均出现的时间因为地形不同而有所不同。初霜冻出现日
期过早，将使未成熟秋作物大面积被冻伤或冻死，造成严重减产，一
般减产 10%—20%，最严重时将减产 40%—50%，部分作物甚至绝
收。所谓终霜冻，是指春季气温回升后，农作物已经返青，因为受到
强冷空气影响，使得气温或地面温度降至零摄氏度及以下，造成农作

物减产。终霜冻又称晚霜冻、春霜冻，其平均出现日期也因为地形而有所不同，如果比平均出现日期延迟，则越迟冻灾越严重。①

低温冷害，简称冷害，指环境温度持续偏低（但是仍在零摄氏度以上）而造成农作物正常生长受损的灾害性天气过程。

雪灾，亦称白灾，指长时间、大量降雪而造成的大范围积雪成灾的自然现象。

一 冻灾的年际分布特点

据统计，在清至民国的 306 年里，陕西地区冻灾发生年共 111年，平均 2.76 年有一个冻灾年，比旱灾、水灾、雹灾的发生频率要小得多。在这 111 个冻灾年中，大面积和较大面积冻灾年共 31 年，平均 9.87 年 1 次，占冻灾年总数的 27.93%。可见，冻灾的灾区面积一般都比较小，故局部性当是冻灾发生的特征之一。

（一）陕北地区冻灾的年际分布特点

据统计，在清至民国的 306 年里，陕北地区冻灾发生年为 58 年，平均 5.28 年才有一个冻灾年。据图 2 - 10 所示，在陕北地区，尽管冻灾的发生比较少，但是仍然存在着不太明显的增长趋势，而且大约每隔 50 年就有一个持续时间约为 10 年至 30 年左右的冻灾相对集中发生期。

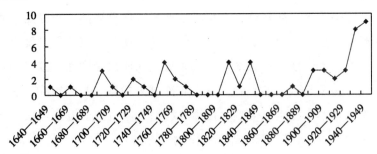

图 2 - 10 陕北地区冻灾的年际分布图

---

① 耿怀英、曹才润：《自然灾害与防灾减灾》，气象出版社 2000 年版，第 226 页。

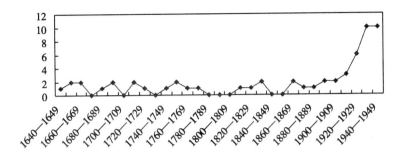

图 2 - 11　关中地区冻灾的年际分布图

（二）关中地区冻灾的年际分布特点

据统计，在清至民国的 306 年里，关中地区冻灾发生年为 67 年，平均 4.57 年才有一个冻灾年，比陕北地区冻灾的发生要多。据图 2 - 11 所示，在关中地区，大约每隔 20 年至 30 年左右就有一个持续时间约为 30 年至 50 年左右的冻灾相对集中发生期，尤其是 1900 年以后为冻灾高发期。

（三）陕南地区冻灾的年际分布特点

据统计，在清至民国的 306 年里，陕南地区冻灾发生年仅 40 年，平均 7.65 年才有一个冻灾年，是陕西地区冻灾最少的。由于清至民国时期陕南地区冻灾的发生少而分散，故没有一定的发生特点。

二　冻灾的季节和月份分布特点

表 2 - 4　　　　　　　　陕西省冻灾的季节与月份分布表

		1月	2月	3月	春	4月	5月	6月	夏	7月	8月	9月	秋	10月	11月	12月	冬	合计
陕北	次数	0	2	5	8	4	3	1	2	10	26	4	6	2	1	0	4	78
	百分比（%）	0	2.6	6.4	10.2	5.1	3.8	1.3	2.6	12.8	33.3	5.1	7.7	2.6	1.3	0	5.1	100
关中	次数	3	10	29	17	24	5	2	2	2	5	7	5	1	3	3	8	126
	百分比（%）	2.4	7.9	23.0	13.5	19.0	4.0	1.6	1.6	1.6	4.0	5.6	4.0	0.8	2.4	2.4	6.3	100
陕南	次数	1	4	11	7	11	4	4	0	2	1	5	3	0	1	5	63
	百分比（%）	1.6	6.3	17.5	11.1	17.5	6.3	6.3	0	3.2	1.6	6.3	7.9	4.8	0	1.6	7.9	100

如表 2 - 4 所示，就清至民国陕西冻灾的季节分布特点而言，陕北地区的冻灾以秋季为最多，共 46 次；春季次之，共 15 次；再次为夏季，共 10 次；冬季最少，共 7 次。关中地区的冻灾以春季最多，共 59 次；夏季次之，共 33 次；再次为秋季，共 19 次；冬季最少，共 15 次。陕南地区的冻灾以春季最多，共 23 次；夏季次之，共 19 次；再次为秋季，共 12 次；冬季最少，共 9 次。

就清至民国陕西冻灾的月份分布特点而言，陕北地区最易发生冻灾的月份为 8 月，其次依次为 7 月、3 月、4 月等月；关中地区最易发生冻灾的月份为 3 月，其次依次为 4 月、2 月、9 月等月；陕南地区最易发生冻灾的月份为 3 月和 4 月，其次依次为 2 月、5 月、6 月、9 月等月。

三 冻灾的空间分布特点

在清至民国时期的陕西地区，冻灾最多的是关中地区，共有 67 个冻灾发生年；陕北地区次之，共有 58 个冻灾发生年；陕南地区最少，仅有 40 个冻灾发生年。

第五节 虫灾的时空分布特点

清至民国时期，主要的虫灾类型是蝗虫灾害，这是危害陕西农业的又一种自然灾害。蝗虫是蝗科直翅目昆虫，俗称"蚂蚱"，种类很多，分布于全世界的热带、温带的草地和沙漠地区，口器坚硬，前翅狭窄而坚韧，后翅宽大而柔软，善于飞行，后肢很发达，善于跳跃。蝗虫是一种危害性极大的农业害虫，有时候大量发生，形成大集团，使其路过的农作物遭到毁灭性的伤害。

历史时期，蝗灾的发生往往伴随着严重的干旱，即"旱极而蝗"，因为蝗虫是一种喜欢温暖干燥的昆虫，干旱的环境对它们繁殖、生长发育和存活有许多益处：其一，在干旱年份，水位下降，土壤坚实、含水量低，且地面植被稀疏，有利于蝗虫大量产卵，而雨雪阴湿的环境能使蝗虫流行疾病，甚至直接杀死蝗虫卵；其二，在干旱年份，河、湖水面缩小，低洼地裸露，也为蝗虫产卵提供了更多适合的场所；其三，干旱地区的植物含水量较低，蝗虫以此为食，生长较快且能增强繁殖力；其四，干旱的环境里，蝗虫的天敌蛙类较少，降低了蝗虫的死亡率。

一　虫灾的年际分布特点

据统计，在清至民国的306年里，陕西地区虫灾发生年共84年，平均3.64年有一个虫灾年，基本上是7年发生2次虫灾，较前述几种自然灾害的发生频率要低。其中，陕北地区虫灾发生年为26年，平均11.77年有一个虫灾年，是陕西省虫灾最少的地区；关中地区虫灾发生年为58年，平均5.28年有一个虫灾年，是陕西省虫灾最多的地区；陕南地区虫灾发生年为48年，平均6.38年有一个虫灾年。由于陕西各地区虫灾的发生少而散乱，故没有一定的发生规律。在这84个虫灾年中，大面积和较大面积虫灾年共24年，平均12.75年1次，占虫灾年总数的28.57%。可见，虫灾的灾区面积大部分都比较小，故局部性当是虫灾发生的特征之一。

二　虫灾的季节和月份分布特点

表2-5　　　　陕西省虫灾的季节与月份分布表

		1月	2月	3月	春	4月	5月	6月	夏	7月	8月	9月	秋	10月	11月	12月	冬	合计
陕北	次数	0	0	0	0	0	1	4	3	5	2	1	4	0	1	0	0	21
	百分比(%)	0	0	0	0	0	4.8	19.0	14.3	23.8	9.5	4.8	19.0	0	4.8	0	0	100
关中	次数	0	0	4	0	2	5	12	5	15	7	2	10	0	0	0	0	62
	百分比(%)	0	0	6.5	0	3.2	8.1	19.4	8.1	24.2	11.3	3.2	16.1	0	0	0	0	100
陕南	次数	0	0	1	1	2	3	6	5	8	1	0	11	0	0	0	0	38
	百分比(%)	0	0	2.6	2.6	5.3	7.9	15.8	13.2	21.1	2.6	0	28.9	0	0	0	0	100

如表2-5所示，就清至民国陕西虫灾的季节分布特点而言，陕北地区的虫灾以秋季为最多，共12次；夏季次之，共8次；再次为

冬季，仅1次；春季则未发生过。关中地区的虫灾以秋季为最多，共34次；夏季次之，共24次；再次为春季，共4次；冬季则未发生过。陕南地区的虫灾以秋季为最多，共20次；夏季次之，共16次；再次为春季，共2次；冬季则未发生过。

就清至民国陕西虫灾的月份分布特点而言，陕北地区最易发生虫灾的月份为7月，其次依次为6月、8月等月；关中地区最易发生虫灾的月份为7月，其次依次为6月、8月、5月等月；陕南地区最易发生虫灾的月份为7月，其次依次为6月、5月、4月等月。

三　虫灾的空间分布特点

清至民国时期，虫灾的类型主要是蝗灾，而蝗灾的形成要求具备适宜的气温、水分条件，气温过低或水分过多，都不利于蝗虫的生长。据统计，在清至民国的306年里，陕西省虫灾最重的是关中地区，共有58个虫灾发生年；陕南地区次之，共有48个虫灾发生年；陕北地区最少，仅有26个虫灾发生年。

第六节　风灾的时空分布特点

风灾，指因暴风、台风或飓风过境而造成的灾害，是陕西省主要的农业自然灾害之一。风灾程度与风向、风力和风速等密切相关，分为一般、较强和特大风。风可以传授植物花粉，有益农事，但是当风速和风力超过一定限度时，即可造成庄稼倒伏、果实吹落、大树折断、飞沙走石、人口伤亡，破坏房屋、车辆，以及水利设施等。

陕西省的风灾多由雷雨大风、寒潮大风引起。冬春季节多寒潮大风，夏季和初秋则多雷雨大风。大风的分布又与地势、地形密切相关。陕西省地形复杂，山隘谷口常多大风。风速较大而又造成灾害的多数为下半年出现的由雷暴、飑线等引起的雷雨大风，且灾情较重。

一　风灾的年际分布特点

据统计，在清至民国的306年里，陕西地区风灾发生年共68

年，平均 4.5 年有一个风灾年，基本上 9 年 2 次风灾，占到清至民国总年数的 22.2%。其中，陕北地区风灾发生年为 25 年，平均 12.24 年有一个风灾年；关中地区风灾发生年为 50 年，平均 6.12 年有一个风灾年，是陕西省风灾最多的地区；陕南地区风灾发生年为 19 年，平均 16.11 年有一个风灾年，是陕西省风灾最少的地区。一般来说，风灾的灾区面积大部分都比较小，故局部性当是风灾发生的特征之一。

二　风灾的季节和月份分布特点

表 2 - 6　　　　　　陕西省风灾的季节和月份分布表

		1月	2月	3月	春	4月	5月	6月	夏	7月	8月	9月	秋	10月	11月	12月	冬	合计
陕北	次数	1	3	4	6	6	6	1	4	1	0	0	3	0	1	0	1	37
	百分比(%)	2.7	8.1	10.8	16.2	16.2	16.2	2.7	10.8	2.7	0	0	8.1	0	2.7	0	2.7	100
关中	次数	2	5	3	7	10	12	12	7	6	3	0	2	1	0	1	1	72
	百分比(%)	2.8	6.9	4.2	9.7	13.9	16.7	16.7	9.7	8.3	4.2	0	2.8	1.4	0	1.4	1.4	100
陕南	次数	1	2	4	4	4	2	2	0	0	2	0	1	0	0	0	1	23
	百分比(%)	4.3	8.7	17.4	17.4	17.4	8.7	8.7	0	0	8.7	0	4.3	0	0	0	4.3	100

如表 2 - 6 所示，就清至民国陕西风灾的季节分布特点而言，陕北地区的风灾以夏季为最多，共 17 次；春季次之，共 14 次；再次为秋季，共 4 次；冬季最少，共 2 次。关中地区的风灾以夏季为最多，共 41 次；春季次之，共 17 次；再次为秋季，共 11 次；冬季最少，共 3 次。陕南地区的风灾以春季为最多，共 11 次；夏季次之，共 8 次；再次为秋季，共 3 次；冬季最少，仅 1 次。

就清至民国陕西风灾的月份分布特点而言，陕北地区最易发生风灾的月份为 4 月和 5 月，其次依次为 3 月、2 月等月；关中地区最易发生风灾的月份为 5 月和 6 月，其次依次为 4 月、7 月等月；陕南地区最易发生风灾的月份为 3 月和 4 月，其次依次为 2 月、5 月、6 月、8 月等月。

三　风灾的空间分布特点

在清代至民国的陕西地区，风灾最多的是关中地区，共有 50 个风灾发生年；陕北地区次之，共有 25 个风灾发生年；陕南地区最少，只有 19 个风灾发生年。

第七节　小　　结

综上所述，清至民国的 306 年是陕西地区自然灾害频繁发生的一个时期，总计旱灾发生年共 193 年，水灾发生年共 242 年，雹灾发生年共 196 年，冻灾发生年共 111 年，虫灾发生年共 84 年，风灾发生年共 68 年。

就其发生频率而言，平均 1.59 年即有一个旱灾年，平均 1.26 年即有一个水灾年，平均 1.56 年即有一个雹灾年，平均 2.76 年有一个冻灾年，平均 3.64 年有一个虫灾年，平均 4.5 年有一个风灾年。可见，就大多数灾害而言，频繁性是显著的一个特点。

就受灾地区的面积而言，较大面积以上的旱灾年可占旱灾年总数的 51.3%，较大面积以上的水灾年约占水灾年总数的 29.34%，较大面积以上的雹灾年约占雹灾年总数的 28.06%，较大面积以上的冻灾年约占冻灾年总数的 27.93%，较大面积以上的虫灾年约占虫灾年总数的 28.57%。可见，除了旱灾的灾区面积一般都比较广大以外，其他自然灾害的灾区面积则通常都比较小，故局部性当是旱灾以外其他自然灾害的共同特性。

就各自然灾害发生的地区而言，旱灾主要集中于关中和陕北地区，水灾则主要集中于关中和陕南地区，雹灾、冻灾和风灾又主要集中于关中和陕北地区，虫灾则以关中地区为最多，陕南地区次之。可见，地区性是所有自然灾害的一个共同特点。

表 2 - 7　　　　　　　　陕西省三大自然区各种灾害的分布

灾害年数 地区	灾害类型 旱灾	水灾	雹灾	冻灾	虫灾	风灾
陕北地区	134	113	136	58	26	25
关中地区	149	203	146	67	58	50
陕南地区	109	161	104	40	48	19

　　此外，每一种自然灾害的发生都具有比较鲜明的季节性，如关中和陕北地区的旱灾主要集中于夏、秋二季，陕南地区的旱灾则主要集中于夏、春二季；陕西省的水灾和虫灾则以秋季为最多，夏季次之；而陕西省的雹灾则以夏季为最多，秋季次之；至于冻灾，陕北地区主要集中于秋、春二季，关中和陕南地区则主要集中于春、夏二季；风灾的发生，陕北和关中地区以夏、春二季为主，陕南地区则以春、夏二季为主。而大部分自然灾害在年际发生特点上又都具有各自的周期，而且大部分自然灾害的发生还呈现出比较明显的增长趋势，尽管这可能与文献记载的完整性有关，也可能与气候的变化、人口的增长、人类活动对自然界影响的增强等因素有关。所以，季节性、周期性、增长性也是清至民国陕西农业自然灾害发生的显著特点。

第三章　清至民国陕西农业自然灾害影响的多维分析

　　一种自然灾害的发生之所以最终会酿成惨绝人寰的社会灾难，这既与自然灾害本身的破坏程度有关，同时也与灾害发生时所处的社会环境有关。如果自然灾害发生在遥远的没有人类的时代或远离人民生活的范围，则它只是一种自然现象，还不能算是灾害。自然灾害最终演变成为饥荒，是自然灾害作用于社会的结果。"灾荒是恶劣的自然条件对于财富和生产力的破坏，它主要地是表现为自然和人类的冲突。"① 灾害，作为自然界对社会的巨大破坏力，与"人祸"交织冲突，严重地影响了农业生产活动，进而波及社会生活的各个领域，最终引起社会秩序的整体性失范。

第一节　农业自然灾害与人口的变迁

　　人口是构成社会的基础，是社会精神要素的必要载体和社会物质财富的直接创造者。在中国传统社会，对人口变迁有影响的因素很多，但最重要的是战争和灾害。从某种程度而言，历史时期"灾害对人口变化的影响有时超过战争"②。无论何种灾害、程度如何，在由"灾"成"荒"的这一过程中，"人"都是最直接的承灾体。清至民国的 300 余年中，灾害频发，肆虐人间，人民或在饥饿贫病中走向死亡，或为了逃离死亡而被迫离开家乡乞讨流亡，或依靠微薄的救济勉强存活，给人口在"时间上的增减与波动、空间上的集聚与扩散乃至

---

① 钱俊瑞：《中国目下的农业恐慌》，人民出版社 1983 年版，第 824 页。

② 邹逸麟：《"灾害与社会"研究刍议》，《复旦学报》2000 年第 6 期。

结构上的变动与整合诸过程中打下深深的烙印"①。因此，灾荒深刻地影响着清至民国陕西地区的人口，对社会生产和稳定造成极大的破坏。

一　人口的损失

在传统农业社会，自然灾害尤其是重大自然灾害的发生，最直接的后果就是导致人口的大量死亡。清代陕西农业自然灾害频繁发生，特大灾害较多，同时又值中国古代人口最多的时期，"从 17 世纪末起到 18 世纪末止这一长时期的国内和平阶段中，中国人口翻了一番，从 1.5 亿增加到了 3 亿多。到 19 世纪中叶，人口已达 4.3 亿左右"②。所以，因灾死亡的人口数量也就大大超过了之前任何一个朝代③。而人口损失在一定程度上是衡量灾害影响程度的一个重要标准。

在各种农业自然灾害中，旱灾对人口数量的影响可以说是最大的。小的旱灾假如应对及时、妥当，一般只是造成粮食的减产，尚不至于造成人口的大量死亡，但是大范围的持续性旱灾，若再加之"旱极而蝗"或者与其他灾害交织，则往往会造成"饿殍遍野"的人间惨剧。以康熙三十年（1691）和三十一年（1692）的旱灾为例，盩厔县从二十九年（1690）秋即大旱，禾不登，三十年大饥，秋冬继起大疫，到三十一年的时候，全县人口十亡六七④。乾县康熙三十年"大旱，飞蝗蔽天，民死大半"⑤。这是在政治清明的康熙朝，朝廷已经大力救灾的情况下尚且如此，在政治腐败的晚清，就成了"人相

①　夏明方：《民国时期自然灾害与乡村社会》，中华书局 2000 年版，第 73 页。

②　何炳棣：《中国人口的研究 1368—1953 年》，转引自［美］费正清《剑桥中国晚清史（1800—1911）》，中国社会科学院历史研究所编译室译，中国社会科学出版社 1985 年版，第 136 页。

③　袁祖亮、朱凤祥：《中国灾害通史·清代卷》，郑州大学出版社 2009 年版，第 360 页。

④　乾隆《盩厔县志》卷 8《杂记》，《中国地方志集成·陕西府县志辑》，第 9 册，凤凰出版社 2007 年版，第 355 页。

⑤　民国《乾县新志》，《中国地方志集成·陕西府县志辑》，第 12 册，凤凰出版社 2007 年版，第 100 页。

食，道殣相望，其鬻女弃男，指不胜数，为百余年来未有之奇"① 人间地狱般的场景了。据估计，在光绪初年的"丁戊奇荒"前后持续4年，以光绪三年（1877）、四年（1878）旱灾最为严重，受灾的北方5省因饥荒和继起的疫病就造成了1000万以上的人口损失②。陕西省人口损失的具体数字，史料中缺乏详细的记载，但是据时任陕西巡抚谭钟麟奏报中称，陕西全省共有约314万人受灾③，死亡人数当是不少。有关光绪初年（1875）大旱灾的记载不绝于志书，以关中为例，泾阳县在光绪三年"大旱，无麦苗。四年大旱，民饥，斗麦易钱二千有奇，人相食，榆皮槐叶殆尽。饿殍盈野，人至相食"④；醴泉县则"饿死者山积，洛城东门外掘两坑埋之，俗称万人坑。始就以席卷之，继一席卷两人，终无席。城隍庙、保安寺两处，稗儿毙者，填井为满"⑤；郃阳县户口"经光绪戊寅之饥，异常损减，计其死亡之数约三分之一"⑥。由于回民战争和光绪初年的大旱灾接踵而至，战争和旱灾对人口的损耗无法一一加以区别，故《中国人口史》中将战争与大旱灾对陕西人口的影响合起来分析。泾阳县在道光二十一年（1841）人口为16万，按照清代中期泾阳县人口5‰的年平均增长率推测，咸丰十一年（1861）泾阳县人口约为17.7万。据宣统《泾阳县志》卷2记载，战后的光绪三年，全县户数为12354户，人口数为71235人；光绪六年（1880年）全县人口约6万，大灾中人口损失约

---

① （清）林邕：《振事三记》，转引自陕西省气象局气象台《陕西省自然灾害史料》，陕西省气象局气象台1976年版，第52页。

② 李文海：《中国近代十大灾害》，上海人民出版社1994年版，第98页。

③ 民国《续修陕西通志稿》卷127《荒政一》，《中国西北文献丛书》，第1辑，兰州古籍出版社1990年版，第157页。

④ 宣统《泾阳县志》卷2《地理·祥异》，《中国地方志集成·陕西府县志辑》，第7册，凤凰出版社2007年版，第435页。

⑤ 民国《续修醴泉县志稿》卷14《杂记》，《中国地方志集成·陕西府县志辑》，第10册，凤凰出版社2007年版，第402页。

⑥ 光绪《郃阳县乡土志·户口》，《陕西省图书馆稀见方志丛刊》，北京图书馆出版社2006年版，第87页。

1.1 万，人口损失比例约为 17.3%[①]。据《中国人口史》一书估算，西安府 7 县在回民战争中人口损失的比例约为 57%。嘉庆二十五年（1820）西安府共有人口约 285 万，回民战争之后仅存人口 144.4 万。至光绪元年，即大灾之前，西安府人口约为 150.3 万，整个西安府在"丁戊奇荒"中损失人口约 46.4 万，剩余人口约 103.9 万。西安府从战前的 1861 年的 335.7 万人口减少至 1880 年的 103.5 万人口，人口损失约 232 万，其中约 82% 的人口死于战争，18% 的人口死于灾荒[②]。而同处关中的同州府，既是同治回民战争的中心区之一，又是光绪大灾年的中心区之一，人口损失也颇为严重。澄城县在"光绪三年大饥，时朝廷有事回疆，未暇赈救，死者十之六七"[③]；华阴县由于此次大旱导致的人口损失，虽然经历"五十余载犹未复原"[④]；蒲城县在"（光绪）三年大饥，人相食，至四年夏，饿死者三之二"[⑤]；同州府虽然在战争中的人口损失比例小于西安府，但是在灾荒中的人口损失比例则大于西安府。悲剧在时隔 20 多年后的庚子大旱中被重演。当时整个陕西境内"道殣相望，十不活一"[⑥]；盩厔县在"光绪二十六年（1900）大旱，无麦苗，斗麦钱五千，道殣相望；二十七年（1901），疫大作"[⑦]；凤翔县"十八万三千余人，死去二万二千人"[⑧]，人口损失比例达到了 12%；三原县城在饥荒之前是一个有 5 万人的富庶城镇，灾后已不足 2 万人。当时，在陕西赈灾的美国记者

①　葛剑雄：《中国人口史》，第 5 卷，复旦大学出版社 2001 年版，第 571 页。

②　同上书，第 575 页。

③　同上书，第 577 页。

④　民国《华阴县志》卷 8《杂事记》，《中国地方志集成·陕西府县志辑》，第 25 册，凤凰出版社 2007 年版，第 635 页。

⑤　光绪《蒲城县新志》卷 32《杂志》，《中国地方志集成·陕西府县志辑》，第 26 册，凤凰出版社 2007 年版，第 423 页。

⑥　民国《续修陕西通志稿》卷 127《荒政一》，《中国西北文献丛书》，第 1 辑，兰州古籍出版社 1990 年版，第 146 页。

⑦　民国《盩厔县志》卷 8《杂记·祥异》，《中国地方志集成·陕西府县志辑》，第 12 册，凤凰出版社 2007 年版，第 357 页。

⑧　袁林：《西北灾荒史》，甘肃人民出版社 1994 年版，第 555 页。

尼克尔斯在渭河北岸的乡间骑行了 4 天，总共才见到了不足 200 人。据国际权威的《政治家年鉴》统计，1899 年陕西省人口数为 8432193，大约这一数字的 30% 都死于此次旱灾导致的饥荒[①]。也就是说，1899 年到 1901 年 7 月的 3 年间，庚子大旱导致陕西省超过 250 万人死亡。

由旱极而蝗的蝗灾，更使得灾情雪上加霜。如康熙三十年（1691），"宜川旱，飞蝗蔽天，禾苗食尽，岁大饥"[②]；永寿县"飞蝗蔽天，民饥"[③]。光绪二年（1876），华阴和潼关两地"秋禾为田鼠、蝗虫所害，十室九空，粮价骤增数倍"[④]。

相较于旱灾巨大的人口损失而言，水灾造成的人口损失并不是非常严重，成百上千的人口损失已经可以算作较大的水灾。但是，水灾具有突发性和不可预见性，短时间内释放出巨大的破坏能量，一旦发生，当地官府和灾民很难有相应的预防措施，因而对田禾、牲畜、房屋、商铺等人民财产的破坏比旱灾还要严重。如同治十二年（1873）六月横山县无定河大溢，"大水沿川冲没牲畜禾稼无数，响水西关街市湮没"[⑤]；光绪三年（1877），高陵县"夏六月大雨如注，平地水深三尺，田苗尽没，是秋无禾，大饥，饿毙男妇三千余人"[⑥]；光绪十四年（1888），西安府因大雨而导致河水暴涨，"桥梁堤坝冲毁漫决，附近田禾悉被淹没，房屋冲倒大半，小民避水逃生，衣粮不暇携

---

①　[美] 尼克尔斯：《穿越神秘的陕西》，史红帅译，三秦出版社 2009 年版，第 89 页。

②　民国《宜川县志》卷 11《社会志·荒赈年谱》，民国三十三年新中国印书馆本，第 185 页。

③　(清) 郑德枢、赵奇龄：《永寿县志》卷 10《述异》，《中国地方志集成·陕西府县志辑》，第 11 册，凤凰出版社 2007 年版，第 489 页。

④　水电部水利科学院：《故宫奏折抄件》，转引自陕西省气象局气象台《陕西省自然灾害史料》，陕西省气象局气象台 1976 年版，第 231 页。

⑤　民国《横山县志》卷 2《纪事》，《中国地方志集成·陕西府县志辑》，第 39 册，凤凰出版社 2007 年版，第 315 页。

⑥　光绪《高陵县续志》卷 8《缀录》，《中国地方志集成·陕西府县志辑》，第 6 册，凤凰出版社 2007 年版，第 555 页。

带"①。民居、牲畜等是人们进行生产、生活的必需品，一旦遭到破坏，会直接影响到人民的生活和生产的恢复，因此即使水灾直接造成的人口损失并不是很大，也会有不少的人口因为灾后生活得不到保障而毙命。

除水旱蝗灾害之外，其他灾害也会造成人口的损失。如澄城县在"丁戊奇荒"之后，县东北男妇老幼被狼伤害者达百余人②；光绪四年（1878），横山县"春，大疫"，导致山中野狼成群③；光绪五年（1879），富平县发生鼠害损害庄稼，"又多狼或入城市"④；同治三年（1864），乾县"鼠兔食苗几尽，秋城内霍乱大作，死者数千人"⑤；光绪二十六年（1900）大旱之后，盩厔县道殣相望，随后"二十七年，疫大作"⑥，导致病死者无数。

到了民国时期，由于农业自然灾害的发生频率还要高过清代，故因灾而造成的人口损失较之清代更是有过之而无不及。从表3-1中可以看出，民国陕西省人口的数量总体变化情况大概可分为3个时期：1912—1928年，人口数量稳定；1928—1931年，人口急剧下降；1931—1949年，人口数量缓慢增长，间有回落。

表3-1　　　　　　　民国陕西省人口总数一览表

时间（年）	人数	时间（年）	人数
1912	9175799	1937	11151563（注2）
1919	9417359	1938	8439252（注3）

---

① 《陕西水患》，《申报》光绪十四年八月二十一日，第1版。

② 民国《澄城县附志》卷3《救荒》，《中国地方志集成·陕西府县志辑》，第22册，凤凰出版社2007年版，第313页。

③ 民国《横山县志》卷2《纪事》，《中国地方志集成·陕西府县志辑》，第39册，凤凰出版社2007年版，第316页。

④ 光绪《富平县志稿》卷10《故事志》，成文出版社1976年版，第1259页。

⑤ 民国《乾县新志》卷8《事类志》，《中国地方志集成·陕西府县志辑》，第12册，凤凰出版社2007年版，第100页。

⑥ 民国《盩厔县志》卷8《杂记》，《中国地方志集成·陕西府县志辑》，第9册，凤凰出版社2007年版，第356页。

续表

时间（年）	人数	时间（年）	人数
1923	9465558	1944	9374844（注4）
1925	9492489	1946	11574908
1928	11802446	1947	9649168（注5）
1931	8971665	1949	13173142
1935	9895182		

资料来源：陕西省地方志编纂委员会：《陕西省志·人口志》，三秦出版社 1986 年版，第 90—91、330—331 页；（注2）《陕西省人口统计报告表》，1937 年，陕西省档案馆，馆藏号：C4，案卷号：46，记载人口数均为 7594584，与《陕西省志·人口志》存在出入；（注3）《陕西省人口统计报告表》，1938 年，陕西省档案馆，馆藏号：C4，案卷号：7；（注4）陕西省政府统计室：《陕西省统计资料汇刊》1945 年第 5 期，第 18—19 页，陕西省档案馆，馆藏号：C4，案卷号：36；（注5）国民政府主计处统计局：《中华民国统计提要》，1947 年 7 月 15 日，第 2 页。

　　毫无疑问，民国时期陕西省的人口数量处于一种极不稳定的状态，波动幅度很大。尤其是 1928—1931 年，人口数量竟然从11802446 人降到8971665 人[①]，足足下降了 2831781 人。能够在短时间内造成人口大规模减少的有两个最主要的因素：战争与灾害。战争对人口极具杀伤力，如 1926 年西安围城之役，死亡 10 万人[②]，1930年中原大战死亡 30 万人[③]。但是，现代战争防御技巧成熟，而且"对人口的摧残则多半限于战场之上，且在某一固定区域持续的时间也不像灾荒那样漫长，因而它对农业再生产过程直接造成的破坏较小"[④]。因此，战争因素虽然不可忽视，但是灾荒造成的人口死亡程度更为深刻。据统计，仅 1928—1930 年大旱造成的人口死亡就高达

---

　　① 陕西省地方志编纂委员会主编：《陕西省志·人口志》，三秦出版社 1986 年版，第330 页。

　　② 国民政府赈务处：《各省灾情概况》，1929 年，第 17 页。

　　③ 千家驹：《中国农村经济论文集》，中华书局 1936 年版，第 249 页。

　　④ 赵文林、谢淑君：《中国人口史》，人民出版社 1988 年版，第 484 页。

250 万余人之多①（表 3 - 2）。

表 3 - 2　　　1928—1930 年大旱陕西省各县人口死亡情况表

县名	死亡状况	县名	死亡状况
蒲城	饿毙 3 万余人	咸阳	原 13 万人，饿毙 1.2 万余人
武功	人口 18 万，饿毙 7 万余人	乾县	绝户 2100 余家，死亡 5 万人
兴平	原有 176685 人，死亡 71891 人，绝户 3268 户	韩城	死亡人口达到 2/3
郿县	1929 年人口 12 万，灾后仅存 5.6 万余人	富平	每日饿死 74 人，多则 218 人，1928 年因灾荒饿死者 4000 余人
盩厔	死亡 55730 人，绝户 9743 户	岐山	原 173943 人，死亡 32891 人
华阴	于此次灾荒中减少 18036 人	长安	原 433864 人，死亡 52512 人
凤翔	原 203485 人，死亡 96714 人		

资料来源：曹树基主编：《田祖有神——明清以来的自然灾害及其社会应对机制》，上海交通大学出版社 2007 年版，第 201—202 页；郭琦、史念海、张岂之：《陕西通史·民国卷》，陕西师范大学出版社 1997 年版，第 166 页。

　　总的来说，民国时期陕西地区各种灾害不断剥夺着人的生命，但是"水灾一条线，旱灾一大片"，致灾原因、属性不同，致命方式、数量和程度也有差异。其一，从各灾型造成的人口死亡频次来看，水灾第一，疫灾第二，旱灾、雹灾、风灾、冻灾依次减少。但是，"各灾型的死亡人数并不和发生次数成正比"②，致死数量最多的灾害是旱灾，以下依次为水灾、疫灾、冻灾等。可见，洪水、瘟疫等突发性灾害虽然易于造成人口死亡，但是因其持续时间较短，并且波及范围有限，故一定时期内造成的人口死亡数量却不是最多的；相反，旱灾等缓释性灾害则因灾害持续时间长、波及范围广，致命频次虽然不如突发性灾害，但是致死数量却随着灾情发展具有时间上的积累性和空间上的辐射性，最终死亡人数则是惨重的。其二，从致命方式来看，水灾、雹灾等突发性灾害以直接瞬时致命为主，缓释性致命为次；而

---

　　①　曹树基主编：《田祖有神——明清以来的自然灾害及其社会应对机制》，上海交通大学出版社 2007 年版，第 202 页。

　　②　夏明方：《民国时期自然灾害与乡村社会》，中华书局 2000 年版，第 75 页。

旱灾、风灾、冻灾、虫灾则以缓释性致命为主,通过破坏农作物生长,切断生命补给源,引起区域性饥馑与死亡,因此较之瞬时性致命更为严重。其三,从致命形式来看,以灾害链和灾害组为主,诸灾并发。主要的灾害链为雨—水灾害,灾害组为旱+蝗、水+疫、风+雹等。如1928—1933年,渭南地区因为旱灾、水灾、蝗灾、霍乱流行,人口出现了负16%的增长率[1]。其四,疫病,既是一种独立的灾型,又是最常见的衍生性灾害,致命程度往往超过原发性灾害,如1930年3—4月暴发于陕西关中、榆林及汉中区北部等57县的"春瘟病",虽然是由于持续干旱造成,但是"饿毙者十分之三四",而病死者却达"十分之五六"[2];紧接着1932年的霍乱(表3-3),延续4个月,波及陕西省35个县,发病254857人,病死102243人,病死率高达40%[3]。而瘟疫必定造成人体机能的巨大破坏和提前衰退,进而埋下了加剧人口死亡的隐性种子。

表3-3 1932年陕西省霍乱患者死亡人数

县名	患霍乱人数	霍乱死亡人数	县名	患霍乱人数	霍乱死亡人数	县名	患霍乱人数	霍乱死亡人数
潼关	2148	726	兴平	963	162	三原	1547	508
华阴	35000	13000	鄠县	5600	3856	淳化	73	38
朝邑	5356	3722	乾县	8725	5625	洵阳	175	115
平民	68	34	岐山	240	130	商县	227	112
大荔	17358	4607	麟游	229	89	米脂	529	301
澄城	2314	1305	凤翔	9806	6740	清涧	77	55
华县	9318	6422	郿县	2717	1189	西安	1311	937
蒲城	22778	10453	陇县	7202	4913	韩城	8000	1210
郃阳	17484	2048	洛川	100	63	耀县	7635	3156
渭南	26000	10000	鄜县	3258	258	蓝田	15000	5700
富平	42291	14097	中部	70	45	绥德	690	450
临潼	150	123	吴堡	418	54	合计	254857	102243

资料来源:陕西省地方志编纂委员会主编:《陕西省志·人口志》,三秦出版社1986年版,第95页。

---

[1] 郭琦、史念海、张岂之:《陕西通史·民国卷》,陕西师范大学出版社1997年版,第167页。

[2] 李文海:《中国近代灾荒纪年续编》,湖南教育出版社1993年版,第267—268页。

[3] 陕西省卫生厅编:《陕西省预防医学简史》,陕西人民出版社1981年版,第4页。

二　人口的迁移

人口的迁移是人口变迁的一个重要方面。清代，为了保证国课额附，对人民进行严格管制，尤其是对农民实行"里甲制度"，禁止其离开原居住地另往他处。但是，一旦发生大的自然灾害，就会造成受灾地区食物匮乏、物价上涨。此时，政府的赈灾措施若能够及时到位，保证灾民温饱，在严格的人口制度和"安土重迁"的传统理念下，人们会固守在自己的家园；如果政府应灾职能不能及时有效地发挥作用，则会导致灾民脱离正常的生活轨道，为了生存而四处逃亡，其中既有省内迁移，也有跨省迁移。

康熙三十年（1691）和三十一年（1692）间，关中、陕南发生大面积旱灾，导致饥民四散流离。三原县"连遭大旱，三料不登，民饥逃散，多就食邻省"①。据称西安附近的临潼县就有 70% 的人口由于荒歉和救济不足而流入湖北襄阳府和郧阳府。康熙三十年十二月，时任湖广荆南道道员俞森在给上级告急时称，在他的辖区内不打算继续迁移的灾民就有约 4 万人，政府只安置并登记了约 1 万人；此外，尚有无数的人口在继续南下迁移中路过郧阳、襄阳②。光绪初年的"丁戊奇荒"中，陕西邻省甘肃受灾稍轻，同官县百姓"逃甘肃者无数"③；邠县"大荒，斗麦值制钱二千有奇，居民逃亡不可胜计"④；华州"斗粟四千余钱，道殣相望，逃亡者半"⑤；汧阳县大约有 1/10

---

①　康熙《三原县志》，转引自陕西省气象局气象台《陕西省自然灾害史料》，陕西省气象局气象台 1976 年版，第 35 页。

②　［法］魏丕信：《18 世纪中国的官僚制度与荒政》，徐建青译，江苏人民出版社 2003 年版，第 36 页。

③　民国《同官县志》卷 14《合作救济志》，《中国地方志集成·陕西府县志辑》，第 28 册，凤凰出版社 2007 年版，第 197 页。

④　民国《邠州新志稿》卷 15《社会》，《中国地方志集成·陕西府县志辑》，第 10 册，凤凰出版社 2007 年版，第 441 页。

⑤　光绪《三续华州志》卷 4《省鉴志》，《中国地方志集成·陕西府县志辑》，第 23 册，凤凰出版社 2007 年版，第 107 页。

的"逃亡死绝之户"，与别的地方相比这已经算是少的了①。由此也可以看出其他州县灾民逃亡的严重程度。光绪庚子大旱时，陕西全省大面积亢旱，连那些近水处种植的庄稼也"率皆干旱枯萎"②。庄稼枯死，田地荒芜，没有了生计的人们不得不到处流亡。凤翔县"是年冬至翌年夏连续大旱，遂遭大饥，人民流离死亡，厥状甚惨"③。岐山县"赤地数百里，饥黎剜草根□皮殆尽"④。到了光绪二十六年（1900）冬，关中各县至少有30万灾民涌向西安，以求官府救济。巡抚端方由于担心会发生饥民抢粮事件，不许灾民入城，导致灾民们被迫在城外路边斜坡上挖洞栖身，靠吃草根树皮赖以为生。尼克尔斯在城郊就"看到了数以千计住在窑洞中饿以待毙的饥民"。据地方官府统计，在西安城郊就有13万人饿死。3个月间，每天清晨都有600多具饿毙者的尸体被官府收集掩埋于东门外的田野里⑤。在清代商业繁荣的三原，"来自周边乡村数以千计的男人、女人和儿童涌向三原，徒劳地寻找逃避饥饿的办法"，然而"他们几乎全都死在他们逃难以求庇护的城市当中"⑥。

　　民国时期，陕西地区大大小小的天灾人祸无数。据1932年12月3日的《大公报》报道：陕西宝鸡一带"哀鸿遍野，饥民流离载道……迁徙流亡，日益见多，处处门户封锁，村村门户封锁，村村井灶无烟，凄凉景象，不堪言状"。大量人口丧失土地，为了逃离死亡而乞讨流动的现象比比皆是（表3-4）。可见，灾荒一出，必有灾民潮，大灾大潮，小灾小潮，灾荒的出现与流民潮的形成成正相关。

---

　　① 光绪《增续汧阳县志》卷14，《中国地方志集成·陕西府县志辑》，第34册，凤凰出版社2007年版，第478页。

　　② 水利部水利科学院：《故宫奏折照片》，转引自陕西省气象局气象台《陕西省自然灾害史料》，陕西省气象局气象台1976年版，第54页。

　　③ 袁林：《西北灾荒史》，甘肃人民出版社1994年版，第555页。

　　④ 民国《岐山县志》卷10《灾祥》，《中国地方志集成·陕西府县志辑》，第33册，凤凰出版社2007年版，第553页。

　　⑤ ［美］尼克尔斯：《穿越神秘的陕西》，史红帅译，三秦出版社2009年版，第7页。

　　⑥ 同上书，第96页。

（一）流民出现的原因

如表3-5、表3-6所示，民国时期陕西流民潮的出现，既有内在的社会结构性原因，也有自然经济的解体和外国资本主义入侵的外在原因，亦有人口膨胀的压力、土地兼并和农民破产、兵灾匪祸、灾荒饥馑、地区文化传统等各方面的原因。但是，应该看到，在特定的时空背景下，灾荒因素在各种因素合力驱动中的原动力地位和直接性、主导性诱发作用，即灾荒摧毁了维持人类最基本生存需求的自然环境，从而促使人类为满足生存欲望被迫进行流动。在此过程中，又不断混杂着各种各样的政治、经济、文化方面的因素，最终形成了这股浩浩荡荡的以饥饿的灾民为主体的"流民潮"。

（二）流民潮的实质与特点

首先，流向的不确定性。流民潮的出现，是固有生存环境突遭崩毁而进行的被迫迁移和为满足生存欲望而进行的主动迁移联合驱动下产生的。因此，一无所有的流民们对流向并没有一个清晰的规划和充分的准备，大多是以灾区为中心，向四周辐射，呈现一种"壮者散之四方，老弱流离沟壑"的"瞎跑"状态[1]，如1929年陕西大旱，关中饥民流徙陕南者约百万人[2]；另据1928年10月24日的《大公报》报道：陕西灾民"逃难于山西、河南、甘肃者连续不断"。总体来说，流民大多流向城市和乡村，因为城市谋生方法多，而且历年救灾粥厂都设在城市；而没有灾荒的乡村，对于农民来说也是一个很好的选择，可以让他们和熟悉的土地相结合，重新开始生活。据统计，关中的流民多渡河逃往山西，据华洋义赈会的一名工作人员说，他在西安和黄河之间，看见有200多个灾民"聚卧一穴，相视待毙"；汉中饥民多向湖北、四川迁移，1930年略阳县40多村灾民逃向川北，道途死者过半[3]。

---

① 吴文晖：《灾荒与中国人口问题》，《中国实业杂志》1935年第1卷第10期。
② 杨子慧：《中国历代人口统计资料研究》，改革出版社1996年版，第1402—1403页。
③ 李文海等：《中国近代十大灾荒》，上海人民出版社1994年版，第191页。

表 3 – 4　　　　　1920 年和 1928 年陕西省各县人口迁移情况表

时间	县	人口迁移情况	县	人口迁移情况
1920 年	华阴	大旱，原 117722 人，逃亡 6569 人，逃亡比例 5.58%	潼关	原 42000 人，逃亡 8000 人，逃亡比例 19.05%
1928 年	富平	背井离乡外出逃生者 8000 余人	咸阳	大旱，原 13 万人，逃亡 1.1 万人，逃亡比例 8%
	武功	原 18 万人，逃亡 5 万人，逃亡比例 27%	扶风	原 16 万人，逃亡 3.1 万人，逃亡比例 19%
	盩厔	逃亡 29436 人	蒲城	逃亡 6 万人
	长安	原 433864 人，外逃 47357 人	凤翔	原 203485 人，外逃 10948 人
	乾县	原 169498 人，外逃 27893 人	岐山	原 173943 人，外逃 37500 人
	鄠县	原 90746 人，外逃 5021 人	鄠县	一个月内男女逃亡 8490 余人
	陕南各县	流亡过半		

资料来源：曹树基主编：《田祖有神——明清以来的自然灾害及其社会应对机制》，上海交通大学出版社 2007 年版，第 201—202 页；李文海等：《中国近代十大灾荒》，上海人民出版社 1994 年版，第 142 页；富平县地方志编纂委员会编：《富平县志》，三秦出版社 1994 年版，第 123、189 页；郭琦、史念海、张岂之：《陕西通史·民国卷》，陕西师范大学出版社 1997 年版，第 167 页；《大公报》1928 年 4 月 6、8 日。

表 3 – 5　　　　1931—1933 年陕西省农民离村原因统计表（%）

天灾	匪祸	人口压力			经济压力			经济吸引小计	求学	其他及不明原因
		耕地过少	人口压力	小计	农村经济破产	贫穷而生计困难	租税剥削			
34.6	28.5	1.7	1.1	2.8	3.3	6.7	5.6	15.6	1.7	1.1

资料来源：夏明方：《民国时期的自然灾害与乡村社会》，中华书局 2000 年版，第 101 页。

表 3 – 6　　　　民国时期陕西省关中地区 1273 户农家非

世居者之迁徙原因及百分率

原因	因该原因迁徙之	
	农家数（户）	百分率（%）
移民	88	40.7
贫穷	41	19.0

续表

原因	因该原因迁徙之	
	农家数（户）	百分率（%）
年荒绝粮	32	14.8
水灾	15	6.9
地少人多	14	6.5
旱灾	8	3.7
无地	4	1.9
回乱	3	1.4
逃难	2	0.9
其他	6	2.8
不详	3	1.4
总计	216	100

资料来源：蒋杰：《关中农村人口问题》，国立西北农林专科学校1938年版，第115—116页。

其次，流民潮之所以称为"潮"，证明这不是个体性行为，而是集体性行为。灾荒虽然对不同阶层、年龄、性别的人口破坏程度不同，但是无疑对广大贫苦的农村最具破坏力。脆弱不堪的小农经济在灾荒的摧毁下，或一片泽国或赤野千里，广大农民无以为家，更无以为生，只能流离失所，举家流亡。

最后，时间上的暂时性。陕西地区的农民具有农耕文明根深蒂固的保守性特质，灾情一旦缓解，他们就会陆续回到家乡，重新开始生活。此外，农业乃中国之本，灾荒过后，农业凋敝，为了恢复经济，政府也会招抚流民，垦荒生产。

从以上的分析中可以看出，陕西灾民迁移普遍的趋势是从灾区向非灾区迁移，从农村向城市迁移。在灾民的迁移过程中，因种种原因也一定程度上造成了灾民的死亡。

三　人口质量的降低

人口质量，也称人口素质，指人口总体的身体素质、科学文化素质以及思想素质，反映的是人口总体的质的规定性的范畴，是社会的历史过程和自然的生理过程的统一，简而言之，即身体质量和心理素质的统一。灾害对人口质量的损害，往往表里兼之，对身体自然机理的破坏最为明显，而对心理素质的影响往往具有一定范围内的社会消极作用。

（一）灾害对身体素质的摧残

灾害对人身体的摧残，即洪水、冰雹、大风等突发性灾害造成的外在肢体的残损，及食物缺乏、营养不良、疾病等引起的身体内在系统紊乱及后遗症，如侏儒症、智障等。

如表3-7所示，每次灾害都会催生出数以万计的灾民，如此庞大的饥民队伍，面对的首要问题就是粮食问题。据相关学者研究，只有人口和土地的比例平均大致为1:4（每人平均4亩土地）方可维持生计，即"温饱界线"[1]。但是据表3-8显示，民国时期，陕西省人均耕地面积在相当一段时间达不到4亩，即基本处于一种缺粮状态。而陕西地区农业自然条件落后，自古就有"耕三余一，耕九余三，民始无饥"的说法；加之天灾人祸频繁，更加剧了缺粮程度，年馑时连"收一茬庄稼吃一季粮"也达不到。

表3-7　　　　　　　陕西省历年受灾县及灾民人数统计表

时间	受灾县	灾民人数	资料来源
1920年	70	2367895	李文海等：《中国近代十大灾荒》，上海人民出版社1994年版，第140页。
1921年	72	402000	夏明方：《民国时期自然与乡村社会》，中华书局2000年版，第385页。
1928年	85	5655264	同上书，第387页。
1929年	73	7015052	同上书，第388页。
1930年	76	5584526	同上。
1931年	—	3000000	静芝：《土匪?! 饥民?!》，载陕灾周报社编辑《陕灾周报》1930年第3期，第2页。
1932年	—	4132249	夏明方：《民国时期自然与乡村社会》，中华书局2000年版，第390页。
1933年	90	4768030	同上。

---

① 周源和：《清代人口研究》，《中国社会科学》1982年第2期。

续表

时间	受灾县	灾民人数	资料来源
1934 年	—	1000000	同上书，第 391 页。
1935 年	—	2000000	同上。

表 3 - 8　　　　　　　　民国时期陕西省耕地状况表

时间	耕地面积（万亩）	人均占有耕地（亩）
1913 年	3170.1	3.6
1914 年	2922.8	3.4
1936 年	3478.4	3.5
1943 年	4562.7	4.6
1949 年	6577.0	5.0

资料来源：陕西省地方志编纂委员会编：《陕西省志·农牧志》，陕西人民出版社 1993 年版，第 6 页。

表 3 - 9　　　　　　　　西安市历年棉麦价格比较表

（棉花：市担元；小麦：市石元）

品名	价格	1937 年 7 月	1940 年 1 月	1941 年 1 月	1941 年 12 月	1942 年 3 月	1942 年 10 月
棉花	价格	36.50	74.00	158.00	292.00	500.00	1150.00
	指数	200	200	433	800	1307	3151
小麦	价格	8.00	10.00	36.00	76.67	260.00	500.00
	指数	100	125	450	2208	3250	6250

资料来源：陕西省政府统计室编印：《陕西省统计资料汇刊》1943 年第 3 期，第 215 页。

此外，不法分子趁粮荒囤积居奇，哄抬粮价。如 1928 年大旱，华阴县每石麦子需洋 30 余元，比平时涨 5 倍；三原县一石小麦，从平日的七八元，涨到 27 元①。城市的粮食价格也日益腾贵，如表 3 - 9 所示。粮价如此之高，普通农民根本买不起，据 1937 年统计，陕

———————

① 刘仰东、夏明方：《百年灾荒史话》，社会科学文献出版社 2000 年版，第 118 页。

西省缺粮者在 200 万—300 万人之间①。可见，粮食成了数以万计灾
民的生存瓶颈。

　　粮食严重匮乏，灾民只能想尽一切办法获取"代食品"充饥。据
北京国际统一救灾总会在部分灾区"逐户调查所存之食物"，计有
"糠杂及麦叶，地下落叶制成之粉，花籽，漂布用之土，凤尾松芽，
玉蜀黍心，红金菜（野菜所蒸之饼），锯屑，有毒树豆，高粱皮，棉
种子，榆皮，树叶花粉，大豆饼，落花生壳，甘薯葛研粉，树根，石
捣之成末以取出其最细之粉"②。1920 年大旱，"商县既邻近各处，去
年二麦本歉，去秋及今春二麦无收，今春再荒，储藏早空，树皮、草
根、漆子褚叶，搜食殆尽"；安康县"麦豆两种，因受虫伤，所以歉
收。夏秋荒旱，稻谷杂粮尽行枯槁，饥馑交加，民不聊生，灾民食土
食糠之事时有所闻"③。此类现象比比皆是。

　　饥荒刚开始时，饥民还能"采摘树叶掺杂粗粮以为食"，不久则
"剥掘草根树皮和秕糠以为生"④，最后只能吃观音土等为生。长期食
用这些充饥食物，往往造成维持生命正常机能运转的脂肪、蛋白质、
氨基酸及其他微量元素的严重缺乏，导致身体素质下降，"吃草根树
皮的人，即使能熬过这个年景，接住好年景是仍要病死的"，甚至造
成各种急、慢性病，以致死亡⑤。有的灾民因食有毒植物而死，如据
1930 年 7 月 3 日的《申报》报道：汉中留坝灾民采挖野草，"中毒而
死者 5000 余人"。观音土对人的身体危害更大，食后完全无法解便，
据 1930 年 7 月的《时事月报》报道："中毒滞塞而死者处处皆是。"

　　（二）灾害对心理素质的破坏

　　灾害发生后，灾区人民普遍易存在一种消极的社会心理，即"灾
民意识"。按照马斯洛的需求层次理论，正常生存环境中的人的精神

---

① 乔启明、蒋杰：《中国人口与食粮问题》，中华书局 1937 年版，第 60 页。

② 李文海等：《中国近代十大灾荒》，上海人民出版社 1994 年版，第 140 页。

③ 《赈务通告》1920 年第 4 期。

④ 李蕤：《无尽长的死亡线——1942 年豫灾剪影》，《河南文史资料》1985 年第 13
辑，第 17 页。

⑤ 同上。

世界和物质世界都是丰富多彩的，除了满足最基本的生理需要和安全需要之外，他们还需要更高层次的爱和社交、尊重和自我实现。而灾害，这种突如其来的外力摧毁了他们的正常生活模式，切断了正常的生存需求源，进而扭曲了正常的心理状态，使需求形式趋于单一，需求层次出现倒置。在饥饿的摧残下，食物成了他们唯一和全部活着和为了活着的原因，道德、规范、情感、理想都显得一文不值。

为了生存，绝望的人民进行了各种迷信活动。如遇水灾便拜龙王，旱灾便求雨神，蝗灾就祈"神虫"。1919 年春夏之交，"泾阳13个月无雨，富平 11 个月无雨，华县附近各地也是苦旱异常。乡人每天祈神求雨的，日有数起，连华县的知事、省城的督军也都祈起雨来"①。1928 年陕西大旱，关中地区 40 多县的灾民陷入了慌乱之中，无法耕种，他们便一村村地聚结起来，敲锣打鼓祈神求雨，通向古庙、深潭的路上，到处是披着蓑衣、戴着柳条圈子帽子的求雨人群。

在饥饿的折磨下，人民的灵魂日趋沦丧，从最初的挖墓煮尸，到最后恐怖的"人食人"景象，层出不穷。1928 年大旱，泾阳全境"饿死灾民在 6 万以上，东区及西南塬各处，逃亡几至一空，荒村野居，仅余败壁颓垣，二三十里间绝少人迹。古旧之冢，因近年来掘墓风大炽，数百年祖茔，皆被人发掘，无一幸免。现在粮资具缺，求生无术，遂自相纠集族众，发掘先墓之殡物，以易升合之粟者，已日渐增加"②。可见，饥饿已经把人性摧残到了极度麻木不仁的地步。正如卡斯特罗指出："没有别的灾难能像饥饿那样伤害和破坏人类的品格……或多或少都是饥饿对于人类品格的平衡和完整所起的瓦解作用的直接后果。……人类在饥饿的情况下，所有的兴趣和希望都变为平淡甚至消失……他们的全部的精神在积极地集中于攫取食物以充饥肠，不择任何手段，不顾一切危险……所有其他形成人类优良品行的力量完全被撇开不管。人类的自尊心和理智约束逐渐消失，最后一切

---

① 刘仰东、夏明方：《百年灾荒史话》，社会科学文献出版社 2000 年版，第 103 页。

② 古籍影印室编：《民国赈灾史料初编》，第 4 册，国家图书馆出版社 2008 年版，第456 页。

顾忌和道德的制裁完全不留痕迹……其行为之狂暴无异于禽兽。"①
最后,个体"灾民意识"灾区普遍化,产生了消极的社会影响,引起社会价值体系的崩溃,甚至出现了一定空间、时间内的社会倒退现象。

四 人口结构的变动

人口在性别上有男女之分,年龄上有幼、壮、老之分,职业上有农工商学兵之分,处于不同自然、社会属性中的人,面对灾害时的物质、心理承受能力不同,相应的人口损失程度也千差万别。因此,分析灾害与人口年龄、性别结构这些微观层面的关系更能透视出灾害对人口变迁深层次的影响。

(一) 灾害对年龄结构的影响

不同年龄阶段的人的身体素质和社会地位不同,承灾能力也是不同的。孩童与老年人体弱多病,而且迁移避灾能力差,因而承灾能力最弱,最容易受到灾害的影响;相较之下,青壮年体质健强,故有效避灾能力也强。如1933年黄河大水灾中,"泅水避往高地,只少壮者能之,老弱妇女,不能相顾,淹死甚众。壮年男子挟儿女泅水逃避者,因水宽一时不易到岸,一般人心理上重视男孩,至气力不支时,则先将女孩弃至水中,故女孩溺死尤多"②。此外,灾荒时期大量儿童被贩卖,也在一定程度上造成了年龄结构的失调。

(二) 灾害对性别结构的影响

女性体质弱于男性,容易受灾害的摧残;并且女性在男权社会中的附属地位,使其成为人口贩卖最主要的受害者,灾后大多都无返乡的机会。据不完全统计,民国年间3年大灾时期,陕西卖出妇女超过40万③。而1938年蒋杰对陕西武功灾区调查统计中,在211户家里,

---

① [巴西] 约绪·德·卡斯特罗:《饥饿地理》,黄秉镛译,三联书店1959年版,第63—66页。

② 《全国善士迅种善因》,《大公报》1933年9月5日。

③ 冯和法:《中国农村经济资料》,上海黎明书局1935年版,第722页。

平均每 3 家就有 1 人被出售，而在被贩卖的人中，男子占 17.1%，女子竟达到 83.2%[①]。因此，大灾过后势必造成灾区性别比例严重失调。而一个社会要良性发展，男女性别必须保持一定的比例，当时研究认为，婴儿初生时男女比例应为 105：100（由于男婴儿较易死亡，结果双方数量得以维持平衡）是基本合适的[②]。但是，大灾之后，男女性别比例失调严重，例如武功竟达 129：100[③]。民国时期，男女结婚年龄主要集中在 15—19 岁，而这个年龄段男女比例失调的现象更为严重。陕西关中地区比例为 165：100，户县竟高达 225：100，这意味着大量的男子在适婚年龄却没有结婚对象，面临失婚的困境[④]。据当时的调查，15—44 岁之间，男子未婚者占 32.5%，而女子未婚者仅占 5.7%，男子比女子失婚现象突出。男子失婚必然会引起男子结婚年龄的推后和女子婚龄提前。再如表 3－10 所示，1944 年西安市人口年龄统计中，20—35 岁之间的男女比例极为不均；0—11 岁新生儿人口数也远远低于青壮年人口数。

表 3－10　　　　西安市人口年龄统计表（1944 年 10—12 月）

项别	合计	0—1岁	1—5岁	6—11岁	12—17岁	18—19岁	20—24岁	25—29岁	30—34岁	35—39岁	40—44岁	45—54岁	55岁以上
合计	392259	9793	23252	24921	36002	27384	34620	46736	39062	36236	39215	392343	35840
男	248374	5551	13034	14737	21081	16914	20655	31445	22652	23297	26516	27352	25140
女	143885	4242	10218	10184	14921	10434	13965	15291	16410	12939	12699	11882	10700
比例（%）	1.73	1.31	1.28	1.45	1.41	1.62	1.48	2.06	1.38	1.80	2.09	2.30	2.35

资料来源：陕西省政府统计室编印：《陕西省统计资料汇刊》1945 年第 5 期，第 26 页。

综上，灾害对人口性别、年龄结构的影响，总体上老幼大于青壮年人，女性大于男性。但是也应该注意到，不同灾型对人口结构影响的差别性。如表 3－11 所示，虎烈拉患者的年龄、性别，壮年人比幼

① 蒋杰：《关中农村人口问题》，国立西北农林专科学校 1938 年版，第 222 页。
② 同上书，第 80 页。
③ 同上书，第 83 页。
④ 同上书，第 86 页。

年人多，男性比女性多，20 岁未满者和幼儿则最少。此外，虎烈拉
患者之职业，以苦力贫民最多（车夫、乞丐），农民次之，官吏市民
最少。

表 3 - 11　　　　　　　1933 年虎烈拉患者性别、年龄比较表

	2 岁以下	10 岁以下	20 岁以下	30 岁以下	40 岁以下	50 岁以下	60 岁以下	70 岁以下	80 岁以下	合计
男	3	110	207	412	390	277	180	83	24	1685
女	5	75	101	204	220	144	98	66	38	951
合计	8	185	308	616	610	421	278	149	62	2637

资料来源：陕西省防疫处：《西京医药》1933 年第 6 期。

第二节　农业自然灾害与社会经济的萧条

经济活动是积累社会物质财富、推动生产力进步的重要力量，是
构建人类社会并维系人类社会运行的必要条件。安定、有序的社会秩
序是进行经济活动的重要条件。频繁的灾害导致人畜伤亡、田庐毁
弃，社会处在一种无序的混乱与萧条之中，这就使经济活动得以进行
的社会条件遭到破坏。具体而言，灾害对社会经济的影响主要表现在
两个方面，即对农业的影响和对工商业的影响。

一　农业生产的凋敝与土地的集中

农业生产是天、地、人三者的统一，人能乘天之时，尽地之力，
做农之事，农业生产就能够顺利进行，并且为人的生存和社会的发展
奠定基础。清至民国时期，陕西地区农业自然灾害频繁，破坏了农村
脆弱的小农经济生产模式，进一步导致土地集中等问题的出现，最终
阻碍了农业经济的发展。

旱灾是对清代陕西农业影响最大的自然灾害。关中和陕北地区的
旱灾主要集中于夏、秋二季，陕南地区的旱灾则主要集中于春、夏二
季，这时正值小麦、水稻等农作物的生长期和秋禾的播种季节，需要
充足的水分，而旱灾的发生会导致农作物减产、绝收，甚至可能会影

响到秋禾的及时播种，进而造成全年农作物绝收。如康熙三十年
（1691），洋县"大旱，夏秋无收，民大饥"①。同治元年（1862），
孝义厅"五、六月大旱，禾稼树木皆枯"②。光绪十七年（1891），陕
西"自四月以来，未得透雨，北山秋禾多未播种，南山稻秧分插亦未
及半，各属包谷、糜粟亦未能如期普种，农田望泽甚殷"③。另外，
旱灾的渐发性、广泛性等特点，使得灾后大片土地荒芜，长时间难以
恢复。如同治元年（1862），高陵县"自七月不雨，至于明年六月，
冬无宿麦，春夏赤地百里，斗米二千有奇，疫毙男妇三千余人"④。
一冬无雨加之翌年春夏连旱，造成了物价腾贵、民不聊生的情况。光
绪三—四年（1877—1878）间，富平县苦旱异常，秋麦苗虽被小雨，
然"青葱可观者统计不满五顷，此外尽属赤地"⑤；光绪庚子、辛丑
大旱中，整个陕西各属迭遭灾歉，到了1904年，陕西巡抚升允上奏
清廷的奏章中还提到："民间新垦地亩复又就荒，弃地而逃非止一
处。"⑥ 可见旱灾对农业经济破坏之巨大，影响之深远。

　　继旱灾而起的蝗灾的危害也甚为巨大。如康熙三十年（1691），
"宜川旱，飞蝗蔽天，禾苗食尽，岁大饥"⑦。永寿县"飞蝗蔽天，民
饥"⑧。咸丰十一年（1861），岐山县"六七月蝗飞蔽天，高粱糜谷多

---

① 康熙《洋县志》，转引自陕西省气象局气象台编《陕西省自然灾害史料》，陕西省
气象局气象台1976年版，第35页。

② 光绪《孝义厅志》卷12《灾异》，《中国地方志集成·陕西府县志辑》，第32册，
凤凰出版社2007年版，第520页。

③ 水利部水利科学院：《故宫奏折照片》，转引自陕西省气象局气象台编《陕西省自
然灾害史料》，陕西省气象局气象台1976年版，第53页。

④ 光绪《高陵县续志》卷8《缀录》，《中国地方志集成·陕西府县志辑》，第6册，
凤凰出版社2007年版，第555页。

⑤ 光绪《富平县志稿》卷10，《中国地方志集成·陕西府县志辑》，第14册，凤凰出
版社2007年版，第523页。

⑥ 《京报汇报》，《申报》光绪三十年三月十一日。

⑦ 民国《宜川县志》卷11《社会志·荒赈年谱》，民国三十三年新中国印书馆本，第
185页。

⑧ （清）郑德枢、赵奇龄：《永寿县志》卷10《述异》，《中国地方志集成·陕西府县
志辑》，第11册，凤凰出版社2007年版，第489页。

为所食"①。光绪二十八年（1902），同州府潼关、华阴、大荔、郃阳等地，五月中旬突然遭受从山西飞来的蝗虫的侵害，给庚子大旱之后的农业造成了新的打击；蒲城也被其他的虫害侵扰，造成晚禾几尽的惨剧②。

　　水灾对农业生产造成的巨大损害也不容忽视。一方面，河水泛滥或山水暴发往往冲毁田地、淹没禾稼。如道光二十四年（1843），陕西阴雨40余日，"南山一带，山水暴发，漂没民田无数"③；光绪三十二年（1906）秋，大荔县"霪雨五十余日，渭水泛滥，沙苑遍地汪洋，淹没禾稼无算"④；光绪二十一年（1895），华州"入夏以来雨水过多，州境各河漫……现在（十月二十三日）积水未消，被淹地亩耕耘无望"⑤。如果是沿河一带，一旦河水泛滥，则不仅导致一料作物歉收，甚至破坏农田的生态环境，致使正常年份农田产量降低。如光绪九年（1893），渭南县南山小峪一带发洪水，"近山膏腴之地，尽成石田"⑥；宣统二年（1910），渭水大溢，大荔县北湖村渭岸南倒崩至南湖村，淤出沙滩数10顷，"白广漠不能生植"⑦。类似这样的对农田生态环境的破坏其影响更为长远。另一方面，农作物收获季节长时间阴雨使得成熟的庄稼不能按时收获，直至发霉不可食用。如陕南秦岭山区，"低山种包谷，高处只宜洋芋、苦筱，筱芋收七月，包

　　① 光绪《岐山县志》卷1《地理》，《中国地方志集成·陕西府县志辑》，第33册，凤凰出版社2007年版，第26页。

　　② （清）李体仁、王学礼：《蒲城县新志》卷13《祥异》，《中国地方志集成·陕西府县志辑》，第26册，凤凰出版社2007年版，第612页。

　　③ 陕西省气象局气象台编：《陕西省自然灾害史料》，陕西省气象局气象台1976年版，第102页。

　　④ 民国《续修大荔县旧志存稿·足征录》卷1《事征》，《中国地方志集成·陕西府县志辑》，第20册，凤凰出版社2007年版，第481页。

　　⑤ 水利电力部水管司、科技司、水利水电科学研究院主编：《清代黄河流域洪涝档案史料》，中华书局1993年版，第823页。

　　⑥ 光绪《新续渭南县志》卷11《杂志》，《中国地方志集成·陕西府县志辑》，第13册，凤凰出版社2007年版，第647页。

　　⑦ 民国《续修大荔县旧志存稿·足征录》卷1《事征》，《中国地方志集成·陕西府县志辑》，第20册，凤凰出版社2007年版，第481页。

谷收八月，倘秋雨连绵则数种无收矣"①。关中地区粮食作物以小麦
为主，若麦收时节多雨就导致粮食减产。如光绪九年（1893），宝鸡
"霪雨二十日，麦生芽，长寸许"②；光绪十二年（1896），华州"夏
连雨十余日，麦豆红腐"③；光绪十五年（1889），孝义、宁陕两县
"自六月以来，霪雨兼旬"，导致洋芋被水浸渍腐烂；紫阳、洵阳、
白河、汉阴、平利、留坝等县也是阴雨连绵，洋芋腐烂，包谷歉收④。

　　其他的灾害，如霜灾、雹灾、风灾等，也会给农业带来比较大的
危害。冰雹几乎都伴有大风和暴雨，并且降水时间短（十几分钟至几
个小时）、强度大，往往是雹后发洪水，冲毁土地、庄稼，造成人畜
伤亡等重大损失，如果出现特大雹灾，将造成毁灭性灾害。如顺治十
八年（1661），陕北清涧"秋雨冰雹如鹅卵，有径尺者，积地数尺，
牛羊打死无数，屋宇树木多坏"⑤。霜冻分为初霜冻和终霜冻，也会
对农作物造成严重的影响。如乾隆二十二年（1757）八月，"葭州陨
霜伤禾"⑥，即是初霜造成的；道光十六年（1836），延安、甘泉、宜
川等9州县，"八月中旬，天气乍寒，继以寒霜"，以致各色庄稼未能
结实饱满，收成只有五六成；同年，关中长安、咸阳、兴平等14个
州县也发生大范围霜灾，只是损失不大罢了⑦；光绪三年（1877），

　　① 光绪《佛坪厅志》卷2《杂记》，《中国地方志集成·陕西府县志辑》，第53册，
凤凰出版社2007年版，第242页。
　　② 民国《宝鸡县志》卷16《祥异》，《中国地方志集成·陕西府县志辑》，第32册，
凤凰出版社2007年版，第405页。
　　③ 光绪《三续华州志》卷4《省鉴志》，《中国地方志集成·陕西府县志辑》，第23
册，凤凰出版社2007年版，第379页。
　　④ 水电部水利科学院：《故宫奏折照片》，转引自陕西省气象局气象台编《陕西省自
然灾害史料》，陕西省气象局气象台1976年版，第113页。
　　⑤ 陕西省气象局气象台编：《陕西省自然灾害史料》，陕西省气象局气象台1976年
版，第158页。
　　⑥ 道光《榆林府志》卷10《祥异》，《中国地方志集成·陕西府县志辑》，第38册，
凤凰出版社2007年版，第241页。
　　⑦ 民国《续修陕西通志稿》卷127《荒政一》，《中国西北文献丛书》，第1辑，兰州
古籍出版社1990年版，第146页。

定边"八月十四日夜，陡降严霜"，导致农作物枯萎，颗粒无收①。

农业生产凋敝是农业自然灾害对农村经济最直观的影响，具体表现在农作物减产、土地抛荒、农业设施损害、劳动力减少等指标上。如表3-12所示，1933年黄河泛滥，淹没沿河无数农田、牲畜、人口，极大地破坏了农业生产，韩城、平民两县位于黄河漫溢区，受灾最重；朝邑、临潼、三原县（因黄河支流渭河暴涨）受灾次之。

表3-12　　　　1933年黄河泛滥沿河各县受灾状况统计表

受灾县	伤亡人数	财产损失			财产损失估计		
		房屋（间）	田禾（亩）	牲畜（头）	房屋（元）	田禾（元）	牲畜（元）
合计	5106	5980	491214	173	149750	6954632	51500
韩城	—	—	—	—	—	5000000	—
朝邑	61	1985	220984	51	9925	451932	1500
三原	5000	—	全淹	—	—	—	—
平民	45	3339	270200	122	139825	1501200	50000
临潼	—	—	30	—	—	1500	—

资料来源：黄河水利委员会编：《民国二十二年黄河水灾调查报告》，1934年3月，第11页。

首先，农业自然灾害造成大量土地抛荒。如据1931年1月8日《大公报》的报道：1930年3年大旱后，"在扶风、咸阳等19县中，开始耕种的田地面积只有27.64%，废弃的土地占72.36%"。直到1936年，调查发现，陕西省仍有大量的荒地荒山（表3-13）。而有些农业自然灾害甚至会造成土地的直接废弃。如表3-14所示，1947年武功县霪雨连绵，成片禾田被淹没，甚至造成河崩，淹没土地，有些土地竟永不能复垦。

① 陕西省气象局气象台编：《陕西省自然灾害史料》，陕西省气象局气象台1976年版，第197页。

表 3 - 13 1936 年陕西省荒地荒山统计表

县	荒山（地）亩数	县	荒山（地）亩数	县	荒山（地）亩数
华县	97258	麟游	164210	白水	10745
韩城	10000	陇县	3504	凤翔	3346
咸阳	3000	蓝田	2085	定边	100000
中部	6600	宜君	2950	鄜县	1680
镇坪	105000	汉阳	12480	洵阳	1470
留坝	10886	勉县	6491	西乡	1100
合计	295025				

资料来源：《各省荒山荒地调查表》，陕西省档案馆，馆藏号：9，案卷号：5，目录号：580。

表 3 - 14 武功县 1947 年初勘灾歉状况表

乡镇	受灾面积（亩）	受灾原因及状况	受灾成数	备注
三厂乡一二三保	8125	水淹禾苗	9	水淹地亩约下半年可复垦
普济乡一三四五保	3407.92	水淹禾苗	8	水淹地亩约下半年可复垦
萍固乡五保	1062.13	水淹禾苗	6	水淹地亩约下半年可复垦
三厂乡一二三五保	2496.90	河崩地亩	10	永不能复垦
普济乡一三四五保	2976.11	河崩地亩	10	永不能复垦
大壮乡一二四保	5761.51	河崩地亩	10	永不能复垦
萍固乡三保	29.77	河崩地亩	10	永不能复垦
永安乡一三保	189.43	河崩地亩	10	永不能复垦

资料来源：《武功县灾情（二）》，陕西省档案馆，全宗号：92，目录号：5，案卷号：63—2。

其次，连年灾荒还造成了农业生产工具的大量损失。在传统农业社会，牲畜、农具等是重要的农业生产工具，一般农户拥有量都很少，因而极为珍贵。田地荒芜，颗粒无收，农民无以为生，只能宰杀耕牛食用或换取粮食。如乾隆十二年（1747），关中耀州、渭南、临潼等地因天旱导致播种困难，出现了农人宰杀耕牛充饥的无奈之举[1]；

---

[1] 水电部水利科学院：《故宫奏折照片》，转引自陕西省气象局气象台编《陕西省自然灾害史料》，陕西省气象局气象台 1976 年版，第 40 页。

道光二十六年（1836），关中遭遇旱灾，"民不能耕，争杀牛以食"①；光绪三年（1877），亢旱异常，"时贱卖农具什物者填街巷，地亩有一二百钱者，房价亦如之，顾无人收买，因劝之房子皆析作薪，斤或不及一钱"②。光绪十六年（1890）五六月间，商州、朝邑等处大雨如注，造成"屋宇坍塌，器具漂流，小民荡析离居"③。这些都对灾后农业的恢复极为不利。再比如1920年大旱，陕西关中道牲畜损失十之七八④，"市集上的毛驴，7元钱买3匹，只相当于2斗多的小米价"⑤。其他农具也几乎全被拿到集市卖掉，甚至连房屋也拆毁，把木材拿去换一餐半顿的粮食。1928—1930年大旱之后，"陕西凤翔境内农具损失35%，耕畜减少70%以上"⑥，"直到1935年，关中地区华阴、华县等48县的耕牛仍短少169676头，占当时耕牛总数的56.4%"⑦。

此外，大规模、高强度、多形式的农业自然灾害还造成陕西地区的农业人口锐减。持续的食物缺乏和各种疫病的折磨，使得大部分灾民身体机能严重下降，削弱了农村的有效劳动力；有的甚至因为水、雹等突发灾害及疾病造成肢体不健全，丧失了劳动能力。此外，青壮年劳动力流亡他乡，幼童、妇女被大量拐卖而造成男女性别比例严重失调，也影响了这个地区的出生率，降低了隐性人口恢复的速度和能力。

农业自然灾害对农村经济最深刻的影响还在于造成土地的大量集中，影响灾后普通民众的生产生活。大灾之年，农民争相变卖土地，地价狂跌。如光绪三年（1877），亢旱异常，"时贱卖农具什物者填

---

① 民国《续修陕西通志稿》卷127《荒政一》，《中国西北文献丛书》，第1辑，兰州古籍出版社1990年版，第150页。

② 光绪《大荔县续志·足征录》卷1《事征》，《中国地方志集成·陕西府县志辑》，第13册，凤凰出版社2007年版，第379页。

③ 《陕西灾况》，《申报》光绪十八年八月初二日，第2版。

④ 刘仰东、夏明方：《百年灾荒史话》，社会科学文献出版社2000年版，第104页。

⑤ 同上书，第118—119页。

⑥ 冯和法：《中国农村经济资料（上）》，上海黎明书局1933年版，第805页。

⑦ 曹树基：《田祖有神：明清以来的自然灾害及其社会应对机制》，上海交通大学出版社2007年版，第206页。

街巷，地亩有一二百钱者"①。1928 年到 1930 年的大旱，造成渭北一带的田地或出卖、或荒芜，每亩地售洋 1 元。武功县田价则跌到每亩 5 角，只相当于 2 斤半小米的价格②。据调查，陕西中部的饥馑之后，有 7/10 的田产集中在军人手里，3/10 集中在官僚、商人手中③。诸如此类的例子，在陕西大荒之年比比皆是。1931 年 5 月 6 日的《大公报》指出："陕西贫苦农民，甚至小康之家，都以'灾'的原因而廉价变卖产业，以苟延生命。反之，土豪、劣绅、富商大贾，更以'灾'的原故，巧为金钱的操纵，收买贱价的土地，暴发横财。"斯诺写道：陕西"在 1930 年灾荒中，3 天口粮可以买到 20 英亩（按：折合 121.4 市亩）的土地。该省有钱阶级利用这个机会购置了大批地产，自耕农人数锐减"④；"富户只消付出通常值的一个零头，就可以把别人的土地据为己有……1929 年至 1930 年的冬天，在这可怕的一年里，从长城以南到黄河之滨，广大的土地都转到高利贷者和在外地主的手中"⑤。因此，"灾荒前后的地权，往往转移甚剧"⑥。

表 3－15　　　　　　　陕西省合阳县农家土地状况情形表

耕地量（亩）	1933 年		1928 年		1923 年	
	户数	百分比	户数	百分比	户数	百分比
20 亩以下者	123	39.81	95	30.84	70	19.23
20—49.99 亩者	125	40.45	173	56.17	236	64.84
50 亩以上者	61	19.74	40	12.99	58	15.93
总计	309	100	308	100	364	100

资料来源：《陈翰笙集》，中国社会科学出版社 2002 年版，第 53 页。

---

① 光绪《大荔县续志》卷 1《足征录》，《中国地方志集成·陕西府县志辑》，第 13 册，凤凰出版社 2007 年版，第 379 页。

② 刘仰东、夏明方：《百年灾荒史话》，社会科学文献出版社 2000 年版，第 118—119 页。

③ 陈翰笙：《关中小农经济的崩毁》，《东方杂志》第 30 卷第 1 号。

④ 新华出版社编：《斯诺文集》，第 2 卷，新华出版社 1984 年版，第 197 页。

⑤ ［美］爱德华·斯诺：《我在旧中国 13 年》，夏翠薇译，香港朝阳出版社 1972 年版，第 10 页。

⑥ 蒋杰：《关中农村人口问题》，国立西北农林专科学校 1938 年版，第 13 页。

　　土地集中的另一面就是自耕农日益减少。1928—1930 年大饥馑以前，陕西中部平均每户耕地数为 30 亩，灾后则减至不足 20 亩；灾情最重之 7 县，差不多有 20% 的土地被出卖了。陕西省郃阳县的灾情虽然不是最重的，但是土地集中过程却十分明显，如表 3-15 所示，占地 50 亩以上的富农日多，占地 20 亩以下的贫农也日益增加，唯独占地 20—49.99 亩的中农减少最快。

表 3-16　　　　　陕西省若干县历年地价统计表（单位：元）

地区	地价 时间	1927 年	大灾 时期	1936 年	1937 年	1938 年	1939 年	1940 年	1941 年
郿县	上等	15.73	3.91	13.73	28.73	30.00	30.00	500.00	700.00
	中等	13.18	2.50	11.36	26.00	27.09	27.60	300.00	500.00
	下等	10.18	1.41	9.27	23.00	24.47	24.30	280.00	300.00
扶风	上等	23.00	6.74	22.74	40.92	44.50	50.12	500.00	700.00
	中等	17.26	4.20	17.12	34.72	33.22	42.72	400.00	560.00
	下等	12.26	2.50	12.32	28.89	32.46	35.28	300.00	400.00
武功	上等	31.30	2.10	26.90	39.18	45.13	49.55	290.00	380.00
	中等	23.63	6.59	19.73	30.80	36.18	38.05	250.00	350.00
	下等	16.30	3.41	12.56	23.73	27.85	31.25	200.00	300.00
兴平	上等	28.82	9.24	23.50	43.05	50.01	55.30	220.00	406.00
	中等	22.87	6.41	17.51	35.76	41.21	44.98	137.50	275.00
	下等	17.32	3.83	13.14	28.61	32.55	36.55	90.00	175.00
咸阳	上等	25.00	10.63	23.18	35.00	43.27	49.64	150.00	300.00
	中等	18.18	6.30	17.64	27.82	35.36	40.55	110.00	270.00
	下等	12.82	3.27	12.68	21.36	28.55	35.36	70.00	250.00

　　资料来源：陕西省政府统计室编印：《陕西省统计资料汇刊》1943 年第 3 期，第 262—263 页。

　　如表 3-16 所示，3 年大灾时期，郿县、扶风等县上、中、下等地的地价都狂跌；大灾过后，人民急需恢复生产，争相购地，地价又飞涨。但是，一般平民根本无力购买，更别说刚从大灾中恢复过来的灾民了。因此，无地无粮的灾民，又陷入了新一轮的生存危机之中。

二　工商业的畸形发展

工商业的发展对维系和推动社会发展发挥着重要的作用。陕西地处西北内陆，与东南各省相比，工商业发展相对落后。然而，陕西是西北各省面向东南的门户，也是西南进入京师的重要驿路，是联系数省商业流通的一个重要地带，尤其是西安、三原和泾阳，构成了中国西北部工商业流通的核心。灾害发生后，灾区粮食缺乏，极易导致物价上涨，超出正常市场价，违背正常的商业交换规律的同时，也会反过来对灾害进行助推，导致灾害范围和破坏性扩大。农业自然灾害对工商业的影响有直接和间接两个方面。

灾害对正常商业活动的直接影响主要表现在以下两个方面。

一是对物价的影响。旱灾是一种渐发性的自然灾害，影响的时间长、范围广，一场大的旱灾可以持续数年，波及全省。因此，旱灾对物价的影响最为直接和明显。如光绪三年（1877），城固县"大旱饥馑，斗粟千钱"，致使经济凋敝，农商之业自光绪十年后，凡10余年才渐次恢复。庚子大旱期间，西安城内"一蒲式耳小麦的价格从400文钱升至6000文钱。馒头120文钱1个，这是平时价格的10倍"[1]。"麦子每斤96文，鸡蛋每个34文，猪肉每斤400文，黄芽菜每斤100文，鱼甚稀而极贵"，"洋灯在南边每盏数角者，在西安值3元，火油洋烛无一不贵，洋货绸缎更不必说，且无货，厘金甚亏短"[2]。此外，影响比较大的水灾等灾害有时也会引起物价上涨。如光绪三年（1877），高陵县"夏六月大雨如注，平地水深三尺，田苗尽没，是秋无禾，大饥，饿毙男妇三千余人"。如此多的人口伤亡，显然有物价上涨导致人民无力买粮的原因。在这种情况下，灾民为了活命，往往变卖仅有的财产，如农具、房产、田地等，而不法商人则乘机压低价格，囤积居奇，发民难财，这就使得灾民的损失更加难以估计。

① ［美］尼克尔斯：《穿越神秘的陕西》，史红帅译，三秦出版社2009年版，第90页。

② 中国历史研究社编：《庚子国变记》，神州国光社民国三十五年版。

二是对商路的损毁。咸丰七—八年（1857—1858）秋，"河水涨发，冲塌西北堤身"①，冲毁的桥梁是西安城东浐灞两河上来往豫、晋、陇、蜀等省的交通要道。

灾害对工商业活动的间接影响也主要表现在两个方面。

一是对货物、商铺的损毁。如乾隆三十五年（1770），洵阳县"闰五月大水，汉江涨溢，冲去东北两关市廛几半"；同年，白河县"闰五月大水，汉水涨溢，冲去沿街铺房戏楼"②。道光二十五年（1835），邠州皇涧水涨溢，"淹没县城东关商户房屋为言甚巨"③。光绪二十年（1894），黄河水溢，霪雨经旬，米脂县"城东吉征店市镇铺面多被冲坏"④。光绪二十二年（1896），葭州葭芦水涨，"通秦寨之市场，尽被水淹，街房货物受害甚多"⑤。

二是对手工业的冲击。手工业是依附于农业之上的生产活动，灾害导致社会生产停滞，人民购买力急剧下降，各种依附于农业生产的手工业自然无法正常运作。《民国砖坪县志》中有一则关于孝妇杜氏的记载："光绪四年姑疾，药弗效，唯思服猪肝汤，适因岁荒，无屠宰场，氏于僻处焚香祷神，以利刃剖腹割肝，烹调以进姑。"⑥ 县志中的这一段记载固然是为了称颂杜氏的孝顺，但是却从侧面反映"丁戊奇荒"期间无人饲养家畜，人民亦无相应购买力，市镇中的屠宰场都不得不停止营业。陕西渭河以北曾以盛产棉花而出名，三原和泾阳

① 水利电力部水管司、科技司、水利水电科学研究院主编：《清代黄河流域洪涝档案史料》，中华书局1993年版，第671页。

② 嘉庆《续兴安府志》卷9，《中国地方志集成·陕西府县志辑》，第54册，凤凰出版社2007年版，第74页。

③ 民国《邠州县新志稿》卷20《杂记》，《中国地方志集成·陕西府县志辑》，第10册，凤凰出版社2007年版，第464页。

④ 光绪《米脂县志》卷1《岁征》，《中国地方志集成·陕西府县志辑》，第42册，凤凰出版社2007年版，第617页。

⑤ 光绪《葭州志》卷1《祥异》，《中国地方志集成·陕西府县志辑》，第40册，凤凰出版社2007年版，第365页。

⑥ 民国《砖坪县志》卷2《人物志·节烈》，《中国地方志集成·陕西府县志辑》，第57册，凤凰出版社2007年版，第515页。

县是当时中国华北棉花贸易的中心，大旱发生后，"枯萎的棉花作物随处可见"①。三原县一个近100人的棉纺织业村子，大旱之后仅幸存12人，棉花产量和棉纺业受到严重打击。三原县的商人为了应对危机，从英国和美国购买进口的棉布，"骆驼正载着马萨诸塞州瀑布河的产品（棉布）来到古老的三原"②。这就使得陕西的棉纺织业迅速被外国公司占领，英、美棉纺织品相较本土产品物美价廉，本土棉纺织业在激烈的市场竞争中从此一蹶不振。

第三节 农业自然灾害与社会秩序的混乱

传统中国社会是一个伦理型社会，每一个社会个体从出生到死亡都受到严格的伦理和道德秩序约束。在经济发展、社会稳定的有序社会结构下，个体能很好地遵守各种秩序的要求。而当自然灾害发生后，因物质资源的匮乏导致礼崩乐坏，饥荒破坏了广大农民正常的生存模式，没有了田地，大多数农民就成了没有一技之长的社会闲散人员，他们身处社会之中，却无安身立命之处，飘荡在城市、乡村、山野之中，只有一少部分年轻力壮的饥民进入城市，从事挑夫、车夫、差役等"苦力"行业，或者向没有灾荒的省县迁移垦荒来维持生存。而大多数灾民，迫于生存压力而沦为土匪强盗、娼妓、流氓、赌徒、乞丐等社会边缘群体，原来尊卑有序的社会结构遭到破坏，人民生活、生产处于一种无序甚至疯狂的状态中，因此传统的伦理道德也就处于崩溃的边缘，从而更加剧了社会的动荡。

一 社会伦理道德的沦丧

中国作为一个具有5000年文明的古国，"仁爱"的道德观和"三纲五常"的伦理观深深地根植于社会机体和个人观念中，社会中

---

① ［美］尼克尔斯：《穿越神秘的陕西》，史红帅译，三秦出版社2009年版，第96页。

② 同上书，第97页。

的人自觉地以这一要求约束自己的行为，使之符合封建社会对人的基本要求。然而，正如春秋时大思想家管仲所言："仓廪实而知礼节，衣食足而知荣辱。"良好的社会伦理道德秩序，必须建立在人民安居乐业的物质基础之上。

灾害导致的最严重状况是人丧失人性，退而到"兽"的程度，以人为食，这种状况在持续性大旱时最为常见。光绪"丁戊奇荒"中，陕西全境皆旱，同州府灾民"庄田卖尽计已穷，杀子烹妻终难育。朝起村头剥树皮，晚间锅底煮人肉"①。宜川县"各村均有杀人为食者，东家走西家，既有残害者"②，悲惨之状目不忍睹。《民国续修大荔县旧志存稿》记载的一件事情更加骇人听闻：（光绪）三四年间大荒歉，邑境内西北远乡尤甚，原后某村有童养女，翁姑无所得食，谋杀之以充饥。女窃听知，乘夜奔父母家，告之故，父母慰留之，女既睡熟，乃相议约："与其为彼食，何如我自食之？"遂杀女。次早，翁来问女，女父答曰："勿复问，且闻朝夕可也。"因相与共为一餐。③一个童养媳为了不被缺粮的婆家吃掉，连夜逃回娘家，结果被同样缺粮的亲生父母杀了吃掉。这短短的一则记载，今日读来仍令人不寒而栗，它将当时大旱灾中惨绝人寰的情境淋漓尽致地展现出来了。此后的光绪庚子大旱时，同样的悲剧再次上演。美国记者尼克尔斯在西安的郊区看到有人肉出售，"开始时，这种交易还暗中进行。但没过多长时间，用饿殍肉制成的肉丸成为主食，以相当于每磅4美分的价格出售"④。当时聚集在西安郊区的饥民有几十万之众，为了刹住这种"人肉买卖"之风，陕西巡抚端方砍了3个做人肉生意人的脑袋。由

---

① 光绪《同州府续志·足征录》卷3《诗征》，《中国地方志集成·陕西府县志辑》，第19册，凤凰出版社2007年版，第495页。

② 民国《宜川县志》卷11《社会志》，《中国地方志集成·陕西府县志辑》，第46册，凤凰出版社2007年版，第188页。

③ 民国《续修大荔县旧志存稿》卷4《异征》，《中国地方志集成·陕西府县志辑》，第20册，凤凰出版社2007年版，第498页。

④ ［美］尼克尔斯：《穿越神秘的陕西》，史红帅译，三秦出版社2009年版，第90页。

此可以推想，这种人肉交易的规模应该是相当大的。

　　除此之外，严重的饥荒还会使人完全丧失理智，违背人伦，"卖儿鬻女"。"丁戊奇荒"时，粮食的缺乏迫使父母往往数百钱就将自己的孩子卖掉，"在长安的东西关设有卖人市，一个人的价钱不如一只猪"①。庚子大旱最严重的时候，每天"赶着大车的人就会出现在西安城。他们是专门在饥荒市场上购买儿童的投机者。从作为这项生意总部所在地西安城开始，人贩子还往返于周边地区。他们从窑洞里、从乡村各地购买数以百计的孩子。一个小男孩通常价格大约在2000文钱，而小女孩则能以一半的价格购到。这些被批量贩卖的孩子们，随后被散卖到帝国各地"②。由此可见，在严重的灾害摧残下，人已经完全丧失了理智，失去了基本的人性观念，"杀子烹妻"、"卖儿鬻女"等违背中国传统伦理道德和人伦观念的事情不可避免地频频发生。

二　兵、匪与流民

　　大灾之年，人民朝不保夕，为了生存往往铤而走险。当饥民在饥饿线上垂死挣扎时，为兵为匪，便成了一般青壮年饥民的求生之途，所谓"当兵吃粮"、"王法难犯、饥饿难当"，正是如此。一方面，饥荒驱动着成千上万的男儿投身军中，化成炮灰的同时又不断地制造着兵祸，进而加剧饥荒，产生更多饥民，这又为军阀混战、破坏经济继续提供养料。另一方面，土匪强盗又是流民的另一归宿。正如英国贝思飞在《民国时期的土匪》一书中指出的："贫困，总是土匪长期存在的潜在背景，而饥饿又是通向不法之途的强大动力。"③"破产的贫农为侥幸免死起见，大批地加入土匪队伍；土匪的焚掠，将富饶的地

---

①　陕西省气象局气象台编：《陕西省自然灾害史料》，陕西省气象局气象台1976年版，第4页。

②　［美］尼克尔斯：《穿越神秘的陕西》，史红帅译，三秦出版社2009年版，第91页。

③　［英］贝思飞：《民国时期的土匪》，徐有成等译，上海人民出版社1992年版，第20页。

方变为赤贫，转使更多的贫农破产而逃亡。"①

据光绪三年（1877）八月二十七日的《申报》报道：时有"饥民相率抢粮"，有的拦路纠抢，私立大纛，上书"王法难犯，饥饿难当"，成为"盗匪"。光绪三年八月戊子，御史刘锡金奏："陕西同州府属之大荔、朝邑、郃阳、澄城、韩城、白水各县，因旱歉收，麦田不过十之一二；华阴、华州、潼关等属，秋禾尽为田鼠、蝗虫所害。"高昂的粮价导致"大荔、蒲城等处，抢粮伤人案迭起；韩城之白马川聚人数千，'游勇土匪相互煽乱'，并握有军械旗帜"②。旱灾加上鼠害、蝗灾造成了粮食的减产、粮价的飞涨，从而导致了一些饥民以及战乱中的散兵游勇为求生路啸聚山林；蒲城匪贼"夜入城，焚县署，残知县黄傅绅"；潼关县与华阴县接壤的阌乡，"土匪均汹汹肆掠"③，华州"各处灾民乘隙啸聚肆行"④。米脂县此年亦苦旱异常，"城东梁家邨有饥民数十，劫食富家……四乡饥民闻风争起，争向富家劫食。半月之余，纷起者已数千人矣"⑤。饥民因缺粮短时间内数千人啸聚为匪，横行乡里。庚子大旱期间，米脂县亢旱成灾，至冬，饥民啸聚，四乡掠食大户⑥；渭南县"南乡各处饥民聚众滋事，涌入县署殴伤县官"⑦。1932 年西乡匪灾惨重，"人民无处藏匿，均皆逃避异乡，本地竟断烟火，所有一切财物器具，劫掠一空，六畜之中，犬几绝种，稻粱收获殆尽，本地人民，均受重灾，无一漏网，秋收绝望，流离失所"；同年，宁强县城被匪攻陷，"共计损失财物估值约百余万

---

① 冯和法：《中国农村经济资料（下）》，台湾华世出版社 1978 年版，第 812 页。

② 章开沅：《清通鉴》，第 4 册，岳麓书社 2000 年版，第 364 页。

③ 光绪《同州府续志》卷 16《事征录》，《中国地方志集成·陕西府县志辑》，第 19 册，凤凰出版社 2007 年版，第 627 页。

④ 光绪《三续华州志》卷 4《省鉴志》，《中国地方志集成·陕西府县志辑》，第 23 册，凤凰出版社 2007 年版，第 380 页。

⑤ 光绪《米脂县志》卷 10《艺文志》，《中国地方志集成·陕西府县志辑》，第 43 册，凤凰出版社 2007 年版，第 496 页。

⑥ 光绪《米脂县志》卷 8，《中国地方志集成·陕西府县志辑》，第 43 册，凤凰出版社 2007 年版，第 427 页。

⑦ 《饥民酿祸》，《申报》光绪二十七年三月初一日，第 1 版。

元，焚毁房屋百余间，绑去肉票百余人。……丰收之望，付之流水，且原存粮食，已被匪搜空"①。由此可见，灾害发生后，政府的不作为使灾民丧失了对官府救济的信心，自发为匪或被迫滋事，严重地扰乱了社会秩序，使灾区的情况越发混乱不堪。饥荒—兵匪—饥荒，恶性循环，成了近代中国社会一个无尽的怪圈。

值得注意的是，政府腐败和兵祸也加剧了饥民转向土匪的步伐。"陕西因为遭了3年奇荒，饿死人民300多万，又以19年兵祸频仍，屡次政变，民众得不到安居乐业的幸福，尤其是近数年冯系军阀的盘踞，政治黑暗，重重压迫，苛捐杂税，竭泽而渔，弄得人尽失业，无路可走，遂以造成匪祸的蔓延，闹得全陕92县，几无一片干净土"，加之灾荒严重，"汉南20余县，紊乱尤甚"，"凡是极重灾区，土匪聚多，烧杀劫掠，全无顾忌"。但是，这些"憨不畏死之土匪，尚有良知"，"唯对于施赈者不加以侵害，并且还要加以保护，唯对于冯玉祥当日统治之下，省政府或各厅派出来的行政人员及征收人员，就起了蓝色的恐怖，决意要把他们处于残酷的极刑，或是加以侮辱"。可见，这些饥民"甘于为匪者，正有其大不得已的原因在"，而灾荒，就是这个原因。他们同情那些和他们一样走投无路的饥民，同时痛恨政府的腐败无道逼迫他们走上绝路，因此"那些多数的土匪，并不能说他们都是土匪，除了少数狡黠的莠民以外，大多都是为饥馑所逼迫出来的良民"。这些饥民正在道德的边缘徘徊，单纯的军事剿匪只能让他们更加地痛恨社会和彻底沦落成社会的毒瘤，而"总的兼筹救济，与感化的办法，那才算是彻底肃清匪盗"，更是"彻底救灾的一部分工作的完成"。可见，"土匪既可化为良民，而良民亦可有时化为土匪"②。他们大多数本质上都是一群寻找粮食的饥民，而近代中国人祸又起了推波助澜的作用，把无数内心极度绝望的饥民推向了社会的反面。

因此，从饥荒的驱动机制来看，兵匪之间是没有严格界限的，都

---

① 《新陕西》1932年第2卷第2期，第99页。

② 静芝：《土匪?! 饥民?!》，《陕灾周报》1930年第3期。

是"破产的农村中的农民的化身"①。在近代天灾人祸的背景下，土匪、军队和饥馑，又交相融合，并悲剧性的日益扩大。正如记载，有流民被问："什么东西把你驱逐到这儿来的，离家这样地远？"流民回答："土匪、军队和饥馑。"② 因此，在饥荒这样的原始驱动机制下，形成了"农民—流民—兵（匪）—匪（兵）—兵匪的恶性循环"③。

三　乞丐、娼妓和人口贩卖

乞丐、娼妓和人口买卖是社会发展过程中的 3 颗毒瘤，也是社会转型过程中的伴生现象，有其深刻的根源。在正常年份，依靠国家法律的压制和社会道德的谴责，尚能遏制住毒瘤的发展，但是近代天灾人祸的社会状态无疑给毒瘤提供了不断膨胀的养料。

流民，首先是一群饥饿的人群。灾荒剥夺了他们生存的依靠和手段，要生存下去，最直接和最简单的办法就是乞讨。一般来讲，他们主要辗转漂泊在各个城市之间，一边流亡一边乞讨为生，既是逃荒者同时又是处于社会最底层的乞丐。因此，流民是乞丐最强大的后备军。据统计，1930 年陕甘重灾，灾黎遍野，其中"有乞丐 20 万"④。

娼妓又是另一个严重的社会问题。灾荒把大批瘦弱、没有生存技能的农村妇女抛向社会，但是面对生存，她们又不能像男子一样去做苦力，或者为兵为匪，"为着生活，她们只有不顾一切地跳进妓院的火坑，以出卖肉体的代价来维持自身的生活"⑤。因此，女性流民为娼为妓，绝大多数是因为"经济的困迫和不充裕"逼成的。正如费尔巴哈曾说过："如果你因为饥饿、贫困而身体没有营养物，那么你的头脑中，你的感觉中，以及你的心中便没有供道德食用的食物了。"娼妓这种社会通病的恶性膨胀，"主要是城市流民中的妇女难以找到

---

① 薛慕桥：《旧中国的农村经济》，农业出版社 1980 年版，第 93 页。
② 陶内：《中国之农业和工业》，中华书局 1937 年版，第 96 页。
③ 池子华：《中国流民史（近代卷）》，安徽人民出版社 2001 年版，第 221 页。
④ 同上书，第 167 页。
⑤ 碧茵：《娼妓问题之检讨》，《东方杂志》第 32 卷第 17 号，第 100 页。

正当的谋生途径所致"①。据史书记载，光绪庚子大旱期间，西安城内许多良家妇女沦为妓女，"土娼"行业在灾荒中被迅速催生，她们所居住的地方皆为"草屋土炕，不堪插足"②。可以想见，如果社会稳定、生活富足，这些普通民众谁都不会愿意为娼，但是当灾害发生的时候，她们没有能力选择，灾害使她们失去了人的尊严，成为混乱社会秩序的牺牲品。近代中国娼妓问题丛生，政府的强行打压始终无法禁止，因为频发的天灾人祸造成的遍地流民，正是娼妓重要的来源。

除此之外，严重的饥荒还会使人沦落为"商品"，成为交易买卖的对象。光绪"丁戊奇荒"时，"在长安的东西关设有卖人市，一个人的价钱不如一只猪"③；而各州县均有买卖妇女者，"有数百钱者，有一二饼易者"④。同州府因与山西境域相连，灾情尤为严重，当地"妇女逢人便自鬻"⑤。卖子卖妻本是灾民面对生存困境的不得已的选择，却为人口贩子的活跃提供了时机和市场，设立"人市"，明码标价，进行以妇女儿童为主的人口贩卖。1929年陕西省出卖妇女20多万。⑥很多妇女为了活命甚至还自卖自身，如"武功、扶风等县，每县'人市'至少3处，卖买以妇女为中心，人价以年龄风姿为标准。20岁左右的年轻少妇，闺阁名媛，即售价8元。最美丽的，价格最高亦不过10元，普通多为8元，再次则为三四元。……陕西潼关道上，妇女儿童之被卖出关者，每日不计其数"。"多数父母，只须其子女能得温饱，即愿举以相赠，不索报酬，而应者寥寥无几。"⑦ 人

---

① 池子华：《中近流民史（近代卷）》，安徽人民出版社2001年版，第202页。

② 中国历史研究社编：《庚子国变记》，神州国光社民国三十五年版，第189页。

③ 陕西省气象局气象台编：《陕西省自然灾害史料》，陕西省气象局气象台1976年版，第4页。

④ 光绪《大荔县续志·足征录》卷1《事征》，《中国地方志集成·陕西府县志辑》，第20册，凤凰出版社2007年版，第379页。

⑤ 民国《续修大荔县旧志存稿·足征录》卷3《诗征》，《中国地方志集成·陕西府县志辑》，第20册，凤凰出版社2007年版，第495页。

⑥ 《红旗》1933年6月30日，第60期。

⑦ 冯和法：《中国农村经济资料》，上海黎明书局1935年版，第142页。

市贩子依靠贩卖妇女获得了暴利，"兴平、武功、醴泉、扶风、凤翔、盩厔、鄠县等处，竟设有人市。夫携其妻，父带其女，入市求售。人贩评货作价，买之一空。最初仅卖四五元之妇女，继之获利颇丰，人贩云集，价涨至四五十元不等。以汽车运至山西运城，辗转售，每一妇女，可得四五百。……报载西安一程某者，原系卖酒小商，今以贩卖人口，获利达 3000 余元"①；"兴平、武功一带，鬻儿卖女者甚多，皆以收养义女为名，标价数元，运至山西、河南贩卖可得重价，大批妇女之人贩成群结队络绎于途"②。令人痛心疾首的是，国民党地方当局竟和人口贩子们互相勾结，抽人头税，"1930 年 1 月 9 日，于右任先生在南京的一次报告中揭露，两年中由陕西卖出的饥民儿女，在山西风陵渡一带，可查的就有 40 余万。陕西省军政当局特设人市，每人收取 5 元税，共计渔利 200 多万元"③。

第四节　农业自然灾害对社会文化的影响

社会文化的内涵十分广泛，但凡社会物质之外的要素，即可归为社会文化的范围。邹逸麟先生认为，研究灾害与社会文化的关系，应包括社会组织、民间信仰、社会习俗等方面。此处将重点论述灾害与民众心理、民间信仰之间的关系，至于社会组织等方面，将在后文分析救灾中逐次展开。

一　灾害与民众心理

研究灾害与灾民心理的关系是现代灾害学的一项内容。现代灾害学认为："灾害不仅是一种自然现象，它还是一种社会现象，它与人类的心理和行为有着不可分割的联系，一方面，灾害的发生给人类的

---

① 《泰东日报》1930 年 5 月 24 日。

② 古籍影印室编：《民国赈灾史料初编》，第 4 册，国家图书馆出版社 2008 年版，第 456 页。

③ 刘仰东、夏明方：《百年灾荒史话》，社会科学文献出版社 2000 年版，第 119 页。

身心造成不同程度的影响，另一方面，人类的心理及行为又将影响甚至某种程度地控制灾害发生的概率和破坏程度。"① 在古代社会，一般仅仅看到自然灾害对社会物质财富的破坏，而对灾民的心理干预几乎没有。但是灾害给灾民造成的心理上的创伤和灾民的心理及行为对灾害的控制及影响却是事实存在的，应该引起研究者的重视。

严重的自然灾害对正常的社会生产和组织秩序具有极大的破坏力，超出了人们心理的承受能力，面对满目疮痍，人们在心理上会产生绝望意识，以致灾后很长的时间里都不愿有所作为。《郃阳县乡土志》中就有这样的记载：郃阳之民往年泛舟渡河靠往山西输出粟米获利，但是"戊寅（指'丁戊奇荒'）以后，户口大耗，山西民食无所待，于泛舟之粟于输出之路绝。重以铜钱缺乏，银价日低，凡农田所资人工牛马与夫铁木器具无不腾倍，而粟独贱，每石不过一二金，终年之需不足取偿，而人乃以田多为累。夫人情感其有所希望，欲其淡漠而置之，不可得也；而其所困难，欲其鼓舞而赴之，亦不可得也。由是民气日以疲，田业日以荒，生计日以迫"②。可见，由于灾害导致的一连串的破坏性结果，使得农民在心理上对种田失去希望，不愿再付出辛勤的劳动，从而也影响了灾后的生产恢复。

此外，自然灾害的出现还容易使人产生心理和思维方面的混乱。尤其是长时间的大旱，灾民对饥饿难以忍受和对食物的极端渴求，使其在心理上极容易出现幻觉，任何一种看似可以食用的东西都会被饥饿的灾民视作是上天赐予他们救命的粮食。光绪三年（1877），陕西亢旱严重，在武功、兴平、醴泉等州县都发生了人们争相吃"神面"的事件。神面实际上是山上的石头因时间久了风化成粉末，看起来像面粉。"饥民褴负而归，号曰神面，和榆皮制饼曰神饼。"③ 另外，由

---

① 胡辉莹等：《灾害心理学在灾害应急救援中的作用》，中国中西医结合学会灾害医学专业委员会成立大会暨第三届灾害医学学术会议论文集，2006 年。

② 光绪《郃阳县乡土志·物产》，《陕西省图书馆稀见方志丛刊》，北京图书馆出版社2006 年版，第 131 页。

③ 民国《重纂兴平县志》卷 8《杂识》，《中国地方志集成·陕西府县志辑》，第 6 册，凤凰出版社 2007 年版，第 388 页。

于灾害频仍，加上传统封建迷信思想的控制，往往使人民对灾害怀有恐惧的心理，认为灾害是神物作用的结果。如光绪十四年（1888），洋县铁冶河发生洪水，冲坏田庐10余处，淹死人民20余。这本是正常的洪水灾害，但《光绪洋县志》记载的却是："铁冶河东沟夏至后起二蛟，一长丈余，一长过二丈。"[1] 由此可见，由于灾害的突发性和破坏性，其发生后会使人出现失衡，从而产生思维不清、意志失控、情感紊乱等心理危机。

二　灾害与民间信仰

中国文化中"天人感应"的观念产生于春秋战国时期，《左传·宣公十五年》云："天反时为灾，地反时为妖，民反德为乱，乱则妖灾生。"至西汉武帝采纳董仲舒的建议"罢黜百家，独尊儒术"后，这一思想完全确立并影响中国社会长达几千年。"天人感应"的思想将自然环境的变化和人类对自然环境的利用融入社会价值观中，认为灾异是上天意志的反映。在这一认识下，古人对灾害从心理上怀着恐惧，将灾害与想象中的神灵怪物或一些超自然的东西联系起来，逐渐形成了一种以非科学的方式消灾、减灾，即禳灾。这一方式是将人与自然关系相协调的社会价值观与行为准则逐渐演化为民间信仰、风俗等。

明清时期，伴随着西方传教士的到来，西方的科学观念逐渐传入中国。但是，由于长期以来封闭的社会形态和根深蒂固的观念影响，人们仍然认为灾害的发生是超自然的神力的作用，皆因"迷人不知敬戒，亵渎神庭，有等愚人目无君父、不忠不孝、不睦乡邻、无礼无让、逆行妄为、有干天怒"[2] 所致。于是，在灾害发生后，各种禳灾活动非常普遍。每当灾害发生时，不论是帝王、官员还是普通百姓，

---

[1]　光绪《洋县志》卷7《风俗志》，《中国地方志集成·陕西府县志辑》，第45册，凤凰出版社2007年版，第554页。

[2]　民国《安塞县志》卷12《艺文》，《中国地方志集成·陕西府县志辑》，第42册，凤凰出版社2007年版，第274页。

都会自觉或不自觉地参与到祈禳活动中去。丁戊大旱期间，光绪皇帝多次亲往大高殿"拈香"祈雨。官吏张佩纶奏请光绪皇帝仿康熙皇帝遣大臣进行祈雨一事，派官员前往天坛祈祷，并奏请皇太后于宫中跪祷。由此可见，官方普遍迷信祈禳之术。而陕西民间素来盛行不同的禳灾祈雨风俗，其中以太白山信仰、龙神信仰、伐蛟之术以及祭祀驱蝗之神的蝗神庙、八蜡庙等分布较广、影响较大，以下分而论之。

（一）太白山信仰

太白山信仰得名于陕西境内的太白山。太白山为秦岭最高峰，自古以来就受到人们称颂，《水经·渭水注》云："太白山南连武功山，于诸山最为秀杰，冬夏积雪，望之皓然。"据张晓虹等研究，太白山信仰肇始于北魏时期①。到唐代，太白山信仰迅速扩展和上升，天宝八载（749）封太白山为神应公，表明太白山从此进入国家祀典。至宋元明清，太白山神不断得到加封。清乾隆五年（1740），陕西总督尹继善奏请将太白神祠列入陕西祀典；乾隆三十九年（1774），陕西巡抚毕沅上奏朝廷，敕封太白山为昭灵普润山，山神为福应王。

据《太白山灵感录第二》所附《祷雨记》记载："鄠之南有太白山，终南之绝顶也。……山之上有灵湫焉，即大太白、二太白、三太白三池是也……三湫各大十数亩，澄澈渊涵，深不可测。其上常有云气笼罩，时现异光，其旁不容人久憩，久则雷电立至。有鸟焉，形如山雀花色，而音似笙簧，湫有落叶纤芥即衔去之，俗人呼为净池。呜呼！此湫之所以以灵名，与虽然其所谓灵者，犹不止此而已也。自唐宋以来千有余年，四方亢旱之区来山祷雨，但取湫水一罂，甘霖无不立沛……"② 由此可见，太白山信仰之所以能不断扩展，是因为其山顶有三湫池，逢旱于灵湫取水往往能得雨。起初，祈雨必须亲自前往太白山灵湫取水，但是限于路途遥远，于是各州县纷纷在各自县域内修建太白庙，祈雨的方式也发展为多种：一种是遇到灾情较轻的旱灾

①　张晓虹、张伟然：《太白山信仰与关中气候》，《自然科学史研究》2000 年第 3 期。

②　宣统《鄠县志》卷 3《太白山灵感录第二》，《中国地方志集成·陕西府县志辑》，第 35 册，凤凰出版社 2007 年版，第 104 页。

时，官民不亲往太白山，只于就近的太白庙虔诚祈祷；第二种是"欲祷雨太白（山），先卜诸庙，得占，行辄有验"，如同州人欲往太白山祷雨，则先往位于府治长安屯的太白庙占卜，得占再往太白山，往往能应验①；第三种是定期往太白灵湫取水，贮于本州县太白庙中，旱时则于庙中祈祷即可，如朝邑县就是"五岁一往取"②。据相关研究考证，明清年间陕西境内共修有太白庙52座，其中12座为清代所修。③在3个自然区中，关中的凤翔府和西安府为太白山信仰的核心区，陕北、陕南为信仰的边缘区。④关中地区甚至形成"维太白灵湫祈祷极验"⑤的普遍认识，太白山信仰的地位也因此超越其他民间祈雨信仰，其神秘性与灵验性被人们不断强化。

经过同治年间的回民起义，陕西各属庙宇遭到严重破坏，到清末，陕西共有太白庙10座，其中关中6座，陕南、陕北各2座。⑥太白山信仰逐步从清中期的由官主导回归到由民主导，影响力有所下降。但是，晚清是陕西大旱的高发期，当大旱发生后，官方仍然会通过抬高太白山信仰的方式进行赈灾。如"丁戊奇荒"时，同州府、岐山县等对原太白庙修葺一新。时任陕西巡抚毕沅为褒扬岐山县修庙

① 光绪《同州府续志》卷8《祠祀志》，《中国地方志集成·陕西府县志辑》，第19册，凤凰出版社2007年版，第402页。

② 民国《续修陕西通志稿》卷124《祠祀一》，《中国西北文献丛书》，第1辑第9卷，兰州古籍出版社1990年版，第116页。

③ 关于太白山信仰的相关研究成果有：张晓虹：《文化区域的分异与整合：陕西历史地理文化研究》，上海书店出版社2004年版；张晓虹、张伟然：《太白山信仰与关中气候——感应与行为地学的考察》，《自然科学史研究》2000年第3期；张伟波：《从明清时期太白山信仰中看地方政府的作用》，《陕西广播电视大学报》2011年第1期；僧海霞：《民间信仰与区域景观：以清代陕西太白山信仰为核心》，博士学位论文，陕西师范大学，2010年。

④ 僧海霞：《民间信仰与区域景观：以清代陕西太白山信仰为核心》，博士学位论文，陕西师范大学，2010年。

⑤ 光绪《永寿县志》卷9《艺文类》，《中国地方志集成·陕西府县志辑》，第11册，凤凰出版社2007年版，第181页。

⑥ 僧海霞：《民间信仰与区域景观：以清代陕西太白山信仰为核心》，博士学位论文，陕西师范大学，2010年。

之举，专门作《重修太白庙碑记》。光绪二十六年（1900），陕西大旱，朝廷下旨命陕西巡抚岑春煊"迅即派员前往太白山虔诚祈祷"①，并敕书匾额，又拨 3000 金重新修葺庙宇②。这是清代唯一一次由朝廷组织的太白山求雨事件，也是清代太白山祈雨活动中规格最高的一次。由此可见，晚清时期对太白山的信仰虽然由民间主导，影响力有限，但是在国家层面上得到认可，当政府缺乏积极有力的赈灾措施时，就会利用这一民间信仰来愚弄民众。

（二）龙王神信仰

龙是华夏民族进入农业社会后创造的一种虚拟动物，它的产生与农业对水的需求有关。《说文解字》云："龙，鳞虫之长，能幽能明，能细能巨，能短能长，春分而登天，秋分而潜渊。""鳞虫"即水蛇、鳄鱼之类。由此可见，龙在创生之初就被赋予"水"的特性，是掌管水旱阴晴的神灵。至于民间何以广泛修建龙王庙，或曰龙神祠、龙神庙、大龙庙等，形成龙王神信仰，从《灞水龙王庙记》中可以窥知一二："庙何以祀龙王也？龙，水族之大者也，犹之祀天而以日为主，祀蜡而以先啬为主也。或曰冯夷为河伯，辛潭为龙王，又羿射白龙眇其左目是荒诞不足信。然山林川谷邱陵能出云为风雨、见怪物，必有神以为之主焉。故庙以祀水而龙以主神，此先圣王之所以神道而教天下也。"可见，龙被认为是掌管水德神灵而受到普遍的祭祀。相较于太白山信仰单一祷雨活动而言，龙王神信仰具有双面性。

一方面，发生旱灾时祈祷可以成云致雨、普降甘霖。民间认为"龙王专司时雨"，故遇到旱灾时民间有两种与龙王有关的补救方式：第一种即修葺龙王庙，如华州地方官汪炳煦于"光绪四年（1878）春步祷得雨"③，故于县内修建龙王庙以示恩谢；光绪三年（1877），

---

① 《清实录·德宗实录》卷 473，中华书局 1987 年版，第 214 页。

② 民国《续修陕西通志稿》卷 124《祠祀志》，《中国西北文献丛书》，第 1 辑第 9 卷，兰州古籍出版社 1990 年版，第 96 页。

③ 光绪《三续华州志》卷 5《官师志》，《中国地方志集成·陕西府县志辑》，第 23 册，凤凰出版社 2007 年版，第 146 页。

米脂县地方官李裕道"与同寅步祷于（白龙王庙）神前……不三日果需甘霖"，于是将颓废之老庙补葺一新①。第二种即于庙内虔诚祈雨，如黄陵县龙神庙"有灵湫，祷雨辄应"②；安定县黑龙山有黑龙王庙，"乡人祷雨恒于斯"③；府谷县东北 30 里山峰上有龙王庙，"旱祷辄应"。

另一方面，发生水灾时祈祷则可使洪水消退、阴雨转晴。一般而言，修建于江河附近的龙王庙主要是为了震慑江河，使之平稳流淌不致泛滥成灾。如蓝田县城南关的龙王庙和灞河西岸的龙王庙都是因为"水患"而建④。在《灞水龙王庙记》中，龙王与民众、官吏一道，被置于相互关联的系统之中，赋予保护当地不受洪水侵袭的重要使命："立庙而崇祀，以祈以报以求弭其菑者，民之事也；由地而行，随势而曲，不崩不溢，不坏城郭、坟墓，不损田庐，不覆舟荡岸者，神之事也；为之淘河、为之筑堤，以卫其生而安其死，为之均粮、为之导利，以苏民瘼，以充国税，为之桥梁舟楫以通往来者，为民父母之事也。"

另外，在民间除修龙王庙以御水旱外，各地之龙泉、龙潭等皆因传有龙居于其中，故而深广幽秘、清泉常涌，受到人们的崇拜，成为古人遇旱祈雨的重要场所。如南郑县有黑龙泉，"阔丈余，深五尺，涌出下流，且有溉田之利，旱时土人祷雨辄应"⑤；富平县金粟山上有

---

① 光绪《米脂县志》卷 10《艺文志》，《中国地方志集成·陕西府县志辑》，第 43 册，凤凰出版社 2007 年版，第 752 页。

② 民国《黄陵县志》卷 20《宗教祀墓志》，《中国地方志集成·陕西府县志辑》，第 49 册，凤凰出版社 2007 年版，第 416 页。

③ 道光《安定县志》卷 1《舆地志》，《中国地方志集成·陕西府县志辑》，第 45 册，凤凰出版社 2007 年版，第 14 页。

④ 光绪《蓝田县志》卷 8《祠祀志》，《中国地方志集成·陕西府县志辑》，第 16 册，凤凰出版社 2007 年版，第 241 页。

⑤ 民国《续修南郑县志》卷 5《风土志》，《中国地方志集成·陕西府县志辑》，第 51 册，凤凰出版社 2007 年版，第 305 页。

龙泉，"望之渊然，清明春祈者取其水以祷，大有"[1]；光绪三年
（1877）韩城亢旱，知县于境内狮山之龙潭取水，步祷兼旬[2]；定远
厅南郊山上有龙泉，光绪四年（1878）同知余修凤筑坛修庙于其上，
并作《龙泉记》一篇云："祀神曰龙泉福主，以为大雩郊祷之所。盖
龙见而雩，雩则三日为霖，触石肤寸，雨隘灵湫，其雨之灵乎？抑龙
之灵也。"[3] 可见，由于民间龙神信仰之广泛，各种与龙有关的庙宇、
泉、潭都成为人们祈雨之地。

（三）伐蛟之术

在中国古代，当河流漫溢导致洪水时，人们普遍认为是"蛟"在
为害，而且认为蛟水为灾不同于普通的水旱灾害，可以人力制之[4]，
故有所谓"伐蛟"之术。清代最早公开倡导伐蛟灭灾的是两江总督
魏廷珍，他于雍正十二年（1734）专门刊刻《伐蛟说》一文，广布
各处，令民伐蛟。后陈宏谋任江西巡抚时复作《伐蛟说》。此后，其
他各省纷纷效仿此伐蛟之法。光绪《洋县志》载有《伐蛟说》一篇，
可窥其大致："古云：蛇雉交其卵，遇雷入地，久而成蛟。山中蛇雉
最多，不知伐蛟之法，难免不受其害。然伐之若何？曰寻其足迹……
辨其土色……瞩其光气……听其声音……镇之以不洁之物，掘得以铁
与犬血及妇女不洁之衣镇之，或备利刃剖之，其害遂绝。驱以金鼓之
声，蛟畏金鼓及火，山中久雨，夜立高竿，挂一灯可避蛟。夏日鸣金
鼓，督农则蛟不起；即起，但叠鼓鸣钲，多发光拒之，水势自必退。
如是，则蛟虽暴，何至遽为民害乎？山居者其加意于此。"[5] 从《伐

①　光绪《富平县志稿》卷1《疆域·山川》，《中国地方志集成·陕西府县志辑》，第
14册，凤凰出版社2007年版，第242页。

②　光绪《同州府续志》卷15《文征》，《中国地方志集成·陕西府县志辑》，第19
册，凤凰出版社2007年版，第623页。

③　光绪《定远厅志》卷25《艺文志》，《中国地方志集成·陕西府县志辑》，第53
册，凤凰出版社2007年版，第213页。

④　光绪《定远厅志》卷24《五行志》，《中国地方志集成·陕西府县志辑》，第53
册，凤凰出版社2007年版，第201页。

⑤　光绪《洋县志》卷7《风俗志》，《中国地方志集成·陕西府县志辑》，第45册，
凤凰出版社2007年版，第554页。

蛟说》可以看出，民间伐蛟的方法分两类：一类是预防之法，即蛟水未发之前，通过查、辨、瞩、听等方式，掘出地中潜伏之蛟，以铁、犬血、妇女不洁之衣服镇之，或者以利刃剖之；另一类是驱散之法，即蛟已发起时，利用其畏声性与畏火性，以金鼓之声恐吓之，或于山中高挂一灯笼以火光击退之。这些方法是否有效，无从考证。但是，由于当时社会普遍的认识水平和各省官员的倡导，故民间多信任此驱蛟之法。

陕西、尤其是陕南地区，正是《伐蛟说》中所言极易生蛟之山地，故伐蛟之术比关中、陕北地区更为盛行。光绪《定远厅志》云："丰凶水旱皆天所为，唯蛟水为灾，则固可以人力制也"，并附陈宏谋《伐蛟说》一文，教人驱蛟①。《民国汉南续修郡志》中附严如熤《山内风土》一文云："百姓不知伐蛟之法，蛟起砰山、裂石坡坳之间，庐舍人畜被山水推去者往往有之。"② 将山内洪水频发归于百姓不知伐蛟之法。《光绪洋县志》则明确记载一件发生于光绪十四年（1888）的伐蛟事件："铁冶河之东沟，夏至后起二蛟，俱白色，一长丈余，一长过二丈，冲壤田庐十余处，淹毙二十余人。知县陈泽春勘灾报赈，又刊发《伐蛟说》于各山。"③

（四）其他的民间信仰

陕西与自然灾害有关的民间禳灾信仰活动以太白山信仰、龙王神信仰、伐蛟之术等最为盛行。但是，陕西地缘广阔，各地风土不一，"祈雨之法随时递变，亦因地各殊"④，其他各种具有地方特色的信仰活动亦为数不少，甚至一州县之内同时存在多种不同信仰。如蒲城县

---

① 光绪《定远厅志》卷24《五行志》，《中国地方志集成·陕西府县志辑》，第53册，凤凰出版社2007年版，第201页。

② 民国《汉南续修郡志》卷21《风俗》，《中国地方志集成·陕西府县志辑》，第50册，凤凰出版社2007年版，第308页。

③ 光绪《洋县志》卷7《风俗志》，《中国地方志集成·陕西府县志辑》，第45册，凤凰出版社2007年版，第554页。

④ 光绪《永寿县志》卷9《艺文志》，《中国地方志集成·陕西府县志辑》，第11册，凤凰出版社2007年版，第181页。

的尧山圣母信仰就是"渭北旱作村落的一个地方性雨神崇拜"①，以
尧山为中心的 10 个社轮流祭祀山上的灵应夫人祠，祠"后有泉水清
冷不绝，祷雨辄应"②；同样在蒲城县，其西北 10 个村子信仰供奉有
云神伍子胥的显圣庙，"每岁逐村迎奉，周而复始"③；洛川县在旧治
北 40 里的菩提原有孚泽大王庙，"每旱祷雨辄应"④；定远厅的文峰
山遇旱祷雨辄应，因此当地人于山上修建供奉有文昌风雨诸神的文峰
山庙以祭祀。⑤ 朝邑县有奕应侯庙，"庙有圣水，岁旱揖水则雨降，
祷雨则应"；光绪十七年（1891）安塞县亢旱异常，知县率家人前往
传说中"善水火"之元君尊神前虔诚祈祷，请求元君尊神"恕迷人
既往之罪"而普降甘霖⑥。

　　此外，尚有别的一些民间禳灾信仰形式。如康熙三十二年
（1693），因"比年以来秦省左右亢旱频仍，百姓艰食，流离转徙未
有安居，田畴荒芜，不能垦辟"，又因华山之神能"含灵布泽，能赐
福于斯民"，康熙帝认为"国家以民为本，民以食为天。百谷蕃滋，
端赖雨泽顺时霖足，咸藉神功用是"⑦，所以特"遣皇长子允禔致祭
华山"，并将之后的雨旸时若、年谷丰登、间阎少有起色归因于对神

---

　　①　庞建春：《旱作村落雨神崇拜的地方叙事——陕西蒲城尧山圣母信仰个案》，载曹
树基主编《田租有神——明清以来的自然灾害及其社会应对机制》，上海交通大学出版社
2007 年版，第 4 页。

　　②　光绪《蒲城县新志》卷 1《山川》，《中国地方志集成·陕西府县志辑》，第 26 册，
凤凰出版社 2007 年版，第 288 页。

　　③　光绪《蒲城县新志》卷 5《祠祀》，《中国地方志集成·陕西府县志辑》，第 26 册，
凤凰出版社 2007 年版，第 316 页。

　　④　民国《洛川县志》卷 20《宗教祠祀志》，《中国地方志集成·陕西府县志辑》，第
48 册，凤凰出版社 2007 年版，第 442 页。

　　⑤　光绪《定远厅志》卷 13《祀典志》，《中国地方志集成·陕西府县志辑》，第 53
册，凤凰出版社 2007 年版，第 130 页。

　　⑥　民国《安塞县志》卷 12《艺文》，《中国地方志集成·陕西府县志辑》，第 42 册，
凤凰出版社 2007 年版，第 274 页。

　　⑦　咸丰《同州府志·圣制记》，《中国地方志集成·陕西府县志辑》，第 18 册，凤凰
出版社 2007 年版，第 9 页。

灵的虔诚①。祭祀蝗虫的八蜡庙和驱蝗的刘猛将军庙在陕西也为数众多。由于蝗虫对农作物的危害以及人们对蝗灾的束手无策，遂产生了一种荒唐的习俗，蝗灾发生时，只祈求天神保佑，不吃庄稼，大量的蝗虫庙、蚂蚱庙、八蜡庙应势而生，每到蝗灾时，那里香火兴旺。然而，蝗虫对于人民的膜拜往往不给情面，照样吃庄稼，酿成巨灾，人们只有请来刘猛将军替他们驱除蝗虫，于是刘猛将军庙在蝗灾严重的地区应运而生。刘猛将军庙的大量修建是在雍正朝。雍正二年（1724），诏令各地修建刘猛将军庙，尊奉刘猛将军为驱蝗正神，每年春、秋两祭，此后各地纷纷修建刘猛将军庙。由此可见，上自皇帝下至百姓都有着祈神驱蝗的思想②。如遇大灾，府县官则虔祭驱蝗之神。

综上所述，由于人们在心理上对灾害的恐惧性与厌恶性，使得当时陕西的禳灾信仰活动十分普遍，并且具有多样化、地方性的特色，各地因灾害发生的频率不同、民间传统风俗的不同而在信仰活动上呈现出明显的差异性。

---

① 赵之恒等主编：《大清十朝圣训》卷39《蠲赈二》，第1册，北京燕山出版社1998年版，第571页。

② 朱凤祥：《中国灾害通史·清代卷》，郑州大学出版社2009年版，第383页。

第四章 继承与嬗变——清至民国陕西官方救灾机制的发展与完善

　　救灾，主要是社会各方为了应对自然灾害而采取相应的措施，减少和控制自然灾害的发生和发展，最大限度地降低灾害所造成的损失。灾荒救治，就是发挥人的主观能动性，积极地运用各种经济、行政、文化等手段来降低灾害发生的频率及危害。这关系到一个国家能否长治久安，深为历朝历代的统治者所重视。

　　清至民国时期，陕西各种自然灾害频发，为了减少灾害造成的损失，维护社会稳定，清政府和民国政府都采取了相应的救灾措施。与历代官方的救灾机制相比，这一时期民间的慈善团体发挥了重要的作用，政府在整个救灾活动中不再是唯一的主体。但是，随着近代化的发展和国外现代救灾理念的深入，官方的救灾机制不仅更加成熟、完备并趋于制度化，而且随着民国时期中国第一个现代政府的建立，构建现代化的救灾机制也逐渐拉开了序幕。当然，政府仍然是最重要的救灾主体，在整个社会的救灾活动中发挥了主导作用。

第一节 清代陕西官方的救灾措施

　　清代陕西自然灾害频繁发生，不仅给广大的劳动人民带来了深重的灾难，而且还直接导致封建政府财政收入的减少。每次灾害发生之后，社会经济、政治、文化等各个方面的秩序都被打破，增加了社会不稳定的因素，给封建统治以严重威胁。因此，封建统治者从自身的利益出发，对如何预防自然灾害、及时消除灾害造成的重大影响等问题都极为重视，逐渐形成了一套比较成熟的抵御自然灾害的办法和措施，这就是封建社会的"荒政"。清朝作为中国封建社会的最后一个王朝，集中国历代传统救荒思想之大成，在应对灾害方面，政府在灾前、灾中和灾后都采取了一系列救灾减灾的措施，形成了一套系统的减灾体系。

一　灾前预防措施

"救荒之策，备荒为上"，而备荒最重要的就是增加仓储；同时，农田水利历来被视为农业的"命脉"，对农业生产的恢复和发展有着极为重要的作用，因而既是重要的灾前备荒措施，也是灾后的补救措施。

（一）完善仓储

在传统中国农业社会，仓储自古受到统治者的重视，《礼记·王制》云："国无九年之蓄，曰不足；无六年之蓄，曰急；无三年之蓄，曰国非其国。"可见，一定的粮食储备是封建国家机器正常运转的基本保障，同时也是政府组织应对各种自然灾害的物质基础。清代在吸取历代备荒思想的基础上，恢复和发展了历代的仓储体系，并历经康、雍、乾几朝不断得到确立和完善，并且一直延续到晚清。清代的仓储制度极为完善，但是真正用于备荒、为民而建者则不外常平仓、义仓、社仓 3 类①。

1. 常平仓

常平仓制度始于汉代，自创设以来受到历代统治者的重视。至清代，常平仓仍然是最重要、最普遍的官仓，"乃民命所关，实地方第一紧要之政"②。政府规定：各省要"由省会至府州县，俱建常平仓，或兼设裕备仓"③，以备赈灾、借贷、平粜之用。康熙四十二年（1703），"部议人口众多之州县增储米三千石，次二千石，又次一千

① 民国《续修陕西通志稿》卷 32《仓庾一》，《中国西北文献丛书》，第 1 辑第 7 卷，兰州古籍出版社 1990 年版，第 82 页。

② 席裕福、沈师徐编：《皇朝政典类纂》卷 153《仓库十三·积储》，文海出版社 1974 年版。

③ 赵尔巽主编：《清史稿》卷 121《食货二·赋役仓库》，中华书局 1976 年版，第 3553 页。

石。四十四年，于近汴近洛州县储谷二十三万五千六百八十二石，专备山陕赈济之需"①。常平仓的仓谷来源最主要的是采买，即从国库经费中拨款采购。如康熙四十三年（1704），题准"陕西省动支西安司库兵饷银十四万，以十万两照时价买米增储，以四万两盖造仓廒"②。常平仓仓谷的第二个来源是捐纳，包括捐监、捐输、摊捐，指通过捐谷向官府买取功名或官职。为调动地方官民捐纳的积极性，政府规定，根据捐纳仓谷的多少，不仅对地方绅士、富户给予戴花红、赠匾额，甚至授予官职等奖励，而且相应地方官也会获得奖励。另外，在某地严重乏粮的情形下，朝廷还常下令截漕以弥补各地常平仓收贮之不足③。

常平仓主要设于省、州、县治所在。常平仓的作用有二：其一是平抑粮价。各地常平仓于粮谷收获时节以较高于市场的价格买进新粮，广为收贮，遇到凶年青黄不接时按"存七粜三"比例将存粮以较低于市场的价格卖出，这样就能保证市场粮价的基本平衡。"常平仓每岁呈请藩司动项买贮，以时粜籴。"④ 雍正四年（1726），令陕西省于"每年二、三月内存七粜三，至八、九月买补还仓"⑤。其二就是应对自然灾害。常平仓每年定期"出陈易新"，保证了粮谷不至红腐，故可以"岁歉赈借平粜"⑥。

清初，陕西常平仓并无定额，乾隆九年（1744），奏准陕西常平

---

① 民国《续修陕西通志稿》卷32《仓庾一》，《中国西北文献丛书》，第1辑第7卷，兰州古籍出版社1990年版，第1—2页。

② （清）昆冈等：光绪《大清会典事例》卷189《户部·积储》，新文丰出版公司据光绪二十五年刻本影印，第7578页。

③ 康霈竹：《清代仓储制度的衰落与饥荒》，《社会科学战线》1996年第3期。

④ 乾隆《西安府志》卷14《食货志中》，《中国地方志集成·陕西府县志辑》，第1册，凤凰出版社2007年版，第165页。

⑤ （清）昆冈等：《钦定大清会典事例》卷189《户部·积储》，第3册，中华书局1976年版，第155页。

⑥ 同上书，第147页。

仓储额"二百七十七万三千有十石，按各州县大小分存"①，直至清末这一标准没有发生变化。清代中前期，尤其是康、雍、乾三朝，由于经济的发展和较为清明的政治，陕西的常平仓储备达到了顶峰。以西安府为例，据乾隆四十二年（1777）册报，整个西安府常平仓储粮"共额贮京斗谷七十一万八千石，又添贮府仓京斗谷八万石有奇"②。"至陈文恭（即陈宏谋）公抚陕，常平仓谷三百三十余万石，社仓积谷七十余万石，可谓极盛。"③ 嘉庆初，各省仓储粮有所下降，特别是一些省常平仓中"有价无粮"的情况比较严重。为此，嘉庆皇帝多次下买补之令，至嘉庆十七年（1812）才基本上接近乾隆九年额定的存粮数。

　　清代中期以后，随着整个国家管理能力的下降以及吏治的腐败，加之嘉庆以后的战乱，尤其是同治初年陕西回民起义之后，社会经济萧条，陕西的常平仓日益衰败，实际上已经很难达到规定的储额。道光二十三年（1843），御史刘重麟奏称：近来州县常平、社仓等仓廒多成虚设，州县官员在交接时，即将所短谷米等项算作价值，辗转移交，"以致存价不买，或至挪移混抵"，致使各省仓储竟然"有名无实"④。虽然经过整顿，短时期内会有所好转，但是从长远来看终究是日渐虚乏了。有人认为仓储空虚的原因是"官吏视（仓储）为利薮，每岁侵蚀至二十余万串之多。北山各属兵粮变价，州县直视为应享之权利，官仓如此，何论民仓，直至白莲花门两次变起，常社各仓焚毁殆尽，而历年贪官劣绅挪移亏空之弊亦因之不可究诘"⑤。由此

---

　　① 民国《续修陕西通志稿》卷32《仓庾一》，《中国西北文献丛书》，第1辑第7卷，兰州古籍出版社1990年版，第89页。

　　② 乾隆《西安府志》卷14《食货志中》，《中国地方志集成·陕西府县志辑》，第1册，凤凰出版社2007年版，第165页。

　　③ 民国《续修陕西通志稿》卷32《仓庾一》，《中国西北文献丛书》，第1辑第7卷，兰州古籍出版社1990年版，第1—2页。

　　④ （清）昆冈等：《钦定大清会典事例》卷189《户部·积储》，第3册，中华书局1976年版，第154页。

　　⑤ 民国《续修陕西通志稿》卷32《仓庾一》，《中国西北文献丛书》，第1辑第7卷，兰州古籍出版社1990年版，第1—2页。

可见，陕西常平仓衰败的原因一是战乱的破坏，二是官吏的侵蚀。到了晚清时期，一方面，兵匪横行致使各处常平仓舍毁粮尽。如商南县常平仓各仓廒"虽有存者，粮被兵匪掠尽"；郿县旧有常平仓"子丑寅卯等十二廒，又有恭宽信敏惠五廒，历年经久，坍塌无存"，到宣统元年则"只有子丑寅卯恭五廒，亦皆破漏不堪"①；佛坪厅常平仓原有5廒，但是经过同治元年（1862）兵燹后，仅存1廒②。另一方面，由于常平仓具有官方的身份，其功能除备荒之外还要供应军需，军需耗费也是常平仓日渐空虚的一个重要原因。如华阴县"邑城内……东仓……旧名常平仓也。计储额市斗四万石，惜近年饥馑频遭，积储一空。时有储者，军麦而已"③；永寿县常平仓原额储京斗谷一万七千二百四石，但"因同治元年军需动用"，导致仓库"清楚无存"④。可见，到了清朝末年，常平仓已经形同虚设了。

应该说，在清代中期以前，由于陕西的常平仓储粮充足，所以在备荒赈灾方面发挥了显著的作用；清代中期以后，尽管陕西的常平仓日益衰败，但是在救灾方面仍然发挥了一定的作用。如嘉庆六年（1801），陕西省咸宁等10州县被旱，赈济灾民用的就是常平仓谷；道光二十六年（1846），关中大旱，谷价骤昂，陕西巡抚林则徐查知西、同、凤、乾4府州常平仓有储粮110余万石，故依"存七出三"之惯例出仓平粜，全活甚众⑤；光绪三年（1877），定远厅"赖以济

①　宣统《郿县志》卷4，《中国地方志集成·陕西府县志辑》，第35册，凤凰出版社2007年版，第128页。

②　民国《佛坪县志》卷上，《中国地方志集成·陕西府县志辑》，第53册，凤凰出版社2007年版，第254页。

③　民国《华阴县志》卷2《仓储》，《中国地方志集成·陕西府县志辑》，第25册，凤凰出版社2007年版，第96页。

④　光绪《永寿县志》卷3《仓储》，《中国地方志集成·陕西府县志辑》，第11册，凤凰出版社2007年版，第118页。

⑤　民国《续修陕西通志稿》卷127《荒政一》，《中国西北文献丛书》，第1辑第9卷，兰州古籍出版社1990版，第149页。

众而免饿殍之苦者"，正是秦毓麒任职期间筹措的 5000 石常平仓储粮①。只是到了晚清时期，陕西常平仓的赈灾作用较之以前已经大大减弱，这自然与常平仓的仓储日渐空虚密切相关。而到了清朝末年，常平仓已经形同虚设，其备荒功能自然难以充分实现，这也是导致光绪"丁戊奇荒"以及之后的庚子大灾中灾民大量饿毙的一个重要原因。

2. 社仓

"社"在中国古代是祭祀单位，每 25 家共立一"社"以奉祭祀，后来演化为行政上的一个单位。社仓创始于宋代的朱熹，是官仓之外民间储粮备荒的一种形式。清康熙四十二年（1703），谕令"各省州县岁设常平仓收贮米谷，遇饥荒之年，不敷赈济亦未可定，应于各村庄设立社仓，收贮米谷"②。可见，最初设立社仓是为了弥补常平仓在赈灾方面的不足，而在平日里也可以让"无力农民借做籽种，春借秋还"③。至雍正二年（1724），又订立《社仓条例》，令各省地方官开诚劝谕，设立社仓。

陕西设立社仓的时间相对较晚。雍正四年（1726），川陕总督岳钟琪奏请"将应减耗羡银截留两年，供陕西各州县采买谷米，分建社仓"④。雍正七年（1729），岳钟琪颁行陕西《社仓条约》，令各州县"按粮分仓，按村分社……以一千石谷为一仓，以相近之一百二十村堡为一社"。雍正七年、八年两年，陕西各州县才大规模设立社仓⑤。但是，由于从康熙五十五年（1717）起，清廷为平定西北地区的叛乱，几次大规模用兵，转输挽运给陕西地区造成了人力物力的极大负

---

① 光绪《定远厅志》卷 18《职官志》，《中国地方志集成·陕西府县志辑》，第 53 册，凤凰出版社 2007 版，第 161 页。

② （清）昆冈等：《钦定大清会典事例》卷 192《户部·积储》，第 3 册，中华书局 1976 年版，第 207 页。

③ 章开沅：《清通鉴》，第 3 册，岳麓书社 2000 年版，第 222 页。

④ 民国《盩厔县志》卷 2《建置》，《中国地方志集成·陕西府县志辑》，第 9 册，凤凰出版社 2007 年版，第 239 页。

⑤ 吴洪琳：《清代陕西社仓的经营和管理》，《陕西师范大学学报》2004 年第 2 期。

担，加之自然灾害交替发生，使得陕西民间元气大伤，故陕西社仓仓本来源与别省民间劝捐之法不同，主要是政府拨付耗羡银两以采买填充，而非民间捐助。社仓建立后，"令本社……公举殷实良善素不多事者充当仓正、仓副"，并"专交百姓自司出纳，不许官员管理"①。但实际上考虑到陕西省社仓仓本来源与他省不同，故朝廷议准陕西省地方官对社仓有稽查交代、分赔以专责成之责任。这样一来，原本应该由民间自行发起、自我经营的社仓就成为受制于政府的附属物，处于一种比较尴尬的"半官方、半民间"的境地，"州县官因有责成，则视（社仓）同官物，不但社正、副不能自由，即州县亦不能自主。凡遇出借历书具详，虽属青黄不接，百姓急需借领，而上司批则又唯社正、副是问，故各视为畏途"②。

因陕西社仓系公款采买，故创设之初规模宏大，社仓廒舍遍布全省。如盩厔县，雍正年间"领到采买谷米的耗羡银三千一百两"，一共买了京斗一万一千二十五石的粮食，再加上政府劝谕县民捐输的京斗六百六十石三斗粮食，一共储粮"一万一千六百八十五石三斗九升"。在全县一共分 11 个仓廒分存，"每社仓存谷一千六十石"③；三原县有"社仓十所，共贮本息京斗谷一万五百七十九石四升六合二勺"④；富平县有"社仓十一所，共贮本息京斗谷八千三百九十一石六斗二升七合八勺子"⑤；整个西安府 16 个州县，据乾隆四十二年（1777）册报，有"社仓共二百九所，贮本息京斗谷二十五万五千三百四十四石七斗八升三合"⑥。规模甚是宏大。但是数十年之后，管理体制的弊端，加之战乱、匪患等的影响，到晚清时期，陕西社仓衰

---

　　①　民国《续修陕西通志稿》卷 32《仓庾一》，《中国西北文献丛书》，第 1 辑第 7 卷，兰州古籍出版社 1990 年版，第 91 页。

　　②　同上书，第 92 页。

　　③　民国《盩厔县志》卷 2《建置》，《中国地方志集成·陕西府县志辑》，第 9 册，凤凰出版社 2007 年版，第 239 页。

　　④　乾隆《西安府志》卷 14《食货志中》，《中国地方志集成·陕西府县志辑》，第 1 册，凤凰出版社 2007 年版，第 165 页。

　　⑤　同上。

　　⑥　同上。

落的景象十分明显。以农业基础较好、社仓分布比较密集的关中地区
而言，雍正时期关中地区社仓数量达到 401 处，占全省社仓总数的
73%①。但是，此后新的社仓增加缓慢，对旧的社仓又不加以修葺，
致使关中地区社仓开始衰落。宝鸡县在雍正八年（1730）修有社仓
11 处，至同治六年（1867），已经"焚毁无存"②；岐山县"旧有社
仓一十六处，或一里专设，或数里共设，储谷年久无存，后因兵燹，
房舍亦墟"③；三原县社仓由于"自嘉庆五年奉上谕社粮听民自便，
不由官吏经手，官遂久无稽查"；道光元年（1821），知县云麟勘验
社仓，发现"各社仓俱坍，因查现存民借及仓正副侵亏，共追收京斗
麦七百五十余石，下欠京斗麦三十余石"，最后不得已将社仓废去，
余粮转储于常平仓④；富平县社仓由于积年亏短，至道光三十年
（1850）时，"所存麦谷折麦五百九十余石，旋提归常平仓内，原各
仓均废"⑤；麟游县原有社仓 8 处，"同治初，回逆毁几尽，惟邑与月
院里存。同治三年，李正心出供兵食"⑥。

　　由此可见，陕西社仓最终的命运有两种：一种是毁于兵燹，主要
是同治初年的捻军和回民起义；另一种则是由于其本身"半官半民"
的性质，被划归入常平仓或供应军需。因此，到晚清时期社仓基本上
已经名存实亡，不能发挥应有的备荒作用。《续修陕西通志稿》的编
纂者在总结陕西社仓的衰落时有极为中肯的论述："陕西社仓，其初

---

① 吴洪琳：《论清代陕西社仓的地域分布特征》，《中国历史地理论丛》2001 年第
1 期。

② 民国《宝鸡县志》卷 3《建置》，《中国地方志集成·陕西府县志辑》，第 32 册，
凤凰出版社 2007 年版，第 270 页。

③ 民国《岐山县志》卷 2《建置》，《中国地方志集成·陕西府县志辑》，第 33 册，
凤凰出版社 2007 年版，第 217 页。

④ 光绪《三原县志》卷 2《建置》，《中国地方志集成·陕西府县志辑》，第 8 册，凤
凰出版社 2007 年版，第 530 页。

⑤ 光绪《富平县志稿》卷 2《建置》，《中国地方志集成·陕西府县志辑》，第 14 册，
凤凰出版社 2007 年版，第 262 页。

⑥ 光绪《麟游县新志草》卷 2《建置》，《中国地方志集成·陕西府县志辑》，第 34
册，凤凰出版社 2007 年版，第 225 页。

动用公款，与他省情形不同，定例由绅经理而稽查以官，立法不为不周，而民间终以为累。嘉庆时汉南各仓均为教匪焚掠，至同治初年，花门变起，各属仓谷实无一存，欲求当年实储之数，渺不可得。盖官绅之侵蚀与夫出借之不能实收为日已久也。"① 也就是说，官吏的侵蚀、百姓的有借无还以及战乱是造成陕西社仓衰落的重要原因。

3. 义仓

义仓，也是民间储粮备荒的一种重要形式。一般认为，义仓创始于隋开皇五年（585），系采纳长孙平建议而设置。但是在清代地方志中也有认为"义仓即社仓"②，这可能与二者皆为民仓且建仓之地皆近于村社有关。义仓设置的初衷是为了杜绝官仓的种种侵渔弊端，保证地方"丰歉有备，水旱无虑"。相较于陕西社仓由政府出资民间经营的形式而言，义仓的创办方式是"丰裕之时，互相劝勉，（民户）各将所存谷卖，无论多寡，量力输公"，"所有现捐谷麦以及收放出入，一切事宜均由民举廉正绅老自行经理，不经官吏之手"③。可见，其仓本全部来源于民间的捐输，管理人员亦由民间公举，采取的是"民办民营"的管理方式，这就保证了义仓在创设之初就具有纯粹的民办身份。

清初就要求市镇设立义仓，但是实际上不仅在地方市镇，通都大邑也多有义仓设置。顺、康、雍各朝屡次要求各州县设立义仓，但是直到乾隆年间，直隶、山西等省才陆续设立④。咸丰八年（1858），陕西巡抚曾望颜饬属劝捐积谷，出示晓谕，是为陕西省义仓之始。义仓的形式有两种：一种是公设义仓，主要考虑道路远近和人口多寡，各城乡市镇分布不一，"镇城大者，或分中东西南北五处各设一仓，

---

① 民国《续修陕西通志稿》卷32《仓庾一》，《中国西北文献丛书》，第1辑第7卷，兰州古籍出版社1990年版，第93页。

② 光绪《新续渭南县志稿》卷3《建置》，《中国地方志集成·陕西府县志辑》，第13册，凤凰出版社2007年版，第401页。

③ 民国《续修陕西通志稿》卷32《仓庾一》，《中国西北文献丛书》，第1辑第7卷，兰州古籍出版社1990年版，第94页。

④ 朱凤祥：《中国灾害通史·清代卷》，郑州大学出版社2009年版，第323页。

次者或设两仓；小者专设一仓……随地置宜，酌量办理"①；另一种是各族自行设立的义仓，主要是为了保证本族人员遇到灾荒后的赈济。公设的义仓，其赈灾原则是本境之民办本地之赈，即只要在某一义仓的赈济范围内，不论是否捐输粮食，都享有得到赈济的权益，这在咸丰八年曾望颜出示的《劝捐义仓晓谕》中有明确说明："各户所捐之物，既已捐出，即系公物，遇系灾歉，不得以从前甲多乙少，致启争端；或先在此处捐过谷麦之处，其后移居他处，遇此处枭赈，不得以曾经捐过回转向索；其新来之户，从前虽未捐过，亦应一律分给，不得独任向隅。尽各保境，总以本境之仓粟济本境遇灾之贫户……"②

　　但是，咸丰八年的这个《劝捐晓谕》在民间并没有引起大的响应，一直到光绪二年（1876），陕西常平仓与社仓衰落，不足以备荒之时，陕西抚台谭钟麟通饬各州县捐办义仓，这才在整个陕西境内掀起了大规模的义仓捐办。由于在此之前陕西各属社仓均已不同程度的衰落，故在此次义仓建设过程中，有许多州县的社仓直接被废弃而归入义仓。以大荔县为例，县内各乡社仓厫舍自同治元年（1862）兵燹后均坍塌颓倒，到光绪二年，唯余城内"厫房五间"和孛合村"断烂椽檩"，于是全部划归义仓储用③。光绪六年（1880），泾阳县奉札捐办义仓，"共积京斗麦一万六千一百二十一石一斗九合。除在城内社仓存放外，余归各乡。十七年，知县涂官俊按实清釐，分乡统办，名曰义仓"④。可见，光绪年间，由于各属社仓衰落，故民捐之仓统称作义仓。

　　考察史料可知，义仓捐办在整个光绪年间一直被视为救荒之良策

　　① 民国《续修陕西通志稿》卷 32《仓庾一》，《中国西北文献丛书》，第 1 辑第 7 卷，兰州古籍出版社 1990 年版，第 94 页。

　　② 同上。

　　③ 光绪《大荔县续志》卷 4《土地志》，《中国地方志集成·陕西府县志辑》，第 20 册，凤凰出版社 2007 年版，第 300 页。

　　④ 宣统《重修泾阳县志》卷 1《地理志上》，《中国地方志集成·陕西府县志辑》，第 7 册，凤凰出版社 2007 年版，第 428 页。

而大力倡行。"光绪三年，旱魃为虐，社仓、常平仓给散一空。"① 光绪五年（1879），陕西巡抚冯誉骥因为看到"丁戊奇荒"中陕西赈粮多采买于他省，并且灾后各属仓粮空亏，故饬令陕西各属州县大力捐办义仓。据其后来上奏清廷的数字，此次大规模捐办义仓，共捐存京斗稻粟麦豆八十万六千有奇，修建仓廒 1600 余处②。直到光绪末年，有些州县的义仓捐修活动仍然在进行③，而此时常平仓与社仓已经普遍衰落。因此，可以说晚清时期在陕西赈灾中发挥作用最大的仓储即为义仓，可"备常平之乏，其去民最近而利民亦最近"④。光绪二年（1876），陕西抚台谭钟麟檄各属捐办义仓，适三四年大饥，岐山县"民赖存活"，多依义仓⑤；华州赈济极次贫民 22 万多口，"共用仓存民捐麦豆一万三千九百九十余石"⑥；光绪八年（1882），雒南县东南乡野里等 10 保遭水灾，官府"动用捐积义仓京斗黑豆、粟米一百八十石五斗七升五合，按照丁口三给"⑦；直到光绪二十六年（1900），陕西旱灾，澄城县"民得无死亡者，赖义仓救济"⑧。

当然，义仓的作用也不能被过分夸大。应该看到，有些州县的义

---

① 光绪《富平县志》卷 2《建置》，《中国地方志集成·陕西府县志辑》，第 14 册，凤凰出版社 2007 年版，第 257 页。

② 民国《续修陕西通志稿》卷 32《仓庾一》，《中国西北文献丛书》，第 1 辑第 7 卷，兰州古籍出版社 1990 年版，第 95 页。

③ 鄠县义仓原捐京斗谷一万五千八百七十五石六斗，光绪二十七、二十八、二十九等年捐增至九千九百八十五石四斗三升；安塞县设有义仓 5 处，于光绪二十九、三十一两年捐存买备仓斗谷二千六百三十四石九斗五升四合；义仓原捐京斗谷一万五千八百七十五石六斗，光绪二十七、二十八、二十九等年捐增九千九百八十五石四斗三升。

④ 曹学义：《救荒十策》，载民国《续修紫阳县志》卷 6《续艺文志》，《中国地方志集成·陕西府县志辑》，第 57 册，凤凰出版社 2007 年版，第 388 页。

⑤ 民国《岐山县志》卷 2《建置》，《中国地方志集成·陕西府县志辑》，第 20 册，凤凰出版社 2007 年版，第 217 页。

⑥ 民国《续修陕西通志稿》卷 127《荒政一》，《中国西北文献丛书》，第 1 辑第 9 卷，兰州古籍出版社 1990 年版，第 154 页。

⑦ 水利电力部水管司、科技司，水利水电科学研究院主编：《清代黄河流域洪涝档案史料》，中华书局 1993 年版，第 713 页。

⑧ 民国《澄城县附志》卷 2《建置志》，《中国地方志集成·陕西府县志辑》，第 22 册，凤凰出版社 2007 年版，第 272 页。

仓与常、社二仓一样很快就走向了衰亡。如咸阳县在光绪戊寅年建有义仓41所，各积麦百余石，"历时未久，均圮废。光绪十六年，东城所义仓只存借欠空册"[1]。由此可见，义仓的作用也只能是暂时的。

（二）兴修水利

农田水利对于农业生产的恢复和发展有着极为重要的作用，被称为农业的"命脉"，尤其是干旱少雨的年份，有水利灌溉的地方，农业可以获得一定的收成，没有水利灌溉的地方，则必然导致粮食歉收甚至绝收，所以历代有为的统治者对农田水利事业的发展都极为重视，清朝也不例外。乾隆皇帝曾朱批：旱田凿井之后，"朕自然不照水田升科也"[2]。鼓励有实力的农民广为凿井。给事中夏献馨也曾奏到："农田水利，关系民生至计，比年以来，荒田逐渐招垦，水利尚未尽兴，请饬实力讲求。"[3] 朝廷遂谕令各省督抚、府尹，"认真讲求水利"[4]，要求各省"将如何修复，如何兴举之处，悉心区画，妥为办理"，对于那些借端滋扰影响水利施工的，"即由该地方官从严惩办"[5]。曾任陕西巡抚的崔纪因为领导陕西省人民兴修水利有功绩而被朝廷赏识。光绪庚子大旱中，刑部尚书薛允升上奏："预筹弭灾之法，请饬陕西巡抚于积义谷、兴水利二事。"[6]

陕西是中国重要的农业区之一，为了促进农业的发展，清以前的历代王朝都曾经在此兴修过不少的水利工程，如著名的郑白渠、龙首渠等。但是，明末清初的战乱，使得许多水利设施由于得不到及时的维修、疏浚而相继毁坏、淤塞，失去了灌溉的功能。战乱结束后，为了抵御自然灾害，发展农业生产，在政府的重视和当地百姓的共同努

① 民国《重修咸阳县志》卷3《财赋志》，《中国地方志集成·陕西府县志辑》，第5册，凤凰出版社2007年版，第195页。

② 《中国第一历史档案馆藏军机处录副奏折》，第9705—9750页，转引自张莉《乾隆朝陕西灾荒及救灾政策》，《历史档案》2004年第3期。

③ 章开沅：《清通鉴》，第4册，岳麓书社2000年版，第363页。

④ 同上。

⑤ 《清实录》卷485，光绪二十六年，中华书局1987年版，第6页。

⑥ 同上。

力下，陕西的农田水利设施又得到了很大的恢复和发展。清代陕西的农田水利设施主要包括两种：一是利用地表径流的渠堰灌溉工程；二是利用地下水的水井灌溉工程。其中，又以第一种所占的比重最大。

据有关学者研究[①]，从清康熙初年（1662）到嘉庆末年（1820）的 159 年中，陕西全省共新开渠堰 59 道，比较大的疏浚渠堰工程 67次，灌溉数万亩到千亩不等的大、中型水利设施占有相当比重，灌田面积在百亩到数百亩的小型水利设施也不少。这是清代陕西农田水利事业发展的第一次高潮。

嘉庆以后，陕西的农田水利建设事业进入了一个低潮。在道光（1821—1850）、咸丰（1851—1861）两朝 41 年的时间里，陕西全省共新修渠堰 79 道，但是主要以小型渠堰为主，而且有 75 道是在蓝田县境内；比较大的疏修渠堰工程仅有 9 次。同治初年（1862），陕西发生了大规模的战乱，不仅造成了人口的大量损耗和田地的荒芜，同时也造成了一些渠堰的淤废。如通济渠，"同治元年（1862），回变，失修水绝"[②]。其他诸如杨填堰、土门堰、斜堰等，也在同治战乱中淤塞。从整个清代来看，这是个农田水利事业发展的低潮期。

清同治年间回民起义之后，封建统治秩序恢复正常，为了保证农业生产，政府增加了对水利建设的重视。据统计，从同治年间到1911 年清朝灭亡的 50 年里，陕西全省共新开渠堰 75 道，比较大的疏修渠堰工程就有 56 次。这是清代陕西农业水利事业发展的第二次高潮，但是与第一次发展高潮相比，除过疏修的旧有的渠堰工程，在新修的渠堰工程中，主要以小型、超小型的水利设施为主，灌溉面积在千亩以上的大、中型水利设施则很少见到。

水井也是重要的农业水利设施。在远离江河、无渠道水利的地区，井灌就是当地主要的灌溉方式，使这些地区"命悬于天"的旱地有了一定的收成上的保证；即便在有河湖渠道水利的地方，井灌也

---

① 耿占军：《清代陕西农业地理研究》，西北大学出版社 1996 年版，第 45—63 页。

② 民国《咸宁、长安两县续志》卷 5《地理考下·长安》，《中国地方志集成·陕西府县志辑》，第 3 册，凤凰出版社 2007 年版，第 373 页。

可以给农作物提供稳定的水源，为骨干渠道水利设施发挥弥缝补隙的作用。清代陕西的水井开凿有两个重要的发展时期。第一个重要发展时期是在清乾隆朝（1736—1795），正好与清代陕西兴修渠堰工程的第一次高潮相吻合。时任陕西巡抚崔纪及其后任陈宏谋督率人们大力凿井，据统计，崔纪任职期间开凿了 3.29 万余口井，约可灌溉 20 万亩农田。其后任陈宏谋又劝民凿井，在陈宏谋任内，各地总计共开井 2.8 万余口①。第二次凿井高潮是在清末的同治（1862—1874）和光绪（1875—1908）年间。陕甘总督左宗棠提出了要开凿数万口井的宏伟计划，并且规定了勉励民间掘井的政策，除了实行以工代赈外，还"于赈之外，又加给银钱，每井一眼结银一两，或钱一千数百文，验其大小深浅以增减，俾精壮之农得优沾实惠，导时之成永利，均在于此"。"计开数万井，所费不过数万金"②，是一件费少利多的好事。以关中为例，大荔县知县周铭旗"导民凿井，行区田代田诸法，极力督促，津贴工资，复开新井三千有奇"③。朝邑、兴平、醴泉诸县打井"数百口之多"。泾阳知县涂官俊因龙洞渠利大减，劝民先后凿井500 余口；三原县也因为龙洞渠水不足，仅光绪八年（1882）就凿井200 余口④。位于关中平原中部"白菜心"的泾阳、三原县尚需要凿井以弥补龙洞渠灌的不足，这一方面反映了井灌的发展，另一方面也反映了这一时期耗资巨大的大型水利设施建设的衰退、国家和社会财力的式微。

　　总之，发展农田水利是干旱半干旱地区农业稳定发展的一项重要保证，渠道和井灌等水利设施的兴修，可以给农作物提供稳定的水源保证，提高农业的抗灾能力，进而为社会的稳定提供保证。自然灾害的发生一方面促使政府必须对水利工程予以重视，并且进一步推动了

---

① 耿占军：《清代陕西农业地理研究》，西北大学出版社 1996 年版，第 63 页。

② 《左宗棠全集》卷 1454《答谭文卿》，岳麓书社 1996 年版，第 276—277 页。

③ 民国《续修陕西通志稿》卷 61《水利五·附井利》，《中国西北文献丛书》，第 1 辑第 7 卷，兰州古籍出版社 1990 年版，第 588 页。

④ 民国《续修陕西通志稿》卷 60《名宦七·涂官俊》，《中国西北文献丛书》，第 1 辑第 7 卷，兰州古籍出版社 1990 年版，第 579 页。

水利工程的兴修和管理；与此同时，水利工程的兴修和管理的完善也为防御和减轻灾害危害提供了帮助。可以说，二者处于一个良性的互动体系中，发展水利也因此成为政府救灾的一个治本措施而受到重视。然而，发展水利一方面要"相地之宜"，另一方面也需要政府财力和物力的支持，如果这两个条件不具备，发展水利就很难取得实际的效果。如光绪"丁戊奇荒"时期，华州和大荔县都积极倡导发展井灌，但是华州由于土厚水深、施力倍难，"新凿者寥寥无几，即旧有井者，浇种无十分之一"①；大荔县则由于"水深土松，旋开旋淤，非砖石砌成不能经久，非殷实有力之家不能举办也"②。

二　临灾赈济的程序与措施

清代陕西灾害频发，每一次大的灾害发生后，饿殍遍野、流民动荡，不但给劳动人民带来了深重的苦难，而且对封建国家机器的运转造成了极大的威胁。因此，政府在每次灾害发生后，都会及时采取相应的临灾赈济措施，以安抚灾民、防止社会动荡。

（一）官方的赈灾程序

中国古代虽然重视救灾，但是并没有专职的政府机构来执掌救灾，一直到清代仍然如此。灾害发生后，往往是君主临时委派各级官员负责救灾，形成以皇帝为主管、户部筹划组织、地方督抚主持、知府协办、州县官具体执行的救灾组织体系，层层向上负责③。具体而言，清代的救灾程序包含以下 5 个环节：报灾、勘灾、审户、发赈、查赈。这几个步骤各有具体的规定，主办官吏和协办人员分工协作，职责划分相当精细。

---

① 《光绪三续华州志》卷 4《省鉴志》，《中国地方志集成·陕西府县志辑》，第 23 册，凤凰出版社 2007 年版，第 380 页。

② 民国《续修陕西通志稿》卷 61《水利五·附井利》，《中国西北文献丛书》，第 1 辑第 7 卷，兰州古籍出版社 1990 年版，第 588 页。

③ 李向军：《清代前期的荒政与吏治》，《中国社会科学院研究生院学报》1991 年第 3 期。

1. 报灾

报灾，即灾区官吏及时向上报告本地的灾情，是上级政府了解灾情并做出回复的重要依据。清廷对报灾有严格的要求。顺治十年（1653），清政府规定，报灾期限为"夏灾限六月终，秋灾限九月终"，要求地方官吏在报灾时要查核受灾的"轻重分数"[①]。康熙皇帝也发布上谕说："救荒之道，以速为贵，倘赈济稍缓，迟误时日，则流离死伤者必多，虽有赈贷，亦无济矣。"[②] 强调了报灾及时的重要性。乾隆初年（1736），方苞向朝廷建议，如遇夏灾，则五六月即可报灾，部议认为"以五六月报灾，虑浮冒"，故未准行[③]。清代基本执行的是夏灾不出六月，秋灾不出九月的报灾时限。

对于违反报灾规定的官吏的处罚，清政府有明确的规定。顺治十七年（1660）四月，"诏定匿灾不报罪"[④]，明确了上述报灾期限，并具体规定："州县迟报逾一月内者罚俸六月；一月外者降一级，二月外者二级，均调用；三月外者革职；抚、司、道官以州县报道日起限，逾限，议亦如之。"[⑤] 后固定为州县官员报灾限期 40 天，上司官员接到奏报后限 5 日内上报。通过规定比较合理的报灾期限，同时在法律上对报灾违法官员予以处罚，这样既避免了地方官害怕逾期而匿灾不报，同时也可防止报灾期限过长，导致灾民无法救济。这种报灾制度为上级政府及时了解地方灾情、统筹安排救灾事宜提供了重要保证，是赈灾的第一步。

2. 勘灾

勘灾，即地方官吏勘察核实灾区的田亩受灾情况，确定成灾分数。勘灾基本上是和报灾同步进行的，"一面题报情形，一面于知府、同知、通判内遴选委员，会同该州县□诣被灾所覆田亩，确勘被灾分

---

① 《清世祖实录》卷79，中华书局1985年影印本，第623页。

② 《清圣祖实录》卷121，中华书局1985年影印本，第281页。

③ 赵尔巽主编：《清史稿》卷290《方苞传》，中华书局1977年版，第10271页。

④ 赵尔巽主编：《清史稿》卷5《世祖本纪二》，中华书局1977年版，第158页。

⑤ 《清朝文献通考》卷46《国用考八·赈恤》，浙江古籍出版社2000年版，第5289页。

数，按照区图村庄逐加分别，申报司道"①。地方官吏完成勘察后，将所得受灾情况造册，迅速上报到省，督抚接报后 5 日内奏请蠲赈。勘灾是为了确定被灾程度，被灾程度用成灾分数表示，被灾从一分到十分计做十等。关于成灾分数，清代各朝略有变化。顺治、康熙朝期间，规定被灾五分以下不为灾，被灾六分以上为成灾。乾隆朝期间，因为国力的昌盛，政府有能力给受灾较轻的灾民予以赈济，所以就降低了成灾分数，扩大了报灾范围。乾隆三年（1738）五月，将五分灾也作为成灾对待，并且规定永为定例。

勘灾之前，州县官吏先让百姓自报受灾情况，如姓名、受灾田亩、所处位置等，经核查后作为勘灾底册，交勘灾人员核查。若灾伤较轻，"其勘灾道府大员不亲往踏勘，只据印委各官印结率行加结转报者，该督抚题参"；若灾伤较重，则"责成该督抚轻骑减从，亲往踏勘，将应行赈恤事宜一面奏闻，如滥委属员贻误滋弊及听从不肖有司违例供应者，严加议处"②。清朝前期，勘灾以州县为单位，但是这样一来"有一县俱不成灾而某村某庄不妨十分者；有一县俱成灾而某村某庄全不成灾者"③。故乾隆二十二年（1757）以后，勘灾不再以一州县通计，而是以村庄为基本勘灾单位，主要依据地亩受灾轻重，辅之以房屋、器具、牲畜等财产的受灾情况，确定被灾分数④。勘灾时各级官员都要随时报告灾情，户部接到报灾提请后，要派员复勘，有时皇帝也会派心腹暗中调查，以防不实。复查属实，勘灾结果就作为蠲免的依据。为保证勘灾的正常进行，清代还对勘灾不实的各级官员予以严惩。

清中期以前，政府对社会的掌控能力较强，官员所奏报的各种勘灾数据还是比较属实的。嘉庆以后，由于政治腐败，荒政效力下降，

---

① （清）旻宁撰：《钦定户部则例》卷 84《蠲恤二·查勘灾赈事例》，清道光十一年（1831）刻本。

② 同上。

③ 乾隆二十二年七月二日裘日修奏，转引自李向军《清代救灾的基本程序》，《中国经济史研究》1992 年第 4 期。

④ 朱凤祥：《中国灾害通史·清代卷》，郑州大学出版社 2009 年版，第 294 页。

各种匿灾、报灾不实等情况日益增多，这样就人为地增加了灾害的程度。地方官讳灾不报多是出于政治上的考虑，粉饰太平来逃避自己救灾不力的责任。晚清诗人高旭对此有着深刻的揭露："天既灾于前，官复厄于后。贪官与污吏，天地而蔑有。歌舞太平年，粉饰相沿久。匿灾梗不报，谬冀功不朽。一人果肥矣，其奈万家瘦。官心狠豺狼，民命贱鸡狗。屠之复戮之，逆来须顺受。况复赈灾日，更复上下手。"①

3. 审户

审户，是指核查灾民户口，依据田亩被灾轻重、屋舍及畜具损伤情况等划分为极贫、次贫等受灾等级。清政府规定：灾民16岁以上者皆为大口，16岁以下至能行走者为小口，再小者不准入册。区分极贫、次贫的大致标准是："田亩被灾，产微力薄，家无存粮或房倾业废，孤寡老弱，朝不保夕者为极贫；田虽受灾，存贮未尽，尚有微业可营生者为次贫。"② 次贫下尚有"又次贫"一级。

清初，审户划分等级的标准并不一致，直到雍正七年（1729），才规定审户分等一律分为极贫、次贫两等。乾隆七年（1742），又重申："山东、陕西只分极贫、次贫，皆按月给赈。"③ 清政府要求审户委员必须亲自到灾民家中，当面查验灾民口数，逐户勘察，核实无误之后，要将应赈者按极贫、次贫、大小口当面填写入册。

审户之后，要发给灾民赈票，各勘灾委员于赈票上注明户名、灾分、大小口数、赈米赈银数等。赈票一式两份，一份发给灾民作为领赈依据，另一份则留存以备核查。审户极为烦琐，一则受灾等级在尺度上不易把握，二则常常受到人为因素的干扰，一些地痞土棍为利益阻挠审户委员的正常工作："不许委员挨查户口，如不遂欲则抛砖掷

① （清）高旭：《甘肃大旱灾感赋》，载刘运祺等编《辛亥革命诗词选》，长江文艺出版社1980年版，第215—216页。

② 朱凤祥：《中国灾害通史·清代卷》，郑州大学出版社2009年版，第297页。

③ 《清朝文献通考》卷46《国用考八·赈恤》，浙江古籍出版社2000年版，第5292页。

石……"①，甚至有囚禁审户委员于空屋要求赈票的情形。故"济荒莫难于审户，公费每耗于滥支，此自来办赈之通患也"②。由此可见，审户的难度有多大，也足见审户在整个救灾过程中的重要性。

4. 发赈

发赈，是在审户的基础上进行，即按照赈票所列数目将赈米或赈银发放到灾民手上。救灾最主要的是救人，尤其是生命受到威胁的饥民，因此赈灾钱粮是否及时、有效地送达灾民之手是整个赈灾活动最关键的一环。赈米或赈银之多寡依照审户列等按户付给，极贫灾户无论大小口数多寡，都要全赈；次贫则老幼妇女全赈，少壮丁男则不准给赈。乾隆以后，贫困生员也成为政府赈济的对象，单独给赈。乾隆三年（1738）四月二十二日上谕："嗣后凡遇地方赈贷之时，着该督抚学政饬令教官将贫生等名籍开送地方官，核实详报，视人数多寡，即于存公项内量发银米，移交本学教官均匀散给，……"③ 这在一定程度上维护了读书士子的体面与尊严，体现了政府对他们的重视。

为了保证在发赈过程中不遗不滥，清政府对发赈有着严格的规定：各州县在"本城设厂，四乡各于适中处所设厂，使一日可以往返。倘一乡一厂相距仍远，天寒日短，领赈男妇人栖托无所地，地方官宜勿拘成例，多设一二厂以便灾民"④。发赈最重要的是要防止短少克扣，故清政府规定发赈时必须有官司亲临，不得假手于胥役里甲。每日放赈完毕，必须登记造册，以备上级抽查。另外，为使放赈正常进行，同时也是为了便于百姓监督，乾隆四年（1739）规定，官员放赈时要将被灾分数、赈恤款目预先宣示，告知百姓⑤，这就在

---

①（清）林则徐：《林则徐集·奏稿四》，中华书局1965年版，第144页。

② 光绪《增续汧阳县志》卷14《艺文志·筹赈碑记》，《中国地方志集成·陕西府县志辑》，第34册，凤凰出版社2007年版，第478页。

③《清朝文献通考》卷46《国用考八·赈恤》，浙江古籍出版社2000年版，第5291页。

④《皇朝经世文编》卷41《户政十六·荒政一》，台北文海出版社1972年影印本，第157页。

⑤《清朝文献通考》卷46《国用考八·赈恤》，浙江古籍出版社2000年版，第5291页。

一定程度上保证了发赈的公正性。至晚清，因官场贪腐成风，经办官员之间的相互监督力度下降，腐败已经深入到各个领域，对灾民的赈济也被贪腐官员染指，影响了赈灾效果。

5. 查赈

查赈是对赈济工作的监察与核实，目的是防止官吏在赈济中贪腐。清政府对查赈这一环节十分重视，赈济结束后，常派朝廷要员赴灾区对救灾情况进行查勘。查勘主要是审查被灾田亩呈报是否属实、被灾分数以及审户等过程是否有违规发生。清政府对办赈有功者一般都给予奖励，有突出表现者还会作为其政绩予以提拔；对办赈中违规的官吏也会予以惩罚，如乾隆四十六年（1781），处罚了甘肃王亶望冒赈案涉案官员；道光二十九年（1849），对赈灾有功的江忠源给予嘉奖。

清代救灾有一套完整并且固定化的程序，这使得各项救灾措施的实施可以有章可循，但是在实际操作中，如果依据上述程序报灾、勘灾、审户、发赈，需要层层上报，而在当时的交通和通信条件下，每一步都需要时间，这势必延误救灾的最佳时机，影响最终的救灾效果。如果地方官切实考虑到灾民需求，先行筹措钱粮予以赈济，则属于违禁，一些官员还会因此受罚。如嘉庆十九年（1814），山东聊城等州县办赈，因为没有详奏就先行从捐监项内动支银两，最后朝廷命藩司、巡抚照数分赔①。所以，地方官员担心违禁受罚，往往拘泥于成例办事，有时就会耽误了赈济。

（二）临灾赈济措施

清代陕西的临灾赈济措施主要有以下几个方面。

1. 粮食赈济

自然灾害的发生，造成农作物减产，粮价腾贵，饥民嗷嗷待哺，因而粮食往往成为灾害后最稀缺的社会物资，也是造成灾害后各种社会问题的最根本的原因。政府多方筹措，为灾民提供粮食，是帮助灾民渡过难关最为紧要和迫切的任务。根据政府粮食赈济方式的不同，

---

① 《清仁宗实录》卷 294，中华书局 1985 年影印本，第 1039 页。

可将粮食赈济分为散给、平粜、施粥等。

其一，散给。散给又称急赈，是灾害降临时政府无偿提供粮食给灾民的行为，是政府常用的救灾方法。用于散给的粮食来源有常平仓、社仓、义仓等。大的灾害发生后，各州县往往一边报勘灾情，一边及时赈给灾民粮食，目的是在上级相关后续赈灾措施到来之前给灾民以生存之法，故又称急赈。如康熙三十年（1691），陕西西安、凤翔等府被灾，派遣部院堂官前来亲自行验救灾，每大口日给米三合，小口日给米一点五合，或者照时价折给银子，直到次年四月方停止赈济①。康熙五十九年（1720）十月十五日，令"地方会同督、抚等率领地方官，将现今陕属常平仓存贮粮六十九万二千石……就近动用。自散赈日起以至麦收。大口每日米三合，小口每日米二合，务使百姓均沾实惠"②。嘉庆十四年（1809），上谕"陕省兴安、汉中、商州等府州属，地处南山，全资包谷为食。上年因秋雨连旬，收成歉薄"，遂命对兴安府属7个县（厅）、商州并所属5个州县、西安府属之宁陕、孝义两厅、汉中府属之定远、西乡4厅县的灾民，先行赏给1个月口粮，其距城僻远之处，支给折色。对于流浪至留坝、凤县、宝鸡等处的贫民，经查明无依无靠者，也先给1个月口粮，都折合成银子散放，"俾乏食贫民，籍资糊口"③。光绪十六年（1890）五六月间，陕西商州、朝邑等县水灾，小民荡析流离，地方官令各属"开动仓谷先施急赈"；光绪十九年（1893），陕西汉中府南郑县大雨如注，"地方官赶急拨借义仓米粮急赈"。

其二，平粜。平粜是灾害发生后政府以低于市场价格的价钱将粮食出售给灾民，最终达到平抑市场粮价的作用。用于平粜的粮食主要来源于常平仓或者是从其他省份调运来的粮食，出粜的对象是具有一定购买能力的贫户，这样既能保证一部分贫民获得救助，同时政府也

---

①　《清会典事例》卷275《户部·蠲恤》，第4册，中华书局1991年版，第95页。

②　乾隆《西安府志》卷12《食货志》，《中国地方志集成·陕西府县志辑》，第1册，凤凰出版社2007年版，第141—142页。

③　《清会典事例》卷275《户部·蠲恤》，第4册，中华书局1991年版，第141页。

能从中得到一定的收益，被统治者认为是一种"惠而不费"的仁政，因此有清一代多有实行。早在清初顺治十七年（1660），政府即下令常平仓谷要春夏出粜，秋冬籴买还仓。这样既平价生息，也可以便民。康熙三十年（1691），准许各州县倘遇灾荒即以所存仓谷平粜给散。康熙三十一年（1692），康熙皇帝听闻西安米价仍贵，影响了流民还乡，下令从湖广襄阳运米 20 万石，从水路经商州运抵西安，加水脚运费与贸易等杂费之后，在西安平粜。并要求直至"流民悉还本籍、米价平复"之后才停止运米平粜①。雍正四年（1727），朝廷规定"平粜之时，如有奸商势豪居积射利者"，按律治罪；这些州县不严行查禁的，也要有督抚题参，交部议处②，以此来打击奸商的囤积。道光二十六年（1846），西安府、同州府、凤翔府、乾州等各属州县夏秋被旱，时任陕西巡抚林则徐按"存七出三"的惯例开常平仓以平粜，为了防止奸商囤积渔利，林则徐还令地方官将应粜之户注册，"凡应准平粜之贫户，核其大小几口，填给印单一纸，令其凭单买粮"③。道光二十七年（1847），大荔县春间被旱，官府"减价平粜常（平仓）粮六千石"④。光绪三年（1877），永寿县知县张培之倡捐钱"贰万五千有奇"，又奉令将历年省下的余款，买麦子 3000 石归仓存储，禀准后"以半平粜"，其余的尽数散放⑤。

　　其三，施粥。开办粥厂是古代政府救济饥民的一项重要措施，也是灾害发生时最为便利、可行的救助灾民方式。清代，陕西每年于十一月初一起在省城西安设立粥厂，这已经形成惯例，主要是帮助贫民度过饥寒。在灾害发生时，设立粥厂更成为政府救灾的一项重要措

　　① 《清会典事例》卷 275《户部·蠲恤》，第 4 册，中华书局 1991 年版，第 183 页。

　　② 同上书，第 162 页。

　　③ 民国《续修陕西通志稿》卷 127《荒政一》，《中国西北文献丛书》，第 1 辑第 9 卷，兰州古籍出版社 1990 年版，第 149 页。

　　④ 道光《大荔县志》卷 7《田赋志》，《中国地方志集成·陕西府县志辑》，第 20 册，凤凰出版社 2007 年版，第 80 页。

　　⑤ 光绪《永寿县志》卷 10《述异》，《中国地方志集成·陕西府县志辑》，第 11 册，凤凰出版社 2007 年版，第 203 页。

施，"其稠堪任箸。每人日可升许，有差池则问诸执炊者"①。同治五年（1866），陕西夏雨愆期，汉南各属尤为亢旱严重，巡抚刘容颁布《抚赈章程》，令各属"酌择宽敞之处，编木作栅，设立逾出两门……按照贫民册簿先行分别，男女编成字号……按次给粥"。光绪三年（1877），陕西全省亢旱，于省城中设粥厂7处，就食者3万余人②；大荔县于县城开办男女两个粥厂，就食者逾万人③；韩城县于九月在城内设两粥厂，至十一月撤④。光绪二十六年（1900），慈禧太后和光绪皇帝驻跸西安，懿旨命陕西巡抚岑春煊不仅按照往年惯例在西安城内设立粥厂，并且命其"在城外多设分厂，动用仓粮"⑤，设置时间也提早到十月初一。据统计，西安城郊共设有32所粥厂。此外，各属州县亦于县城中多设有粥厂，于右任先生曾记述自己在庚子大旱中受命于三原县西关设置粥厂，"至第二年麦子将熟时，以余粮分给灾民，厂事因之结束"⑥。

粮食赈济是灾后最重要的救灾措施，其目的在于救灾民之命，帮助灾民走出饥荒、恢复生产。粮食赈济是否切实有效，直接关系到政府赈灾是否有效。通过散给、平粜、施粥等措施，使得灾民可以全活于一时。但是，正如邓拓先生所言："细检历代赈济之具体事实，觉其实际效果，殊不如表面文字所述之完善。其弊病之多，有时且非笔墨所可尽。所谓赈济之表面效果，往往即为一二隐存之恶因所完全淹没！更其甚者，虽则一部分之表面效果，亦竟不可得。"⑦ 以平粜和

　　① 光绪《大荔县续志·足征录》卷1《事征》，《中国地方志集成·陕西府县志辑》，第20册，凤凰出版社2007年版，第379页。
　　② 民国《续修陕西通志稿》卷127《荒政一》，《中国西北文献丛书》，第1辑第9卷，兰州古籍出版社1990年版，第153页。
　　③ 同上书，第156页。
　　④ 民国《韩城县志》卷3《救荒》，《中国地方志集成·陕西府县志辑》，第27册，凤凰出版社2007年版，第308页。
　　⑤ 《清实录·德宗实录》，中华书局1987年版，第217页。
　　⑥ 钟明善：《长安学丛书·于右任卷》，三秦出版社2011年版，第78页。
　　⑦ 邓拓：《中国救荒史》，转引自陈高庸等编《中国历代天灾人祸表》，北京图书馆出版社2007年版，第2091页。

施粥为例论之：平粜之法是将常平仓等仓储粮以低于市场价卖给灾民，这就有个前提条件，即仓内必先储有足够的粮谷，但是如前文所述，作为主要平粜仓储的常平仓在晚清时期已经衰落，不能充分发挥其作用，唯义仓经官府积极劝捐尚有存粮，但因其民间性质，储粮数量不足以大规模平粜；同时，采取平粜的政策，灾民买粮仍需要付钱，但问题是灾后多数灾民往往一贫如洗，即使官府减价平粜，灾民亦无力购买，所以这一优惠政策对极贫之民来说根本没有任何作用。另外，即使是灾后尚有余力的灾民，也不一定能够买到平粜之粮。由于官府对仓谷不能及时出陈易新，而且本地仓储亏空不足，导致平粜之"粟杂红朽，兼以外粟不至，本市之粟不能给，所管之乡，彼且匿粟不出，贫民持钱入市，守候终朝而不得升斗之粟"①。这就使得平粜之策形同虚设。施粥之法，古已有之，可以使贫民得以苟延旦夕。政府虽然有严格的制度规定，但是若办赈之人不法其法，则其害亦不可胜言。如灾后设立粥厂的地点、分粥的方式不合理，就会给偏远乡村灾民带来路途遥远等不便，一些灾民跋山涉水赶几十里的路，夜晚露宿粥厂附近，就为了明朝分得一碗薄粥。散粥时间又迟早不同，天气亦寒暑有别，最终导致粥厂之设"不能救饥反以速死"，"更可怜者男女分厂，各不相顾，无识妇女遭逢浪子，既丧名节又致拐逃遗……是因一年之歉转遗终身之憾，此粥厂虽有救人之名，而先有害人之实者也"②。如光绪三年（1877）大旱时，醴泉县于城隍庙内设置粥厂，"每日妇女老稚争先恐后，拥挤毙命日必数十"③。由此可见，虽然清廷对平粜、施粥等法有严格的规定，但是实际执行效果的好坏与地方官员以及胥吏有很大的关系，不能仅依表面文字而论。

---

① 民国《续修陕西通志稿》卷127《荒政一》，《中国西北文献丛书》，第1辑第9卷，兰州古籍出版社1990年版，第151页。

② 光绪《沔县志》卷4《艺文志》，《中国地方志集成·陕西府县志辑》，第52册，凤凰出版社2007年版，第330—331页。

③ 民国《续修醴泉县志稿》卷14《杂记志·祥异》，《中国地方志集成·陕西府县志辑》，第10册，凤凰出版社2007年版，第402页。

2. 养恤措施

灾害的降临，使得正常的生产生活不能有序进行，社会出现严重混乱。除了保证灾民基本的生存以外，官府还需要采取各种措施安抚灾民情绪，以防造成大范围的社会动荡。这主要有以下几个方面。

其一，安辑流民，资送还乡。大的自然灾害发生后，百姓流离失所，经常出现大量的流民。如果对这些流民安置不当，就会造成社会动荡，甚至对封建国家的统治造成威胁，故政府在灾后往往极为重视对流民的安置。如康熙三十、三十一年（1691、1692），大量陕西灾民流离至湖广襄阳一带，当地政府登记安置了大约1万人[1]；道光二十六年（1846），关中大旱，为避免饿殍在途，官府于省城西安收养三四千人，并饬令各属地方一体酌办[2]；同治五年（1866），陕西夏雨愆期，"各地方逃难妇女所在彼离，或因离家较远举目无亲，或系全家离亡孤身无靠，狼狈艰难"。巡抚刘蓉于《抚赈章程》中饬令地方官府对这些流亡妇女"择一僻静处所暂安置，日给米粮，使不至于困饿，俟其亲属领回，或就本乡择嫁"[3]；华州设男女栖流所各一处，"赈外来流民，日放粥一次，散棉衣"，并且在赈灾结束后将"流民给资遣归"[4]；光绪初大旱，大荔县对老羸男妇无保可归者及外属流民"在东关设厂给粥，领粥者三千人"，光绪四年（1878）七月停赈后，"仍择无业者日给饼食，资遣外来流民"[5]。

留养灾民是为了让他们暂时渡过难关，然终非长久之计。为保证春耕生产，次年开春以后，要让收养的灾民返回原籍。在资送制未实行之前，一般是流民自行返乡，但流民离家远近不同，更兼老弱不

---

① ［法］魏丕信：《18世纪中国的官僚制度与荒政》，徐建青译，江苏人民出版社2003年版，第36页。

② 民国《续修陕西通志稿》卷127《荒政一》，《中国西北文献丛书》，第1辑第9卷，兰州古籍出版社1990年版，第150页。

③ 同上书，第152页。

④ 同上书，第154页。

⑤ 光绪《大荔县续志·足征录》卷1《事征》，《中国地方志集成·陕西府县志辑》，第20册，凤凰出版社2007年版，第380页。

同，路远者往往无力返乡而至盘桓。在这种情况下，官府实施资送制度，官府发给盘费，老弱由政府出资雇车，并派遣官员护送，地方官逐程出具收结，直至流民返回原籍。中途病者，令地方官留养医治，病愈再行转送①。康熙三十年（1691），陕西流民滞留襄阳一带，在派员往西安运米赈灾的同时，谕令官员护送流民还籍。至于资送路费，乾隆以前，一般是每口每程给银6分；乾隆初年，每口改为每日给制钱20文，小口减半。但是，实际上各省并未统一照办，均是自行酌量办理。后来发生过一些流民屡次冒领路费的情况，所以乾隆十三年（1748）废止了资送制度。朝廷虽然明令废止了资送制度，但是尚有一些地方官员继续施行。如光绪初年，河南、陕西等省灾民流转安徽，地方官王懋勋"留养资遣，全活无算"②。

其二，掩埋尸骸。陕西省为千年帝都所在，受王族陵寝制度的影响，民风皆重丧葬之礼，视死如生。若在正常年份，即使贫寒之家亲人亡故，必也收尸埋葬。但是遭遇天灾，生者尚朝不保夕，对死者也就少了关照，人死之后往往任其弃之荒野，或露骨道途。这种情况极易导致瘟疫的流行，对救灾极为不利，于死者也是极大的不敬，故官府只能设法替民收拾尸骸、埋葬亡者。如光绪"丁戊奇荒"时，大荔县"街巷死尸枕藉，惨不忍见"，赈局雇人掩埋，于南北城外各设义冢一处③；华州"流亡益多，人相食，或取山中石面食之，卒胀而死，城西买义地二区葬之几满，复差勇分途赴乡葬埋尸骸"④；蒲城县对孤寡及无力埋葬者，由官府"备购苇席，发交各属，就村掩埋"⑤。

其三，收养婴孩。大的自然灾害发生后，往往造成饿殍载途的悲

① 朱凤祥：《中国灾害通史·清代卷》，郑州大学出版社2009年版，第310页。

② 赵尔巽：《清史稿》卷479《李炳涛传》，中华书局1977年版，第13079页。

③ 光绪《大荔县续志·足征录》卷1《事征》，《中国地方志集成·陕西府县志辑》，第20册，凤凰出版社2007年版，第379页。

④ 民国《续修陕西通志稿》卷127《荒政一》，《中国西北文献丛书》，第1辑第9卷，兰州古籍出版社1990年版，第154页。

⑤ 同上书，第156页。

惨境况，而最可怜者往往是婴孩，有些是父母亲人或死或亡，有些则是被父母所遗弃。婴孩若无人照料，则必死无疑，故官府不得不采取措施收养这些小生命。以光绪三年（1877）陕西遭遇的"丁戊奇荒"为例，各县多设有收养婴孩的机构，韩城县"于县内城隍庙内设慈幼堂，收养婴孩五百七十余名，日给面五两；贫妇六十名，经管小儿女饮食，日给面六两"①；大荔县于县内设慈幼堂，收养婴孩约500名，每月需粮谷合京斗麦 15 石 1 斗 5 升②；乾县在县内设恤幼局，收养因饥荒而被遗弃的小儿③；光绪三年（1877），华州赈灾结束后，"悯弃儿无依，付收养家，诫男毋作仆、女毋作婢，每婴给衣屦钱六百文，其无主者九十余名，日给以饵，展至秋杪乃止"④。

其四，祛疫除害。自然灾害往往会引发各种次生灾害，如水灾易导致瘟疫肆虐，旱灾则易导致蝗灾、狼患、鼠患等。这些次生灾害使灾害本身的破坏性加重或延续，造成的人口损失甚至不亚于灾害本身，故而祛疫除害往往成为临灾的一项重要救济措施。如道光七年（1827），"秋，飞蝗蔽天"，陕西巡抚曾望颜"督各属扑除，以捕蝗多少为殿最"⑤。光绪"丁戊奇荒"后，由于环境恶化和大量死尸不能及时收治，造成细菌滋生，导致了严重的疫情，大荔县官府饬令地方"捐设茶厂五所，煮药以饮行人"⑥；光绪四年（1878），大荔县郊野多狼患，常噬人，"悬赏捕之，虽所获不少，终未能尽"⑦，但是毕

---

① 民国《韩城县志》卷 3《救荒》，《中国地方志集成·陕西府县志辑》，第 27 册，凤凰出版社 2007 年版，第 308 页。

② 民国《续修陕西通志稿》卷 127《荒政一》，《中国西北文献丛书》，第 1 辑第 9 卷，兰州古籍出版社 1990 年版，第 157 页。

③ 民国《乾县新志》卷 8《事类志》，《中国地方志集成·陕西府县志辑》，第 11 册，凤凰出版社 2007 年版，第 101 页。

④ 民国《续修陕西通志稿》卷 127《荒政一》，《中国西北文献丛书》，第 1 辑第 9 卷，兰州古籍出版社 1990 年版，第 154 页。

⑤ 民国《咸宁长安两县续志》卷 6《田赋考》，《中国地方志集成·陕西府县志辑》，第 3 册，凤凰出版社 2007 年版，第 389 页。

⑥ 光绪《大荔县续志·足征录》卷 1《事征》，《中国地方志集成·陕西府县志辑》，第 20 册，凤凰出版社 2007 年版，第 379 页。

⑦ 同上书，第 380 页。

竟缓解了狼对人民的危害，也算是一项重要的济民举措。

养恤政策针对的主要是没有生存和自救能力的灾民，使他们有了暂时安顿的地方，是一项被统治者标榜为"仁政"的赈济措施，缓和了统治阶层和被统治阶级之间的矛盾，具有人道主义的意义。但是对于各种形式的抚恤措施，邓拓先生曾有较为中肯的评说："养恤之政策，范围过于狭小，办法过于消极，而施行多限于一部分，恩惠未能遍及于灾黎。有时因执行机关人员之舞弊及制度本身之缺点，收效常极微小。"① 而且各栖流所、慈幼局等，皆需要依赖政府的钱、粮补给，遇到灾荒之年，各属府库空虚，这些恤民政策往往很难起到实际的成效，如"丁戊奇荒"时，醴泉县饿殍载道，"饿死者山积治城东门外，掘两坑埋之，俗号'万人坑'，始犹以席卷之，继一席卷两人，终至无席"②。由此可见，养恤之法只能视作赈济之外的一种辅助性措施，并不能从根本上解决灾民遇到的困难，其作用不宜过高估计。

3. 以工代赈

工赈之法，古已有之，即官府于灾害发生后，招募灾民修筑各种公共工程项目，或者派民前往运送赈灾物资等，由官府日给一定的钱粮。此法一方面可以使灾民得到切实有效的救济，另一方面对于日后灾区恢复生产、防灾御灾都有积极的作用，还能避免政府粮食赈济和安抚措施中种种侵渔、欺诈情况的发生。如康熙三十、三十一年（1691、1692），陕西灾民流离湖广襄阳、郧阳府一带，政府要从湖广调运粮食来陕西，就招募灾民运输粮食，"米每五斗盛以布囊"，日行五六十里，政府沿途设站验收，"每五斗运一站给银五分"③，支给灾民银粮，并借此送灾民返乡。到清代后期，随着国外现代救灾理

---

① 邓拓：《中国救荒史》，转引自陈高傭主编《中国历代天灾人祸表》，北京图书馆出版社 2007 年版，第 2129 页。

② 民国《续修醴泉县志稿》卷 14《杂记志·祥异》，《中国地方志集成·陕西府县志辑》，第 10 册，凤凰出版社 2007 年版，第 402 页。

③ 乾隆《西安府志》卷 14《食货志中》，《中国地方志集成·陕西府县志辑》，第 1 册，凤凰出版社 2007 年版，第 170 页。

念的深入和政府财政救灾能力的降低，这一赈灾方法遂被经常运用。如光绪初年，陕西遭遇"丁戊奇荒"，蒲城县官府于十二月"遣壮丁赴南山自荆紫关分程滚运南米，为以工代赈之计"①；麟游县知县侯恩济以工赈之法，招募灾民补葺城东南角奎星楼，使其"卑薄益加坚厚，人颇善之"②；华州官府令"凡境内积余公顷、备修庙祠、城河者，劝令即日兴工，借养丁壮"③。

相较于其他的赈济措施，以工代赈之法具有现代性的意义，是一种"改善生产条件的长期性措施"④，因而也就成为救灾的治本性措施。黄泽苍对此曾有很高的评价："赈灾之法，莫善于工赈，召集壮丁之被灾者，授以工作，记工授食，老弱之父母，无力之妇孺，亦可间接得食。如此办理，不从事于工作者，无以度日，非真贫者不能授赈，冒名欺诈之事，即可杜绝；而不良之徒，向以乞丐为生者，亦不能分润毫末。"⑤ 但是在具体的操作过程中，此法也不是没有问题。以官府派民自行前往赈局领米一法而论，晚清时期陕西本省仓储空虚，故临灾多依靠南米，而南米一般由水运只能到紫荆关、老河口等，陆运只能到潼关或河南汝州。陕西省内交通不便，临灾时政府力量亦有限，故往往派民自行前往领运。光绪初年"丁戊奇荒"，清廷拨给南米赈济陕西。光绪三年（1877）十一月，南米运至紫荆关等处，省府令拨归各州县者自行领运，时值严冬，"天极寒，民多冻死"；光绪四年（1878），南米运至汝州，陕西巡抚谭钟麟令同州各属照民价雇车往运，三月，同州十属派绅率大车一百四十余辆、小车一千余辆赴汝州领运南粮，由于路途遥远，"人畜多死半途，计值不

---

① 光绪《蒲城县新志》卷3《经政志》，《中国地方志集成·陕西府县志辑》，第26册，凤凰出版社2007年版，第309页。

② 光绪《麟游县新志草》卷2《中国地方志集成·陕西府县志辑》，第34册，凤凰出版社2007年版，第222页。

③ 光绪《三续华州志》卷4《省鉴志》，《中国地方志集成·陕西府县志辑》，第23册，凤凰出版社2007年版，第380页。

④ 魏丕信：《18世纪中国的官僚制度与救荒措施》，江苏人民出版社2003年版，第213页。

⑤ 黄泽苍：《中国天灾问题》，上海商务印书馆1935年版，第87页。

敷所费"①。由此可见，在具体的实施过程中，由于缺乏相应的保障措施，以工代赈之法往往不能达到良好的救灾效果。

三　灾后补救措施

灾后补救措施与灾前备荒措施、临灾赈济措施相辅相成，三者共同构成完整的古代官方救灾体系，是荒政不可或缺的一个方面。灾前预防措施是防患于未然，临灾赈济措施是给予灾民物质的赈济，解决灾民一时的生存问题，灾后补救措施则是帮助灾民在灾后休养生息、恢复生产，使灾民彻底走出灾害的影响，过上正常的生活，并且以此来维护封建国家的长治久安。自然灾害，尤其是时间长、范围广的水旱灾害，其影响往往持续时间很长，这就需要政府在灾后采取相应的补救措施，如蠲缓税赋、借贷耕牛和籽种、厉行节约等，以保证灾民在灾后能够尽快恢复正常的生活与生产。

（一）蠲与缓②

蠲与缓指的是蠲免和停缓，蠲包括蠲赋、免役两项，停缓则包括停征和缓征。实际上，蠲与缓作为政府灾后屡次实行的政策，在应对自然灾害方面具有相当丰富的内容。

"蠲"，文献中又称"豁免"、"蠲免"，内容主要有：上（下）忙额赋、地丁、本色粮石等。蠲免还可以作为缓征的补救性措施，即缓征实行后灾民仍然无法完成时，可以实行蠲免。清代因灾蠲免始于顺治二年（1645），这一年免收直隶霸州等地水灾额赋。蠲免初无定制，到顺治十年（1653）时才规定根据被灾分数酌情减免："被灾八分至十分，免十分之三；五分至七分，免二；四分免一。"康熙十七年（1678），因政府开支巨大，取消了四、五分灾情的蠲免③。以后各朝多有变动。

灾蠲有免当年应征钱粮的，也有免历年积欠钱粮的，亦可以是没

---

① 光绪《三续华州志》卷4《省鉴志》，《中国地方志集成·陕西府县志辑》，第23册，凤凰出版社2007年版，第328页。

② 本部分所有未注明出处之史料均来自：民国《续修陕西通志稿》卷128《荒政二》，《中国西北文献丛书》，第1辑第9卷，兰州古籍出版社1990年版。

③ 赵尔巽：《清史稿》卷121《食货志二》，中华书局1976年版，第3552页。

有具体规定年限的免除。如康熙三十年（1691）十一月，"以旱灾免陕西渭南等二十一州县本年额赋有差"①，并且"将陕西西安、凤翔等被灾地方之明年额征银米通行蠲免，川陕总督等购米赈济"②。康熙三十一年（1692）十月初四，谕免陕西巡抚所属府州县卫所的康熙三十二年地丁银米，并且从前所有未完钱粮也尽行蠲免；康熙三十四年（1695）又诏免陕西康熙三十三年以前积欠及带征未完的钱粮③。雍正元年（1722），因康熙五十九、六十两年陕西省受灾，为了稍缓民力，"所有康熙六十年以前陕西省除借给籽种，着该督抚查议分年带征外，其余凡有民屯卫所未完银米豆草，悉予蠲免"④。大灾之后还有蠲免地丁银的优抚政策。如康熙五十九年（1720）十月十七日，上谕"将陕甘通省各州县卫所，除应征米豆草束外，康熙六十年应征地丁银一百八十八万三千七百四十两零，通行蠲免"⑤。雍正七年（1729），因陕西六、七月间亢旱，除"蠲免直隶、陕西本年额征银各四十万两"外，又蠲免了"直隶、陕西、山西、山东、安徽明年地丁钱粮各四十万两"⑥。有清一代，灾后蠲免赋税的事例不胜枚举，一般来说，大的灾害发生后，朝廷基本上都有相应的蠲免政策以纾民力。

　　"缓"的内容主要有：上（下）忙额赋、兵粮、贷款、出仓易谷、积欠钱粮等项。按照"缓"的时间长短不同，可分作"缓征"、"展缓"、"蠲缓"等。"缓征"一般是指对当年应征收之钱粮延缓征收。如道光十八年（1838），缓征被灾的华、葭、朝邑、大荔、吴堡、临潼、绥德等 11 州县及潼关厅的新旧额赋；道光二十六年（1846），陕西西

---

　　①　章开沅：《清通鉴》，第 1 册，岳麓书社 2000 年版，第 975 页。

　　②　同上。

　　③　光绪《临潼县志》卷 8《德音》，《中国地方志集成·陕西府县志辑》，第 15 册，凤凰出版社 2007 年版，第 464 页。

　　④　乾隆《西安府志》卷 12《食货志》，《中国地方志集成·陕西府县志辑》，第 1 册，凤凰出版社 2007 年版，第 142 页。

　　⑤　同上。

　　⑥　章开沅：《清通鉴》，第 2 册，岳麓书社 2000 年版，第 127 页。

安、同州、凤翔、乾州等府属本年夏秋被旱，陕西巡抚林则徐奏请将上述州县应纳米粮仓谷分别缓征，获得朝廷的恩准；道光二十五年（1845）十二月，缓征陕西榆林、府谷 2 县贷款；咸丰七年（1857）十一月，缓征陕西米脂县被旱地方出借的仓谷；光绪三年（1877）六月，陕西巡抚谭钟麟奏请缓征蒲城县上忙额赋获准。

"展缓"一般是缓征积欠的钱粮，具有较大的灵活性，可以是不规定年限的暂时性展缓，也可以是明确规定展缓的时间，如"道光二十八年五月展缓陕西华州等 15 州县积欠米石"就没有规定展缓时间。规定展缓的时间，但是时间长短则不一。如同治三年（1864），上谕"所有盩厔、凤翔、汧阳、陇州、麟游等五州县……本年上忙钱粮缓至秋后征收"，仅缓几个月的时间；光绪元年（1875）三月，上谕"鄠县、醴泉……等十四州县民欠同治十二年地丁正耗银两，著缓至光绪元年麦后带征。……鄠县、高陵、泾阳、醴泉、华州、蒲城、乾州、武功等八州县民欠同治十二年道仓本色粮石，展至光绪元年麦后带征"，缓了两年时间。

"蠲缓"的对象可以是本年的，如宣统元年（1909）十二月，蠲缓陕西咸阳等 11 州县本年夏秋被雹被水未完钱粮草束；也可以是"蠲缓"多年的旧有积欠钱粮，如同治九年（1870）十月，蠲缓陕西吴堡县被旱旧欠钱粮。"蠲缓"字面上有蠲免、缓征两方面的意思，但是在实际的实施中，一般只具备其中一个意思。如宣统元年（1909）十二月，陕西巡抚恩寿奏请"将咸阳等十一州县受灾地亩各未完钱粮草束分别蠲缓，留抵带征"。这里所言"蠲缓"指的就是将本年钱粮留抵带征，即放到灾后几年内征收。

蠲与缓的本意都是朝廷为了灾后"纾民困"而采取的措施，但是蠲会导致国家财政收入的大量减少，缓会使朝廷应征钱粮不能及时到位，这两者都是朝廷所不愿意看到的，尤其是蠲免，只有当国家财力充沛时才能保证实施。邓拓先生曾指出："清每以蠲免为沛恩之具。"[1] 实

---

① 邓拓：《中国救荒史》，转引自陈高庸等编《中国历代天灾人祸表》，北京图书馆出版社 2007 年版，第 2168 页。

际上，这是就整个清代而言的，尤其是康雍乾三朝。到清代后期，应该说蠲与缓同时被朝廷视作施恩的工具，而且朝廷总是尽量避免使用蠲而多用缓的政策。一方面，就蠲与缓实行的次数而言，据《续修陕西通志稿·荒政》记载，晚清71年间，清廷对陕西蠲13次（见表4－1），缓则49次。说明晚清时期进入了以"缓"为主的时期，国家财力的拮据，使朝廷不得不放弃过多使用"蠲免"，而频繁使用"缓征"、"展缓"、"带征"等策略。另一方面，就晚清历朝皇帝实行"蠲"的情况而言，道光、咸丰两朝一次都没有，同治、光绪两朝则多次使用。从表面上看起来似乎与晚清国力发展趋势相悖，实际上则不然。同治朝回民起义，陕西各属多遭兵灾，因而朝廷数次谕令蠲免被扰之州县税赋；光绪朝则数遭巨灾，光绪初年的"丁戊奇荒"、庚子年间的大旱皆是旷世奇灾，陕西赤地千里、饿殍遍野，这就迫使朝廷不得不实行蠲的政策，因为朝廷清楚，即使实行缓征，民间还是无力完成。这也正是同治、光绪两朝多次实行蠲政的原因所在。

表4－1　　　　　　　　晚清（1840—1911）陕西蠲免情况表

时间	蠲免情况
同治二年（1863）十二月	豁免陕西华州等25州县被贼滋扰新旧额赋并孝义厅等6厅州县上年、本年道仓粮石。
同治三年（1864）十一月	谕陕西盩厔等州县自同治元年以来被贼蹂躏……著照所请，所有盩厔……等5州县应征同治元年、二年民欠地丁钱粮及道仓本色粮石折征银两著概行豁免；次重之宝鸡、岐山、扶风、郿县民欠同治元年、二年地丁钱粮及道仓本色粮石折征银两均著概行豁免；以上州县所有民欠咸丰十年、十一年旧赋及同治元年、二年杂税常粮等项凡系征自民间者均著一律豁免。
同治九年（1870）十二月	豁免陕西绥德等19州县被雹被旱被扰旧欠钱粮。
同治十年（1871）十二月	蠲免陕西陇州等37州县被灾被扰积欠额赋。
同治十二年（1872）二月	蠲免陕西郿州等12州县被扰旧欠额赋。
光绪元年（1875）三月	（上谕）所有咸宁等31州县民欠同治十二年地丁课程正耗银两本色粮草著全行豁免；同治十三年原请缓征十一年地丁、正耗、本色粮石之兴平……等11州县未完民欠著概行豁免；咸宁……等7县内除咸、长2县粳米一色系属水田毋庸议，此外民欠同治十二年道仓本色粮石著全行豁免；同治十三年原请缓征十一年道仓本色粮食之兴平……等5州县均未全数征完者著一并豁免。

续表

时间	蠲免情况
光绪四年（1878）六月	上谕陕西省被旱成灾各厅州县所有应征之光绪元、二、三等年民欠地丁及道仓本色粮食悉予蠲免。
光绪十年（1884）四月	（上谕）陕西前被兵灾旱荒……著照所请所有陇州等53厅州县民欠光绪八年未完地丁正耗银两本色粮及一应农民输官各款一并蠲免；又谕襄城长林镇地方濒临乌龙、汉水两江……所有襄城县属杨寨禾子寨周寨汤寨四处折征正银……丁条银……耗羡银……盐课银……著自光绪十年为始免其完纳，一俟地堪耕种照旧升科。
光绪十二年（1886）八月	上谕前因鹿传霖奏陕西咸宁等厅州县田地半多荒芜，元气至今未复……所有光绪十年分民欠地丁正耗更名糯价存留俸工驿站夫马各官闰俸陵租房壕马厂地租茶铁磨课等项……又未完起存本色粮食……又未完荒田本色粮草……一律蠲免。
光绪二十年（1894）九月	上谕……所有应征咸宁等62厅州县民欠地丁正耗更名糯价存留俸工驿站夫马陵租房药昧房壕马厂地租盐茶各课及道仓应征民屯田本色粮石等项共未完银……内荒地未完银……熟地并灾缓未完银……又未完起存本色……内荒地未完粮……熟地并灾缓未完粮……又未完本色共草……内荒地未完草……熟地并灾缓未完草……著一并蠲免。
光绪二十六（1900）年九月	上谕……所有潼关、华阴、华州、渭南、临潼5厅州县跸路经过地方本年应征钱粮加恩著均蠲免。
光绪二十六年（1900）十一月	谕……所有长安县属钱粮著一律蠲免各分之五，余照所议办理。
光绪三十三年（1907）	蠲免陕西榆林府属应纳广有仓积欠粮草。

（二）借贷耕牛和籽种

自然灾害的发生不仅给农业造成严重的危害，对人们生产和生活的其他物资也会有不同程度的影响，因此除了赈给灾民粮谷之外，在被灾的特殊时期，政府还会视灾情给灾民在生产资料和生活资料方面予以借贷扶助，解决了灾民迫切希望恢复生产的难题。借贷一般规定秋后缴还，如果是丰年要加息，灾年减息或者免息。借贷主要是针对"那些受灾后尚能维持生计，但又无力进行再生产的灾民。主要是那些被灾不足五分以及蠲赈后仍然生计困难的民户。这类对象数量并不在少数，因为大的灾害并不时常发生，而一般性的灾害当然是被灾不足五分者占多数"①。所以，借贷在清代灾荒之后的政策中占有相当

---

① 朱凤祥：《中国灾害通史·清代卷》，郑州大学出版社2009年版，第307页。

重要的位置，是荒政的重要内容。

灾害之后，籽种价格随之上涨，农民买不起种子，来年自然就没有收成，因此官府往往通过借贷的方式赈济农民以籽种。如康熙六十年（1721），拨解户部库银20万两，贷给陕西、甘肃的灾民；道光三年（1823）正月，贷给陕西留坝等11厅州县受雹灾水灾的灾民籽种粮石①；道光二十四年（1844），葭州、府谷等5州县被水，政府贷给灾民以籽种②；光绪"丁戊奇荒"以同州府为重，官府于光绪三至五年借给籽种于灾民③。

耕牛是农业社会重要的生产资料，灾害发生后，政府以收养耕牛的方式帮助灾民恢复生产的事例时有发生。如道光二十六年（1846）关中受旱，"民不能耕，争杀牛以食"，巡抚林则徐令"官为收牛，价其值"，并劝当地富民赎买贫民的耕牛，官府则予以一定利息④；光绪三年（1877）陕西大旱时，人民多宰牛以充饥，为了保证灾后农业生产，华州官府设牛厂收养耕牛，"是年冬寒甚，收养耕牛大半冻死，余悉归其主"⑤。而且，借贷籽种和耕牛两个措施经常并举。如康熙四十九年至五十一年（1710—1712），蒲城县"荒、旱相继"，政府借给灾民牛和籽种，"共领银三万两千两有奇"⑥。光绪十九年（1893）醴泉全境被旱，于秋终于天降小雨，官府给灾民"赁牛而耕，贷籽而播"⑦。

---

① 赵尔巽：《清史稿》卷17《宣宗本纪一》，中华书局1976年版，第628页。

② 民国《续修陕西通志稿》卷127《荒政一》，《中国西北文献丛书》，第1辑第9卷，兰州古籍出版社1990年版，第149页。

③ 光绪《同州府续志》卷首《皇恩纪》，《中国地方志集成·陕西府县志辑》，第19册，凤凰出版社2007年版，第336页。

④ 民国《续修陕西通志稿》卷127《荒政一》，《中国西北文献丛书》，第1辑第9卷，兰州古籍出版社1990年版，第150页。

⑤ 光绪《三续华州志》卷4《省鉴志》，《中国地方志集成·陕西府县志辑》，第23册，凤凰出版社2007年版，第380页。

⑥ 光绪《蒲城县新志》卷首《皇恩记》，《中国地方志集成·陕西府县志辑》，第26册，凤凰出版社2007年版，第281页。

⑦ 民国《续修陕西通志稿》卷127《荒政一》，《中国西北文献丛书》，第1辑第9卷，兰州古籍出版社1990年版，第157页。

除借贷耕牛和籽种外，对于灾害造成的房屋损毁，政府为了安置灾民，还会给予一定的修房费用。如咸丰二年（1852）兴安府水灾，造成大量房屋冲毁，因此政府除赈给灾民口粮外，还发给一定的修房费①。这些物资的发放，不仅给予了灾民物质上的帮扶，而且使灾民精神得到鼓励，对帮助灾民恢复生产、重建家园起到了积极的作用。

（三）厉行节约

灾害发生后，由于各种社会物资短缺，饥民乏食，故节约省食成为劫后普遍的社会共识，统治者为了标榜自身贤德爱民之政，往往极力倡导。如北 5 省（包括陕西、山西、山东、直隶、河南）以多开设烧锅酿酒为业，此项消耗民食物极为严重，故光绪"丁戊奇荒"时，御史胡聘之上奏朝廷，请下旨饬令"地方官查明境内所设烧锅，一律禁止"②。光绪二十六年（1900），陕西大旱，时值两宫驻跸西安，"陕省现值灾歉，民食为艰"，慈禧太后多次下旨"极从简省"、"爱惜物力，靡念民难"③。政府倡导节约省食，上行下效，在全社会范围内形成一阵节俭风气，这在一定程度上缓和了统治者与人民之间的矛盾，使灾民在精神上受到鼓舞。

然而，相对于其他的赈济措施而言，厉行节约的象征意义终究大于其实际救灾的意义，其出发点是为了维护封建统治，实际上统治阶级尤其是封建帝王，所谓的节约无非是减少膳食、缩减衣物、减少女乐等小事情。光绪二十六年（1900），两宫驻跸西安，慈禧太后和光绪皇帝每日御膳费约 200 余两，每晚太监呈上 100 余种菜单供挑选，但是慈禧太后已经认为是非常的节省了，曾经对陕西巡抚岑春煊说："向来在京膳费，何只数倍！今可谓省用。"④ 由此可见，厉行节约是统治阶级标榜恤民的一种手段，仅仅是相对于他们以往极度的铺张奢

① 民国《续修陕西通志稿》卷 127《荒政一》，《中国西北文献丛书》，第 1 辑第 9 卷，兰州古籍出版社 1990 年版，第 151 页。

② （清）朱寿朋编：《光绪朝东华录》，第 1 册，中华书局 1958 年版，第 518 页。

③ 《清实录·德宗实录》卷 474，光绪二十六年十月壬寅，中华书局 1987 年版，第 225 页。

④ （日）吉田良酖郎译：《西巡回銮始末记》卷 3，清光绪三十二年本，第 125 页。

侈而言的，对于数以百万计灾民的赈济，基本上不起任何作用。

第二节 清代陕西官方的救灾资源调控体系

清代的荒政可谓集古代之大成，但是当时政府的机构组成中并无专门为应灾而设置的机构，户部虽然负有灾后拨付钱粮之职，但并不是专门的应灾常设机构，而且在《清会典》所列 12 项常项支出中，也无专门用于救灾之款项，以致"丁戊奇荒"时由于赈灾经费不足，上谕拨南北洋海防经费项下一二十万两用以备灾[1]，甚至有御史奏请暂停广东、江西等省机器局、船政局工程，分拨该项银钱用以备赈[2]，另外还有朝臣奏请酌借洋款 200 万两以维持时局[3]。虽然最终借洋款赈灾之请未得通过，但是已经可见当时清廷并没有足够的能力赈灾。这是否说清代官方的荒政没有相应的财政支持呢？当然不是，"事实上，《清会典》不载救灾用款，并不因这部分支出不重要，主要原因是这部分支出不固定，无预算，时多时少，波动无常，难以进行每年例行的常估。"[4] 因此，在论述了清朝政府救灾的具体措施之后，有必要对其赈灾物资的配置做进一步的探讨。

赈灾的物资主要是赈粮和赈银两项，有清一代，官方荒政中这两项的来源主要依靠中央拨给、邻谷协济和赈捐等。

一 中央拨给

在中国封建社会，中央高度集权，国家掌握着从全国各地征收上来的钱粮，因而地方一遇灾歉，往往需要中央拨给钱粮用于赈灾。清代陕西灾害频发，中央拨给仍然是灾后陕西地方救灾钱、粮最主要的来源，主要包括以下几个方面。

---

[1] 国家图书馆文献缩微复制中心编：《清代孤本内阁六部档案》第 38 册《筹办各省荒政案》，2005 年，第 18478 页。

[2] 同上书，第 18488 页。

[3] 同上书，第 18555 页。

[4] 李向军：《清代救灾的制度建设与社会效果》，《历史研究》1995 年第 5 期。

（一）国库直接拨给

国库直接拨给的一般为赈银。清代地方各种苛捐杂税项目繁多，最终地方所搜刮之钱银皆归入中央政府的国库，故灾害发生后一般需要政府从国库中调拨一定的钱银给地方政府赈灾。如康熙五十九年（1720），"动户部库银五十万两，兰州二十万两，西安、延安各十五万两，由驿运送散赈"①；康熙六十年（1721），拨解户部库银20万两贷给陕西、甘肃用于救济灾民；光绪三年（1877），陕西巡抚谭钟麟上奏陕西旱情，上谕："著户部即行拨银五万两，解赴陕西赈济，交谭钟麟"②用于救灾；光绪二十六年（1900），陕西亢旱异常，九月两宫驻跸西安，十月十四日慈禧太后颁下懿旨，从长安行在户部拨银40万两，交岑春煊遴派廉干委员并公正绅董，前往灾区散放③；光绪二十七年（1901）七月，两宫议准八月节后回銮，念及陕西省虽然得秋雨，然目前穷黎生计艰难，故懿旨："再行特沛恩施，著颁给内帑银十万两，交升允著量散放。"④

（二）截留京饷

清代户部银库的收入，除少部分来源于京师外，绝大部分依靠各省每年解往京城的款项，即"京饷"。京饷的来源，道光以前主要是地丁、盐课、关税、杂赋等，咸丰、同治以后，厘金和洋税（海关税）也被纳入解运的范畴。京饷是清政府的财政支柱。雍正三年（1725），奏准陕西、甘肃、四川、云南、贵州4省"存留本省，不解至京"，其余各省需"春秋二季册报实存银数，除酌量留存本省以备协济邻省军饷并别有所需请拨用外，其余银悉令解部"⑤。由此可

---

① 乾隆《西安府志》卷12《食货志》，《中国地方志集成·陕西府县志辑》，第1册，凤凰出版社2007年版，第141—142页。

② 民国《续修陕西通志稿》卷128《荒政二》，《中国西北文献丛书》，第1辑第9卷，兰州古籍出版社1990年版，第171页。

③ （清）朱寿朋编：《光绪朝东华录》，第4册，中华书局1958年版，第4587页。

④ 同上书，第4689页。

⑤ （清）昆冈等：《钦定大清会典事例》卷169《户部·田赋·部拨京饷》，第2册，中华书局1991年版，第1145页。

见京饷对清政府财政之重要，一般不留为他用。但是，在遇到灾情严重的自然灾害时，朝廷往往令受灾之省不必解银至京城，而留本省做赈灾用，或者截留别省过境之京饷，以备该省赈灾之急用。如康熙三十、三十一年（1691、1692），陕西亢旱，朝廷命施世伦截漕粮运至潼关交割①；光绪二十六年（1900），陕西旱灾严重，朝廷准户部所奏，"将该省（陕西省）应解京饷银二十九万九千余两截留备用"②；并且准许陕西省"如该省（陕西省）无现款可筹，即由各省京饷过境时截留借拨应用"③。

（三）免除厘金

厘金制度始于咸丰三年（1853），之后迅速在全国推广，几乎达到"无处不卡，无货不税"的程度。清代厘金分为两种，一为坐厘，亦名板厘，为交易税，抽收于坐贾；二为行厘，亦名活厘，为通过税，抽于行商。这是晚清国家财政收入的重要部分。但是在遇到严重的自然灾害时，政府为了鼓励官府、商人往灾区运粮，不得不取消这一税项。如光绪三年（1877），晋豫直鲁秦皆大旱，陕西巡抚谭钟麟派员前往别省采买粮谷，并且奏请豁免沿途厘金，清廷降旨准奏，谕令各省无论官买商运，凡米谷过卡之应完税项厘金概行宽免④。地方发生灾害后免除官、商采买赈粮等物资的厘金，间接地增加了赈灾的钱粮，是政府荒政物资来源的一个方面。

（四）奉部捐协

赈灾是国家的一项职能，当户部存银不足以赈灾时，常有各省奉部捐协之举。这种方式从表面上看起来是各省之间的协助，但事实上却是以朝廷户部的名义发出的，因此也视作从中央拨给，只是通过一种中央向地方借钱的方式。如康熙三十年（1691），陕西西安、凤翔

---

① 乾隆《西安府志》卷12《食货志·蠲赈》，《中国地方志集成·陕西府县志辑》，第1册，凤凰出版社2007年版，第141页。

② 《清实录·德宗实录》卷471，中华书局1987年版，第193页。

③ 《清实录·德宗实录》卷470，中华书局1987年版，第179页。

④ （清）朱寿朋编：《光绪朝东华录》，第1册，中华书局1958年版，第482页。

等府大旱，拨发山西省银 20 万两，解赴陕西赈济①。同治六年（1867），陕西兴安、汉中府属因被水灾，户部奏准从山西省拨银 6 万两，四川、湖北各 7 万两，合计 20 万两，用于陕西赈灾，并于同治七年奏准由司局筹款委员赴晋豫等省采买粮食运陕补救②。光绪庚子大旱期间，户部奏准"拨江苏、浙江、湖北、广东、四川等省协济银三十万两"③。广东因欠陕西同治九年协济银 25 万两，清政府令其迅速筹解，但是迫于府库空虚，故于招商局生息之洋银 10 万两内借拨 5 万两解送陕西④。福建省通过源丰润等商号汇钱至汉口，由该商号等倾熔足色纹银兑交转运局，沿途护解至陕西⑤。然而，朝廷的命令在实际执行过程中并不能全部兑现，据陕西巡抚升允的奏报，各省奉部捐协陕西的赈款实际上仅有 25 万两，缺额尚多。

二　邻谷协济

"邻谷协济"是清代荒政的一项重要内容，"凡一隅偏灾，拨邻省仓谷，或采买邻省粮谷，或截留漕粮以济之。"⑥可见，邻谷协济主要有 3 种具体方式。在具体实施中一般可分为两类：一类为省内协济，一类为省际协济。

（一）省内协济

省内协济主要是在省内各属州县灾情不同时，从有余力之州县调拨钱粮给灾情较重、急需钱粮之州县，实现省内各属州县的互相协济。如乾隆十三年（1748），因耀州、长安等 22 州县旱灾，从盩厔县碾谷 4.9 万石，接济受灾州县，不久又借 3 万多石赈济受灾州县的屯

---

①　《清会典事例》卷 271《户部·蠲恤》，第 4 册，中华书局 1991 年版，第 95 页。

②　民国《续修陕西通志稿》卷 127《荒政一》，《中国西北文献丛书》，第 1 辑第 9 卷，兰州古籍出版社 1990 年版，第 152 页。

③　《清实录·德宗实录》，中华书局 1987 年版，第 193 页。

④　国家图书馆文献缩微复制中心编：《清代孤本内阁六部档案》第 38 册《筹办各省荒政案》，光绪四年三月初八两广总督刘坤一文件，2005 年，第 18618—18622 页。

⑤　于进军：《慈禧西逃时漕粮京饷转输史料》，《历史档案》1986 年第 3 期。

⑥　（清）王庆云：《石渠余记》，北京古籍出版社 1985 年版，第 191 页。

更灾民①；光绪初年陕西遭遇"丁戊奇荒"，渭北之郿州、醴泉等州县亢旱尤为严重，郿州令赵嘉肇上禀陕西巡抚赈粮不敷之情形，陕西巡抚谭钟麟拨给郿州"咸阳京斗麦豆一千石，又鄠县京斗麦豆两千石，又咸阳采买项下京斗麦一千石，共四千石"②；醴泉仓粮只存万石，不足以救灾，故而又拨给醴泉县"岐山县麦三千石，郿县麦二千石，嗣后因加赈，五月一日又拨给咸阳麦一千石"③。

（二）省际协济

省际协济主要是在发生全省大范围的普遍灾害时，省内各属州县皆无余力，不得不从外部寻求别省的协助，协助的方式有拨邻省仓谷、采买邻省粮谷、截留漕粮3种形式。

第一，拨邻省仓谷。北方发生灾害，往往从南方粮食充裕的地方采买，但是从南方运粮至陕西路途遥远，时间耽搁较长，难以解决救灾的燃眉之急，因此常用之法是先从周边未受灾或灾情较轻的省份调拨粮食。陕西与湖北、河南、甘肃、四川、内蒙古、山西等省（自治区）接壤，湖北向为鱼米之乡，河南从乾隆十四年（1749）就设有备赈陕西、山西的粮仓，这两省是协济陕西的主要省份。以光绪庚子大旱为例，湖北向陕西拨协济粮1.5万石，河南5000石；此外陕西还向灾情较轻的甘肃借粮8000石（见表6-1）。

第二，采买邻省粮食。农业自然灾害，尤其是水旱蝗灾等对粮食的产量影响极大，经常造成粮食减产甚至绝收。因此，灾害发生后，尤其是持续性的旱灾，往往需粮甚巨，获得的赈银最终也用来采买粮食。光绪"丁戊奇荒"中，陕西巡抚派员到甘肃秦州、宁夏采购豆

---

①　民国《盩厔县志》卷2《建置》，《中国地方志集成·陕西府县志辑》，第9册，凤凰出版社2007年版，第238页。

②　光绪《富平县志稿》卷10《赈蠲》，《中国地方志集成·陕西府县志辑》，第14册，凤凰出版社2007年版，第523页。

③　民国《续修醴泉县志稿》卷14《杂记志·祥异》，《中国地方志集成·陕西府县志辑》，第10册，凤凰出版社2007年版，第402页。

麦，到湖南采办大米，至湖北采购杂粮①。光绪庚子年间，陕西再遭巨灾，清廷命两江总督刘坤一在江、浙等地采买粮食，并水运至陕西。从光绪二十八年（1902）陕西巡抚升允的奏折中可以看出，庚子大旱期间，陕西省及各属州县共从外省采买粮食 101.4 万石（见表 6-1）。由此可见，此次大旱期间，陕西赈粮主要来源于采买，采买地区集中于江、浙等南方粮食高产区。

第三，截留漕粮。漕粮是国家征收的一种实物税。清代的漕粮主要来源于东部产粮较多的山东、河南、江苏、浙江、安徽、江西、湖北、湖南等省份，专供京师皇室、贵族和官兵食用。按规定，漕粮每年征收总额为 400 万石，由各省运解至京师或通州的仓库存放。漕粮属于国家的"天庾正仓"，历代都较少挪作他用。乾隆皇帝曾指出"截漕，出自特恩，原不为例，非可屡邀也"②。但是，在遭受重大自然灾害的时候，赈灾所需的巨额粮食使得国家不得不将漕粮挪用于赈灾。如康熙三十、三十一年（1691、1692）陕西大旱，政府就从黄河运漕粮至潼关交予陕西赈灾③；光绪庚子大旱期间，清廷也曾谕令将江、浙一带的漕粮由湖北汉口运往陕西的老河口、龙驹寨，再通过陆路运至西安设立总局交兑④。

三　赈捐

因赈灾而举行的捐纳或捐输活动称之为赈捐，它是中国历代捐纳制度和救灾制度中的重要组成部分。清代的赈捐制度趋于制度化和系统化。清代中前期，各种捐纳也有开办，不过这一时期"捐纳的开办

---

　　① 光绪《同州府续志》卷 15《文征·续录下》，《中国地方志集成·陕西府县志辑》，第 19 册，凤凰出版社 2007 年版，第 619 页。

　　② 《钦定大清会典》卷 191，中华书局 1991 年版，第 178 页。

　　③ 赵之恒等主编：《大清十朝圣训》卷 39《蠲赈二》，第 1 册，燕山出版社 1998 年版，第 571 页。

　　④ 《清实录·德宗实录》卷 471，中华书局 1987 年版，第 202 页。

显然与财政压力无关，而应是清中央网罗人才和稳定统治的结果"①。但是进入清朝后期，对外巨大的战争赔款压力，对内镇压农民起义的军饷开支，使得清政府的财政常常处于极度空虚的状态。到光绪三年（1877）"丁戊奇荒"时，内库无半年之蓄，"仅存一百万余两，无论此项不敢轻动"②。在这种情况下，开办赈捐就成为遇到大规模的自然灾害时政府不得不采取的无奈之举。

清代赈捐有两种方式。一种是虚衔捐输，即政府对捐纳者授予各项班次花样等虚衔，这是清前期奖励赈捐的主要形式。虚衔捐输几乎年年都有开办，尤其是在遇到灾荒时，对民间捐米捐银之"义绅"，官府都有相应的奖赏，主要是虚衔。如光绪初年陕西遭遇"丁戊奇荒"，由于往各省采买粮食路途遥远，左宗棠上奏清廷："非择绅商之稍有力者劝令捐输不可。"③ 在这种情况下，各地绅商多有慷慨捐输者，如余修凤任定远厅同知，劝谕富绅量力捐输，"赏给各地捐户红绫匾数十道，额曰'急公好义'"④；江西补用道胡光墉捐银3万两解陕西以备赈，经左宗棠保举，清廷赏其穿黄马褂，以示破格优奖⑤。

清代赈捐的另一种方式是实官捐输，即政府对捐纳者不止是予以表面的封典嘉奖等，而是直接授予实官实职，这一赈捐方式始于光绪丁丑年（1877）间的晋灾。庚子年间陕西亢旱，但是此时时局较丁丑、丁戊年间更为艰难，"司库正杂各款仅存银十余万两，不敷旗绿

①　谢俊美：《晚清卖官鬻爵新探——兼论捐纳制度与清朝灭亡》，《华东师范大学学报》2001年第5期。

②　国家图书馆文献缩微复制中心编：《清代孤本内阁六部档案》第38册《筹办各省荒政案》，2005年，第18536页。

③　民国《续修陕西通志稿》卷129《荒政三》，《中国西北文献丛书》，第1辑第9卷，兰州古籍出版社1990年版，第185页。

④　光绪《定远厅志》卷24《五行志·祥异》，《中国地方志集成·陕西府县志辑》，第53册，凤凰出版社2007年版，第201页。

⑤　民国《续修陕西通志稿》卷129《荒政三》，《中国西北文献丛书》，第1辑第9卷，兰州古籍出版社1990年版，第185页。

防练各营两月饷需，赈款更分毫无著"①。护理陕西巡抚端方于八月奏请开办赈捐，九月户部奏请清廷，谕令陕西在江西、安徽、湖南、湖北、福建、广东、四川等省出示晓谕，令诸省绅商量力捐助。另外，为了增强捐输办赈的吸引力，锡良、岑春煊于光绪二十六年（1900）十月上奏清廷，请仿照丁丑年晋省成例开陕省"实官捐输"，其奏如下："此次陕灾较光绪三四两年大概相同，前次陕捐集款至二百数十万两，其时海内殷富，地方储□亦多，现在地方既艰窘异常，而各省亦较前困苦，仅恃赈捐常例，诚不足集巨款救灾黎。……欲援晋省成案，请发实职空白部照。"奏请此次捐输以五品以下实官暨各项班次花样为准，时间从开办之日起一年，饬归省内协赈局妥为开办，并委员分发其他各省广为募捐，所捐款数按照秦六晋四的原则分省用度，称之为"秦晋实官捐输"②。这次有关开办实官捐输的奏请得到了朝廷的批准，发给岑春煊5000张实职空白部照用以本省和跨省的赈捐。此次赈捐"四品以上既准报捐，又开捐银五万两即给予实官之例，其五品以下实官暨各项班次花样划归秦赈均三成覆奖，并推广移奖子弟之例，其招徕较晋捐尤广，事例较晋捐尤宽"③。由于多方采取措施，庚子大旱期间，陕西赈捐"实官及衔封等项捐输竟集款至六七百万之巨，采买赈粮用银五百余万两"④。与"丁戊奇荒"时相比，庚子年间的赈捐成效可谓卓著。

在国家府库空虚、民间仓储虚乏的情况下，赈捐在一定程度上成为赈灾钱粮来源的一个重要渠道，在短时间内为赈灾筹集到了大量资金。但是，"丁戊奇荒"时，陕西省富绅所捐"但能各顾各县，由绅士买粮散赈大约能自顾一邑者不过数处，欲提以为他处采买之费势有

---

① 民国《续修陕西通志稿》卷129《荒政三》，《中国西北文献丛书》，第1辑第9卷，兰州古籍出版社1990年版，第186页。

② （清）朱寿朋编：《光绪朝东华录》，第4册，中华书局1958年版，第4587页。

③ 民国《续修陕西通志稿》卷129《荒政三》，《中国西北文献丛书》，第1辑第9卷，兰州古籍出版社1990年版，第192页。

④ 同上书，第186页。

未能"①，可见成效之微。庚子大旱期间，陕西省虽然开赈捐，"不特值此时艰，捐务久成弩末，亦且缓难济急"②，这正道出了捐赈的不足之处。此外，赈捐，尤其是实官捐输，使封建社会几千年的考试选官制度受到冲击和破坏，只要捐纳一定的钱粮，不仅能得到各项虚衔、封典，还可以得到四品以下（含四品）的实官职位。"自开捐以来，流品混淆，吏治颓堕，上病国家，下耗闾里。"③捐官的士绅一旦为官，往往要想方设法收回捐输成本，从而造成吏治颓废，实无异于饮鸩止渴。这从官员的构成里面也可见一斑：（同治中兴时期）大部分官员的质量下降了，清王朝沿用了前几代皇帝的旧例，不但照常捐卖实授官职，甚至也卖知县职位。巡抚们仅就"军功"也已经在推荐候补人员了。在全国将近1290个县中，有512个县的地方志材料显示，从1850年以后，捐纳的知县大致增加了1倍，其数目相当可观。据何炳棣研究发现，在1871年，七品至四品的地方官中有51.2%是捐的官，而在1840年这个比例仅为29.3%④。朝廷也开始认识到这个问题的严重性，到光绪二十七年（1901）八月，上谕指出："捐纳职官本一时之权宜之政，近来捐输益滥，流弊滋多，人员混淆，仕路冗杂，实为吏治民生之害……嗣后，无论何项事例，均著不准报捐实官，自降旨之日起，即行永远停止。"⑤总之，赈捐作为清政府筹款赈灾的一个渠道，曾经起到了暂时的巨大作用，但是从长远来看，赈捐并不能彻底解决政府赈灾物资的不足和赈灾能力的衰退问题，这种饮鸩止渴的方式导致了恶劣的社会后果。也正是在这样的历史背景下，民间的义赈开始迅速兴起。

① 民国《续修陕西通志稿》卷129《荒政三》，《中国西北文献丛书》，第1辑第9卷，兰州古籍出版社1990年版，第184页。

② 同上书，第186页。

③ 民国《续修陕西通志稿》卷205《文征五》，《中国西北文献丛书》，第1辑第11卷，兰州古籍出版社1990年版，第216页。

④ 何炳棣：《中华帝国晋升的阶梯》，转引自〔美〕费正清《剑桥中国晚清史（1800—1911）》，中国社会科学院历史研究所编译室译，中国社会科学出版社1985年版，第518页。

⑤ （清）朱寿朋编：《光绪朝东华录》，第4册，中华书局1958年版，第4718页。

第三节　政府主导：民国陕西救灾机制的现代化构建

中国传统的荒政始终都是以维护封建统治为目的的，始终没有实现科学化、制度化、现代化，伴随着辛亥革命的枪声，旧有的封建救灾机制也随着清王朝的崩塌而逐渐瓦解。民国时期，灾荒并没有停止侵袭大地，如何拯救万民于水火，成为世人不断思索的一个问题，随着中国第一个现代政府的建立，构建现代化的救灾机制也逐渐拉开了序幕。

救灾机制的现代化构建，并不仅仅是国家统治者以政治强制力进行的硬性体制变迁及设置，而是需要社会的共同参与，进行更深层次的经济、文化等方面的变革。政府作为救灾机制现代化构建的主导者，如何构建现代化的救灾机制，如何权衡"传统"与"现代"的救灾措施，如何完善现代救灾物资配置体制，陕西省政府又做出了哪些现代化努力，其成效如何，这些就是我们下面需要探讨的问题。

一　救灾理念、制度与机构的现代化构建

（一）救灾理念

近代以来，随着社会的发展，西方思想开始不断地冲击着中国传统救灾的"慈善观念"，认为"人生来是而且始终是自由平等的"、"主权在民"，国家只不过是公共意志的代表，因此实施救灾是政府应尽的义务，要求救济也是民众应有的权利，灾荒救济过程中民众与政府之间是独立、平等、互相尊重的关系，而不是施舍和感恩的关系。民国政府成立后，在救灾过程中亦逐渐认识到"仅凭慈善观念，从事于消极救济工作，其病在于范围狭窄，标准散漫，时间短促，财力浪费，效果稽核，实为困难"，因此1943年2月12日社会部颁布了《社会救济法草案》，确定了责任政府的理念，认为"拯困恤贫，乃政府应尽之职责"①。

---

① 行政院新闻局编：《社会救济》，1947年，第2页。

民国时期，政府对灾荒的认识也更为深刻全面。在成灾原因方面，政府认识到造成灾荒的不仅是自然因素，腐败、战乱、救灾制度化缺失、经济结构失衡等社会原因才是由"灾"成"荒"的根本原因；环境破坏、民众现代防灾意识的不足也是造成灾荒的重要原因。此外，在救灾原则与措施上，政府由治标开始转向治本，认识到救济"不仅在解除受济人之痛苦，尤着重于受济人之扶助，使其能独立生活"[1]，更加注重工赈、植树造林、水利建设、防疫事业等现代化的救济措施。

（二）救灾制度

民国以来，为了统一混乱的救灾秩序，政府颁布了大量有关救灾的法律章程，既有涉及政府救灾程序、资金、组织规范方面的，也有关于社会团体救灾的相关立法，内容庞杂，规定详细（见表4-2）。

表4-2　　　　　　　　民国时期部分救灾立法一览表

种类	时间及公布部门	规章条例
赈款	1920 年 11 月	《赈灾公债条例》
	1928 年 11 月 21 日	《赈款给奖章程》
	1930 年 2 月 26 日振务委员会公布	《各省振务会振款管理规则》
	1930 年 10 月 18 日国民政府公布	《救灾准备金法》
	1931 年 12 月 26 日振务委员会公布	《振务委员会收存振款暂行办法》
	1931 年 12 月 26 日振务委员会公布	《振务委员会提付振款暂行办法》
	1935 年 6 月 8 日国民政府公布	《实施救灾准备金暂行办法》
	1935 年 6 月 8 日国民政府公布	《救灾准备金保管委员会组织条例》
赈品	1929 年 3 月 22 日内政部公布	《赈灾物品免税章程》
赈粮	1930 年 1 月 15 日内政部公布	《各地方仓储管理规则》
	1934 年 12 月 8 日行政院第 6751 号训令	《各省市举办平粜暂行办法大纲》
难民	1929 年 12 月东北政委会拟定	《检察移送难民入境详细办法》
	1934 年 2 月 1 日内政部咨各省市政府	《处置难民过境办法》

[1]　行政院新闻局编：《社会救济》，1947 年，第 3 页。

续表

种类	时间及公布部门	规章条例
救灾程序与组织管理	1929 年 8 月 27 日	《内政部发给办振护照办法》
	1930 年 2 月 24 日国民政府核准公布	《振务委员会各组办事规程》
	1930 年 2 月 26 日	《各省振务会振款管理规则》
	1930 年 3 月振务委员会公布	《振务委员会职员请假规则》
	1930 年 5 月 7 日振务委员会修正公布	《各省振务会组织章程》
	1930 年 5 月 15 日行政院公布	《办理振务人员奖恤章程》
	1930 年 6 月 28 日振务委员会公布	《振务委员会职员奖惩规则》
	1930 年 6 月 28 日振务委员会公布	《振务委员会联席会议规则》
	1930 年 7 月 18 日振务委员会公布	《各省振务会及县市振务分会会计规程》
	1931 年 4 月振务委员会公布	《振务委员会放振调查视察人员出差旅费规则》
	1931 年 10 月 27 日国民政府公布	《办振人员惩罚条例》
	1931 年 10 月 27 日国民政府公布	《办理振务公务员奖励条例》
	1932 年 6 月 30 日行政院核准公布	《振务委员会助振给奖章程》
	1933 年 4 月 12 日振务委员会公布	《振务委员会职员考核等第办法》
	1934 年 2 月 24 日行政院修正公布	《勘报灾歉条例》
	1934 年 11 月 9 日国民政府第 821 号训令	《公务员捐俸助振办法》
社会救灾	1928 年 5 月	《管理私立慈善机关规则》
	1928 年 5 月 23 日内政部公布	《各地方救济院规则》
	1929 年 6 月 12 日国民政府公布	《监督慈善团体法》
	1930 年 7 月 19 日政院公布	《监督慈善团体法施行规则》
	1931 年 10 月 27 日国民政府公布	《办振团体及在事人员奖励条例》
	1935 年 1 月 14 日内政部咨	《佛教寺庙兴办慈善公益事业规则》
	公布年月不详	《办振团体在事人员恤金章程》
卫生	1928 年 5 月 30 日内政部公布	《污物扫除条例》
	1928 年 8 月 19 日	《种痘条例》
	1929 年 2 月 4 日国民政府公布	《捐资兴办卫生事业褒奖条例》
	1929 年 2 月 28 日	《防疫人员奖惩条例》
	1929 年 3 月内政部公布	《省市种痘传习所章程》
	1932 年 2 月 13 日内政部公布	《捐资兴办卫生事业褒章给与规则》

种类	时间及公布部门	规章条例
运输	1928 年 9 月交通部呈奉国府核准公布	《铁路运输贩济物品条例》
	1934 年 8 月 11 日	《铁路轮船运送难民章程》

资料来源：武艳敏：《民国时期社会救灾研究：以 1927—1937 河南为中心的考察》，博士学位论文，复旦大学，2006 年，第 221 页。

救灾法律规章的制定，标志着中国近代救灾活动逐渐从"惯例性"上升到"法制化"，从"偶然性、随意性"上升到"制度化"，现代救灾法律体系逐渐形成。抛开实际成效不计，这无疑是中国救灾事业现代化构建的重要一步。

（三）救灾机构

民国时期救灾机构的设立经历了北洋政府、南京国民政府两个时期。

1. 常设性救灾机构

北洋政府时期，中央救灾管理机构变化频繁，有关社会救济事宜主要由内务部统管，并无专设的救灾机构。南京国民政府时期，于 1927 年设立赈务处，又于 1929 年 2 月成立赈灾委员会，总理全国各地救灾事宜，直接隶属于行政院；1930 年 1 月，两个机构合并为振务委员会。

2. 地方救灾机构

地方救灾机构主要根据中央救灾机构的变动而变动。1928 年，陕西成立陕西省赈务会，由省政府、省党部和民众团体共同组成；1939 年 2 月，依据中央调整全国赈济机构的法令，改为陕西省振济会①。此外，陕西省振济会根据"振济会组织规程第十二条"制定《陕西省各县振济会组织章程》，并督饬各县于 1939 年 4 月 25 日办理"振济事宜，设置县振济会"。截至 1940 年，共有 61 县成立了振济会，并且考核其振济事宜（见表 4 - 3）。

----

① 因"振"是"赈"的本字，有"救济、（精神）奋起"之意，国民政府内政部在 20 世纪 30 年代规定，各级赈务（济）委员会之"赈"字一律用"振"字代替。

表 4 - 3　　　　　　　　　陕西省振济会考核各县振济事业成绩表

县名	工作经过
华县	（1）筹设儿童教养所；（2）筹办小本贷款
洋县	（1）收容难民给养无缺；（2）难童教养；（3）筹办小手工业
华阴	（1）收容难民；（2）筹办育婴所
蓝田	（1）筹办小本贷款所；（2）收容难民
安康	（1）收容难民；（2）筹办育婴所；（3）办理平粜；（4）办理地方救济事业
泾阳	（1）设立育婴所；（2）收容难民；（3）办理兵灾
咸阳	（1）收容难民；（2）办理灾赈
陇县	（1）收容难民；（2）计划办理儿童教养所
紫阳	（1）购粮办粜；（2）办理灾赈；（3）劝道补种秋粮
石泉	（1）修复河堤；（2）办理灾赈；（3）修筑公路
乾县	（1）收容难民；（2）教养难童；（3）购置难民纺织机
朝邑	（1）筹办小本贷款所；（2）调查灾祲
三原	（1）收容难民并介绍职业
横山	（1）收容灾民；（2）办理工厂粥厂
鄠县	（1）收容难民
山阳	（1）办理灾赈
西乡	（1）办理灾赈；（2）收容难民

资料来源：《本省各县振济会组织规程》，陕西省档案馆，馆藏号：9，目录号：2，案卷号：708。

3. 临时性救灾机构

为了应对各种大规模的、突发性的灾害，政府设置了很多地方性的、临时性的救灾机构。如据 1920 年 10 月 7 日的《申报》报道：1920 年秋华北 5 省大旱，于 1920 年 10 月设立救灾最高机关——督办赈务处，专责赈济灾荒。1921 年 10 月 29 日，北洋政府颁布《赈务处暂行条例》，由赈务处总理所有灾区赈济及善后事宜，隶属内务部，权力极大；1922 年 10 月停办 ①。1928 年西北大旱，南京国民政府成

---

① 朱汉国：《中国社会通史·民国卷》，山西教育出版社 1996 年版，第 503—504 页。

立"豫、陕、甘赈灾委员会"①。抗战爆发后，国民政府将赈务委员会、行政院非常时期难民救济委员会总会合并，于1938年4月27日成立"振济委员会"，负责各项赈济事业；抗战结束前，该会将其权力移交于1945年1月成立的行政善后救济总署②。这些临时性救灾机构遇灾即设、灾去即废，发挥了较好的组织和协调作用。

综上，民国时期，结束了传统式的、以皇权为核心的金字塔式的等级官僚救灾体系，逐渐建立了以中央为核心的层级性、专门性、常设性的救灾机构，救灾活动从此置于国家管理之下，救灾过程规范化、科学化，标志着国家主导下的现代化救灾机制逐步确立，为国家强力介入救灾事业奠定了基础。

二　救灾措施的现代化取向：粥赈与工赈

封建社会时期，救济思想受"以养为教"的观念影响，以粥赈等临时性、消极性救灾措施为主，工赈等长效性、积极性的救灾措施为辅。到了民国时期，受现代救灾理念的影响，救灾措施取向逐渐趋于现代化。

（一）施粥

设立粥厂，也就是施粥，即将粮食制品无偿施给灾民，维持灾民最低生存，邓拓称之为"所费少而活人多"。所以，民国政府和历朝历代一样，对施粥都非常重视。1920年陕西大旱，次年陕西省赈务处发给第一粥厂赈款5131元，第二粥厂3948元，第三粥厂4669元，第四粥厂4049元，第五粥厂1576元，第六粥厂1904元，第七粥厂2587元，第八粥厂2777元。1929年因遭大旱，陕西省赈务会及各慈善团体办理粥厂收容所，先后收容灾民6.65万人③。

1930年，陕西省振务会颁布了《设立粥厂大纲》，规范粥赈程

---

① 文芳主编：《天灾人祸》，文史出版社2004年版，第293页。

② 同上。

③ 陕西省地方志编纂委员会主编：《陕西省志·民政志》，陕西人民出版社2003年版，第433页。

序："（1）本会粥厂，由本会派员设立之，其定名为某某县粥厂；（2）粥厂设厂长1人，总理场内一切事物，粮柴保管主任1人，专司保管粮柴事件。检查5人至7人，专司监视场内粮柴出纳之数量，煮粥之稀稠，及维持食粥灾民之秩序；（3）每厂食粥灾民，以1500人为限，每人每日食粥1次，规定粮6两，怀抱小孩减半；（4）厂长及柴粮保管主任，由本会委任之。监察由各县县长遴选公正绅士聘任之。事务员3人，其任务由厂长分派。火夫水夫，由厂长挑选灾民中之强壮者充当，但不得过8人；（5）每日食粥以午前11时食毕为限；（6）厂长及粮柴保管主任，应按定表式分别造表；（7）各厂简章及办事细则，由各厂自定，呈报本会备核；（8）本大纲自公布之日施行，如有未尽事宜，由本会随时修订之。"① 另外，对粥赈程序的细节亦有规定："（1）粥厂散筹，须将男女分为两厂，并须搭盖大席棚，庶免雨淋日炙之苦；（2）道路出入次第，必以木棚梆炮为号命纪律，日赈数万人，无拥挤之虞；（3）有疾苦给以药，老病发疾者别有厂，妇女有厕篷；（4）粥之浓厚，以立箸不倒、裹布不漏为度。"②

　　民国时期，遍地灾荒，如何维持灾民的基本生存是首要问题，粥赈与工赈等其他救灾措施相比，其优越性在于：首先，其功效在于立即缓解灾民无粮活命的问题。陈芳生云："赈粥之举，则唯大荒之年，为极贫之户不能举火者行之，枵腹而来，果腹而往。"③ 大荒之年，灾民的基本生存环境已经被摧毁，和发放赈款、赈粮相比，施粥可以立即食用，不用进行加工。其次，程序相对简单、灵活。相比较工赈的筹划实施、平粜的调剂运送，粥厂的设置相对简单，有粮即可施粥，即所谓"费易办而事易集"。最后，流弊较少。设粥厂程序较为简单，与平粜、赈贷相比较，官吏层层贪占的空间较小，最终所救灾

---

① 《法规》，《陕灾周报》1930年第3期，第3页。
② 《灾赈纪实》，《陕灾周报》1930年第3期，第10页。
③ （清）陈芳生：《赈济议》，载（清）贺长龄、魏源《清经世文编》卷42，中华书局1992年版。

民就较多。

但是，粥厂作为一种临时性、调剂性的赈灾措施，虽然有不可替代的功能，但是其弊端也不容忽视：其一，粥厂地址往往固定，这意味着饥肠辘辘的灾民要奔波领粥，有时会造成虚弱致死；其二，粥厂往往设在城市，而受灾最重的广大农村灾民无法领粥；其三，设粥厂之处往往饥民聚集，容易发生抢粥、甚至斗殴致死等事端，严重影响社会治安与粥赈效果；其四，粥厂饥民庞杂，空气流通阻滞，而灾民免疫力低下，容易爆发时疫；其五，误农时，灾民为了即刻活命，往往荒废农业生产，前往有粥厂之地；其六，打粥人员多，费用甚至超过直接散米；其七，施粥对象为极贫者，如1929年灾情奇重，但是政府对食粥者还规定"必须茕独无依，鸠形鹄面者，发给吃粥票具"，加之粥少人多，富户、官吏趁机贪污领粥，实际粥赈范围有限，以致"食粥者少，哭泣者多，以至饿死于施粥厂之旁"①；其八，打粥过程难保公正，往往熟人多给，生人少给，更有甚者，掺杂石灰，引起灾民死亡。

民国时期，为了克服这些弊端，往往会以警言的形式张贴于粥厂，"高唱使人听知"，如"粥厂事务虽多，其有五要，一贵多厂，无远涉之苦，门外之嗟；二贵得人，无废弛之事情，冒破之求；三贵巡察，不是虚名，立平赈灶；四贵犒赏，人人竭力，不忍相欺；五贵得法，实惠均沾，不填沟壑"②，"煮粥不可用新锅，饥民不可食热粥，煮粥宜防搅石灰"等③。但是，民国时期官僚体制的腐败、监督问责制度的缺乏等，决定了其在实施过程中救灾成效的有限性。

（二）工赈

工赈，即以工代赈，主要是使灾民通过从事修河、造林、垦荒、筑路等工作获得一定报酬而进行自主救济。"为一时救济计，则以急赈为宜，若为增进社会生产及铲除灾源并筹各地永久福利计，则工赈

---

① 《大公报》1933年4月19日。

② 《灾评》，《陕灾周报》1930年第3期，第3页。

③ 忏盦：《赈灾辑要》，广益书局1936年版，第83—86页。

实为当务之急"①，是一种"富建设于救灾之中"的积极救灾措施，因此深受国民政府的重视，陕西省政府亦施行了一系列工赈活动。

　　1929 年大旱，西安市政府特设工赈办事处，招收壮年灾民约计 4000 人，每日修筑省垣各马路，以工代赈②。此外，各县也纷纷组织修路，以工代赈（见表 4 - 4）。

　　1932 年 3 月 1 日，陕西省创办草滩工农赈林场，"请建设厅拨给草滩官荒 500 亩，做实施工农振造林之试办，4 月 2 日始得向本会东关栖流所中之难民，劝道勤耕力种之力，工资以 3 角至 5 角为限，经本厂主任劝道之后，多数愿送归自耕其荒地，其无地无家之灾民 30 余民，愿赴草滩本厂工作，并找草滩附近失业游民和佃农数百民，开始垦栽树木"③。

表 4 - 4　　　　　　　　　关中地区以工代赈修建交通情况表

市（县）名	交通修建情况	市（县）名	交通修建情况
西安	修马路 18 条，共长 423 丈，重修四城门楼、钟楼、鼓楼等	兴平	大路及县城附近，即城关各街巷道路
宜川	修筑县城各街道路	咸阳	建文武成康各陵及汉陵桥梁
乾县	修筑道路	邠县	修理太峪镇桥梁
盩厔	赈灾修大路、汽车路	蒲城	兴修蒲富蒲大汽车路
淳化	修筑县城内及附近南北大路	沔阳	修筑道路
三原	修筑道路	朝邑	修理通同华之汽车路
泾阳	修筑道路	临潼	修筑全县汽车道路
麟游	修山雀木至两亭大路		

　　资料来源：古籍影印室编：《民国赈灾史料初编》，第 3—4 册，国家图书馆出版社 2008 年版。

　　1935 年，为了发展交通，救济灾民，陕北也进行了筑路工程，并且拟具《陕北民工筑路工赈办法》，具体如下："（1）本办法以抚

---

　　①　《救灾周刊》1921 年第 12 期，第 33—34 页。

　　②　古籍影印室编：《民国赈灾史料初编》，第 4 册，国家图书馆出版社 2008 年版，第 455 页。

　　③　《报告》第 8 页，载陕西省振务会编《陕赈特刊》1933 年第 2 期。

绥陕北贫民，发展陕北交通为宗旨。（2）凡以工代赈，征集人民建筑陕北公路适用本法。（3）民工筑路发给工资，以工作速率为标准，其工资数目规定如左：甲、凡只修土路路面者，每修1公尺发给工资洋1分5厘。乙、其需用开宽而略有挖方填方者，每公尺发给工资洋3分。丙、其挖方、填方超过1方以上者，由监工员查明，经段工程师审核确实者，在工作证备考栏内注明，共有挖方或填方数目，每方发给工资洋5分，其工作证式样另定之。（4）本办法自呈准省政府之日施行。（5）本办法有因事实所囿，需要变更时，得由当地监督筑路人员呈请修订之。"①

　　工赈因为兼具社会建设性质，因此具有一定的考察、计划、动员与组织过程。如以1929年大旱修路工赈为例：其一，工赈地区与类型。主要根据灾害易发地、灾型及灾区自然环境、社会经济水平等因素而定，一般而言，旱灾频发地区以兴办水利工程为主，水灾频发地区则以浚河筑堤为主，交通阻滞地区以改善交通为主，生态环境恶化的地方以植树造林为主。其二，资金来源与配发。工赈资金主要来源于中央政府拨给、地方政府的补助及社会捐助。"各方救济，争先恐后……赈款约共700余万"②，为工赈活动提供了有力的资金支持。1930年1月陕西振务会收支各款的统计表中记载，从前救灾委员会到1929年12月，共收赈款银146万1307元5角5分3厘，单列为交通运输支出的款项计有：西安市工赈队9.82万元，蓝商车路2000元③。合计有10万多洋元，关中交通修建占陕西省当年总赈款收入的10%。实际上，各县赈款中大量赈款用于修路，如中央政府拨给永寿洋5000元，县长另由地方筹洋900余元，修筑县城及周围汽车路④。

---

　　① 《陕西省政府公报（1935年2月18日）》，载西安市档案馆编《民国开发西北》，2003年内部资料，第250页。

　　② 古籍影印室编：《民国赈灾史料初编》，第6册，国家图书馆出版社2008年版，第123页。

　　③ 同上书，第97页。

　　④ 古籍影印室编：《民国赈灾史料初编》，第4册，国家图书馆出版社2008年版，第411页。

此外，资金的多少又决定着工赈规模的大小与救济灾民的多少。灾民工资的配发，政府有统一的规定，但是实际的工资标准依据各地的经济发展水平、赈款多少、灾民人数多寡等实际情况而定。其三，工程规模的大小、工程项目的确定、施工地点的考察与勘测、施工方案的设定、施工过程与阶段等都要经过详细的考核与计划。其四，工程规模与难度还决定了工赈组织机构的规模、专业技术人员的多少。其五，劳工的征招与工种。劳工主要以身体强壮的青壮年灾民为主体，还有部分社会闲散人员，工种根据劳工的具体情况及工程需要来安排。妇女、老弱主要从事编织等纺织行业，青壮年从事工程建设活动。如西安市修路工赈招收壮丁之后予以训练，分编为工程队、筑路队、打井队等，执行不同的任务，"工程队交由市政府将来在城东北建筑新市场平民住所，筑路队由省府交建设厅派往修筑西榆汽车路，打井队俟令技术训练娴熟后，再由民政厅建设厅派往各县或各省垣附近弄山凿井"[①]。

工赈，作为一种"最合科学原则及最适于实用之救灾办法"，是"民国救济思想变革的集中体现"，与急赈等单纯救济性质的措施相比，其先进性毋庸置疑：对于灾民而言，增加他们的就业机会，缓解生存危机，并且消除其依赖、被动与绝望的消极心理，积极自救，可谓融物质救助和精神救助于一体；对于政府而言，与急赈等直接、无偿救济措施相比，有利于减少政府救济成本，提高资金的使用效益，同时灾民生活得到保障，也稳固了政府统治秩序；对于社会而言，大量工赈款投放社会，兴办水利、铁路、造林等基础性公共工程，有利于形成持续性的社会经济效应，提高社会的整体抗灾能力；对于生态环境而言，植树造林等工程有利于减少自然灾害频发的自然因素。

此外，政府主导下的工赈，有着较为雄厚的资金支持，并且能以国家的强制力保证实施。但是，民国时期特殊的社会环境，使其在实际的实施过程中，亦存在着很多问题：第一，工赈的救灾性质，决定

---

① 古籍影印室编：《民国赈灾史料初编》，第 4 册，国家图书馆出版社 2008 年版，第 437 页。

了其薪酬往往低于正常经济活动中的薪酬，但是必须足以维持灾民的最低生活水平。而民国时期，中央经费有限而地方经费不足，工赈过程中贪污挪用、克扣灾民工资等问题，导致工赈实际规模和工资有所降低，加之民国时期灾荒造成的物价腾贵，饱受饥饿折磨的灾民所得报酬难以维持基本生活。第二，工赈大多为修桥铺路之类的重体力工作，决定了工赈的救济主体大多为青壮年男性劳动力，老幼、妇女等最需要救济群体反而多被排除在救济范围之外。第三，经济成本方面，工赈作为一种经济活动，还应该综合考虑成本、效率、效益问题，但是政府主导下的工赈大多没有理解到这一实质，所以很多工程都是为了工赈而工赈，往往造成资源的浪费。如1932年陕西草滩工赈林场"举办领地过晚，失其时间性，当时各地树木多已发芽，未克广植，但性属工赈，时虽再晚，不得不试办，故愈栽天气愈热，而发芽亦愈快，不得不屈服于自然气候，遂停植树工作"①。第四，工程建设方面，工赈的低待遇、劳动密集性质、灾民优先原则，使专业性工程建设技术人员及劳工缺乏，造成工程耗时长、费用高、效率低，甚至工程质量难以保障。第五，对农业的影响。发展农业是缓解灾情的重要措施，而大量灾民却为了当下生存，在农时应招工赈建设，以致农时延误，进而又影响了来年粮食产量，降低了农业经济的恢复速度。第六，对生态环境的影响。民国时期，陕西为了安置灾民，扩大生产，对山区等不适宜耕种与生存的地方进行了大量的、不计环境成本的招工移民垦殖活动，造成环境的进一步恶化，埋下灾害隐患。第七，阻力不断。工赈活动的主要施工地点在农村，而农民思想封建、保守，对于工赈活动几无所知，并且认为凿河铺路之类的工程破坏了当地的风水，大加阻拦，影响了工程进度与工赈的效果。

综上，民国时期政府的救灾措施逐渐从传统式的"以养代教"转向"教养并重"，重视积极性、建设性救灾措施的实施力度、广度与深度，救灾措施的现代化取向明显，体现了政府在救灾机制现代化构建中，不仅停留在制度规范之中，还积极将原则运用于实践。

---

① 《报告》第8页，载陕西省振务会编《陕赈特刊》1933年第2期。

三　政府救灾资源调控体系的现代化转型

救灾资源储备与调控体系是否完善，是体现一个国家防灾、抗灾、救灾及灾后恢复能力的重要指标。而资金与粮食作为重要的救灾资源，民国时期政府在继承传统资源配置方式的基础上又有所创新，在救灾实践中逐步构建了现代化的救灾资源调控体系。

（一）救灾资金的筹集与分配

完善的救灾资金保障制度是政府救济灾荒的物质基础，而民国初年，北洋政府忙于军阀混战、政权争夺，无心亦无力顾及灾荒救治，救灾资金无定数、缺乏制度性规定；南京国民政府成立后，开始强力介入灾荒救治，国家专用救灾资金制度逐步建立。

1. 资金筹集

政府救灾资金的筹集主要通过救灾准备金制度、社会捐助、发行政府赈灾公债 3 种渠道。

（1）救灾准备金制度。民国时期，建立了从中央到地方的层级式的救灾准备金制度。1930 年，国民政府颁布《救灾准备金法》，规定：“救灾准备金分中央和省区两级构建，国民政府每年应由经常预算收入总额内支出 1% 为中央救灾准备金，但积存满 5000 万元后得停止之”；“省政府每年应由经常预算收入总额内支出 2% 为省救灾准备金。省救灾准备金以人口为比例，于每百万人口积存达 20 万元后得停止前项预算支出”。对救灾准备金的使用，规定：“遇有非常灾害，为市县所不能救恤时，由省救灾准备金补助之，不足再以中央救灾准备金补助之”；“本年度救灾准备金所生之孳息不敷支付时，动用救灾准备金不得超过现存额的 1/2”①。

（2）发行公债。发行公债是政府利用社会闲置资金筹集救灾资金的重要手段，而民国时期社会商品经济意识的增强、近代金融市场及机构的发展为其提供了实施条件。1920 年华北大旱，北洋政府第一次发行赈灾公债，11 月颁布《赈灾公债条例》，发行公债 400 万元，

---

① 蔡鸿源：《民国法规集成》，第 39 册，黄山书社 1999 年版，第 519 页。

年利率 7 厘，付息时间为每年上半年 5 月 31 日和下半年 11 月 30 日。南京国民政府时期继续沿用，并进一步合法化。立法院于 1929 年 4 月通过《公债法原则》，规定政府募集内外债的主要用途之一为"充非常紧急需要，如对外战争及重大天灾等类皆属之"①。国民政府时期，随着国家职能的不断扩大，发行公债已经成为政府加强干预和调节经济，应对财政紧张和救济灾荒的重要工具，但其前提是必须要有充裕的闲置资金、发达的金融机构及完善的信用制度。然而，陕西地处西北内陆，商品经济发展水平有限，社会经济意识相对落后，民困商乏，社会闲散资金有限，加之政府腐败导致的信用危机，使其实际操作仍有一定的困难。

（3）社会募捐。发动社会力量募捐救灾是政府筹集资金的又一手段。募捐的对象和途径主要有：政府公务员薪金扣减充作赈捐；向中外各团体及个人募捐；各地中外银行设立赈捐代收处；各地设立募捐分处；海外侨民设立募捐分处；中外各报登载广告征集捐款等。此外，国民政府还积极嘉奖和鼓励社会踊跃捐助，如北京政府于 1914 年 8 月颁行《义赈奖劝章程》，南京国民政府颁布《振款给奖章程》、《振务委员会助振奖给章程》、《公务员捐俸助振办法》等法规章程，对捐款者予以一定的匾额、褒状、褒章等奖励。国民政府为了加强对赈款的管理，防止贪污挪用，于 1931 年底公布了《振务委员会收存振款暂行办法》和《振务委员会提付振款暂行办法》，对振款的管理做出明确规定。

2. 资金的分配

民国时期的赈款，主要用于办理急赈、工赈等救灾活动，以陕西为例，其使用具有如下特点。

（1）赈款形式以急赈款、工赈款、平粜款为主，按受灾县灾情配发。如表 4-5 所示，1937—1942 年政府向各受灾县拨发了急赈款，各县所得赈款数额较小；1939—1941 年期间，政府还拨发了工赈款、平粜款、粥厂款等，但是仅局限在部分受灾县中，赈款数额较大（见

---

① 千家驹：《旧中国公债史资料（1894—1949）》，中华书局 1984 年版，第 181 页。

表4-6）。

表4-5　　　　1937—1942年各年急赈款分配表（单位：元）

年份	县别	赈款	县别	赈款	县别	赈款	县别	赈款	县别	赈款	县别	赈款
1937	鄜县	900	商南	3000								
1938	榆林	800	府谷	800	靖边	1600	定边	500	葭县	600	横山	800
	米脂	600	神木	2800	绥德	4400	延安	2800	清涧	800	凤翔	1300
	宝鸡	1000	鳌屋	500	吴堡	500	山阳	3000	商县	1500	宁陕	3500
	雒南	1000	镇安	2500	商南	1500	镇巴	1500	西乡	2500	凤县	1500
	安康	1500	岚皋	6000	平利	3000	佛坪	1500	长安	8850	高陵	1400
	镇坪	3000	洵阳	1500	白河	1500	渭南	500	华阴	2000	平民	1500
	石泉	2000	紫阳	3500								
1939	安康	46000	商南	3000	白河	11500	洵阳	11740	紫阳	1000	褒城	1000
	西乡	4500	岚皋	9000	神木	7500	米脂	5800	葭县	5000	靖边	4000
	定边	4000	横山	6000	鄜县	1000	南郑	4000	城固	2000	洋县	2000
	沔县	2000	宁强	2000	佛坪	3000	朝邑	2000	武功	1000	汧阳	2000
	府谷	5000	商县	4500	平利	9000						
1940	宜君	4000	白河	3000	南郑	4000	城固	2000	西乡	1500	汧阳	2000
	洋县	2000	沔县	2000	褒城	3000	宁强	2000	邠县	4000	府谷	2000
	佛坪	3000	旬邑	200	淳化	2000	朝邑	2000	武功	1000	镇坪	5000
	淳化	3500	中部	4000	宜君	4000	宜川	4000	洛川	5500	鄠县	2500
1941	安康	5000	宁强	3000	大荔	1500	凤县	4000	西乡	4000	商县	3000
	柞水	2000	雒南	2000	山阳	2000	兴平	500	三原	4000	乾县	3000
	醴泉	2000	武功	2500	同官	2000	旬邑	1500	汉阴	3000	中部	500
	朝邑	1500	韩城	4000	白水	2000	蒲城	4000	澄城	2000	富平	2000
	蓝田	3000	鄠县	500	宜君	2000	宁强	3000	潼关	1500	城固	3000
	临潼	2000	邠阳	500	宜川	2000	留坝	2000	商南	1500	白河	6000
	紫阳	2000	洵阳	3000	南郑	4000	洛川	3000	褒城	3000	汧阳	2000
	咸阳	500	镇巴	3000	耀县	2000	麟游	8000	宝鸡	500		
1942	大荔	1500	凤县	4000								

资料来源：《振济各县拨款单卷》，陕西省档案馆，馆藏号：64，目录号：1，案卷号：162；《本会向省政府呈报赈款支用形式》，陕西省档案馆，馆藏号：64，目录号：1，案卷号：161；《本会关于振济事业的概要、办法、配振表》，陕西省档案馆，馆藏号：64，案卷号：1，目录号：196。

表4－6　　陕西省振济会1939—1941年各区县赈款分配表（单位：元）

年份	县别	赈款	用途	县别	赈款	用途
1939	石泉	5100	工赈	安康	20000	平粜
	榆林	2000	工赈	榆林	20000	平粜
	佛坪	3000	平粜	凤县	4000	平粜
	安定	1045	工赈	神木	1000	平粜
	镇安	5000	籽种	镇安	20000	购粮
	西乡	4000	平粜	略阳	3000	平粜
	城固	4000	平粜			
1940	榆林	8500	办理平粜粥厂	府谷	2000	办理粥厂
	神木	7500	办理粥厂	靖边	4000	平粜纺织工厂
	米脂	5000	平粜粥厂	定边	4000	平粜工厂
	葭县	4000	平粜、急赈	葭县	8000	办理粥厂
	横山	6000	办理粥厂、纺织三厂工赈	佛坪	7000	购买耕牛籽种
1941	山阳	20000	急赈购粮	城固	2900	工赈
	葭县	8000	办理粥厂	府谷	2000	办粥厂
	韩城	500	小手工业基金			

　　资料来源：《本会关于振济事业的概要、办法、配赈表》，陕西省档案馆，馆藏号：64，目录号：1，案卷号：196；《振济各县拨款单卷》，陕西省档案馆，馆藏号：64，目录号：1，案卷号：162；《各县水灾配赈表（一）》，陕西省档案馆，馆藏号：64，目录号：1，案卷号：109—1。

　　（2）赈款的拨发一般根据各县呈报的灾情等级来进行，一般来说，受灾重者赈款数额相对较多。如表4－7所示，商县等县1941年被水灾县共发赈款77130元，宁陕灾等1级，拨赈款4500元；南郑灾等1级，拨赈款4000；商县、周至、武功灾等4级，拨赈款1000元。

　　（3）平均到每个灾民身上的具体赈款数额微乎其微（见表4－8），这对于饱受饥荒折磨的灾民来讲，无异于杯水车薪。再如1928年大旱，据各县呈报，至1929年2月底，陕西省灾民共6505318人，陕西省振济会"所收赈款至1月份止仅10万7051元2角5分6厘，2月份又收到5408元9角4分5厘，共11万2460元2角1厘，若以此款分给全数灾民，每个饥民均得 1 分 7 厘，无怪饥民赔死道旁者日见其多"①。

表 4 - 7　　　　陕西省振济会 1940 年 9 月—1941 年 2 月
各县区水灾配赈表（单位：元）

区别	县别	等次	配赈数目	县别	等次	配赈数目	县别	等次	配赈数目	县别	等次	配赈数目
4 区	商县	4	1000	柞水	3	2000	商县	3	2000	山阳	3	2000
	雒南	3	2000	镇安	4	1000						
5 区	安康	3	2180	白河	2	3000	平利	2	3000	紫阳	3	2000
	石泉	2	3000	宁陕	1	4500	汉阴	3	2000	岚皋	3	2000
6 区	南郑	1	4000	城固	3	2000	西乡	3	1500	沔县	3	2000
	洋县	3	2000	镇巴	2	3000	褒城	3	3000	佛坪	2	3000
	凤县	3	2200	略阳	2	3000	宁强	3	2000			
7 区	邠县	2	4000	长武	—	200	永寿	3	2000	旬邑	—	200
8 区	大荔	3	2000	朝邑	3	2000	华县	3	2000			
9 区	盩厔	4	1000	武功	4	1000	陇县	4	1000			

资料来源：《各县水灾配赈表（一）》，陕西省档案馆，馆藏号：64，目录号：1，案卷号：109—1。

表 4 - 8　　　关中各区县 1941 年遭受风霜水雹等灾核拟配赈一览表

县别	灾别	查核被灾情形				核拟灾等	拟拨款数（元）	人均赈款（元）
		被灾面积（平方公里）	损失数量（元）	全县平均收成	待赈人数（人）			
乾县	霜风	2240	—	3 成	63796	4 等	3000	0.047
耀县	霜	52	1950000	4—5 成	20000	5 等	2000	0.1
永寿	霜雹	2200	500000	2 成	50357	2 等	5000	0.01
醴泉	霜	79966 亩	3998000	3 成	45967	3 等	4000	0.09
邠阳	水霜	85	10953800	2 成	23500	4 等	3000	0.13
韩城	霜风	273471 亩	5417308	2 成	64080	3 等	4000	0.06
大荔	霜风	120	19711550	3 成	8877	5 等	3000	0.34

① 古籍影印室编：《民国赈灾史料初编》，第 4 册，国家图书馆出版社 2008 年版，第 456 页。

续表

县别	灾别	查核被灾情形				核拟灾等	拟拨款数（元）	人均赈款（元）
		被灾面积（平方公里）	损失数量（元）	全县平均收成	待赈人数（人）			
华县	霜	800	26346198	4 成	50000	5 等	2000	0.04
渭南	水霜	12757	315867	3 成	25361	5 等	2000	0.37
武功	风霜	191	6180000	2 成	17650	4 等	3000	0.17
白水	风霜水雹	123231892	886080	3 成	35828	—	2000	0.06
宝鸡	风霜	79672	25200000	5 成	16556	5 等	1000	0.06
岐山	风霜	8550	—	6 成	39201	5 等	1000	0.03
麟游	风霜雹	4500	6136536	1 成	11771	1 等	8000	0.68
陇县	霜	2994	—	7 成	23957	5 等	1000	0.04
汧阳	风霜	36	—	4 成	4450	5 等	2000	0.45
扶风	霜	243567	—	3 成	60171	4 等	3000	0.05
咸阳	风霜	1500 顷	12600	4 成	20760	5 等	2000	0.10
长安	风霜	139	1091000	5 成	28000	5 等	2000	0.07
三原	风霜	174	12244000	3 成	35000	4 等	4000	0.11
高陵	风霜	37	3550000	3 成	15000	5 等	2000	0.13
泾阳	风霜	160	1237	3 成	57000	4 等	3000	0.05
蓝田	风霜水雹	4000	2900.000	5 成	8500	—	1000	0.12
临潼	水	20	170000	—	756	5 等	1000	1.32
同官	霜	40	1740000	3 成	16000	4 等	3000	0.19
中部	风霜水雹	5	58944	—	219	—	500	2.28
宜君	风霜雹	5000	4000	—	12150	—	2000	0.16
旬邑	水雹	48	17256	—	1875	—	1500	0.8
蒲城	风霜水雹	52272	46945.850	2 成	96801	—	4000	0.04
澄城	风霜	344017 亩	860425	3 成	85623	—	2000	0.02
潼关	水雹	88	1274.788		1071	—	1500	1.40

资料来源：《各县水灾配赈表（二）》，陕西省档案馆，馆藏号：64，目录号：1，案卷号：109—2；《各县水灾配赈表（一）》，陕西省档案馆，馆藏号：64，目录号：1，案卷号：109—1。

综上，民国时期，救灾资金的筹措在沿用传统社会募捐的基础上，又以立法的形式确定了多样化的新渠道，尤其是救灾准备金制度的确立，标志着中国救灾资金制度由传统救灾资金因灾而定的临时性与随意性，逐渐转向常规化、法制化的渠道。虽然国民政府为了救济陕西连年灾害颁发了一系列赈款，但是从用途上来讲以急赈款为主，工赈、平粜等现代性、科学性的赈款拨给较少；分配过程中亦存在着灾民所获赈款数额偏少等种种问题。因此，国民政府在救灾资金的实际调配过程中，仍旧存在着许多弊端。

（二）粮食的储备与调控

灾荒是以粮食危机为核心而引发的全面性社会危机，表现为粮食需求量与供给量在时空上的矛盾。因此，政府救灾的一个重要方面，即从时间和空间上对有限的粮食资源根据人员的需求量进行有效合理的调配。中国自古以农立国，仓储与平粜是国家保障粮食安全、稳定社会的重要措施。仓储主要是对粮食按地域进行时间上的储备，平粜是荒年对粮食进行空间上的调配，仓储是平粜有效进行的前提。二者能否相互配合有效运行，显示了一个国家应灾和抗灾的宏观调控能力。

1. 仓储

仓储制度，意在积谷备荒，是中国最古老的救荒制度。古语有云：三年耕而有一年之积，九年作而有一年之储，则虽有水旱为灾而人无菜色，皆劝导有方，蓄积先备故也。民国初期，粮政混乱，既未设立粮食专管机构，又未提倡储粮积谷，致使清末建起的一大批官仓民仓逐渐废弃，以致无力应对连年灾害，造成人口大量死亡和经济破败。直至1927年南京国民政府成立后，才开始重视仓储制度。

（1）加强对传统仓储的立法管理。1928年7月，内政部颁布《义仓管理规则》。10月，内政部会议颁发训令："义仓为储备民食，各省已经废弛，废弛之省份尤应统盘筹计，监饬各县市地方迅速筹办，无论整顿旧仓或筹设新仓，均应由各省民政厅认真考察督促进行，并限于本年终务将办理确况呈明本部，以凭考核。"① 1930年1

---

① 《各地方仓储管理规则、各省社仓义仓现况调查表、各地方建仓积谷办法大纲》，陕西省档案馆，馆藏号：9，目录号：2，案卷号：835。

月，内政部又颁布《各地方仓储管理规则》，规定："各地方为备荒恤贫设立之积谷仓，分为县仓、市仓、区仓、乡仓、镇仓、义仓6种，依本规则办理之。"其中，义仓由个人捐办，其他5种由国家兴办，县仓、乡仓、镇仓、义仓为必设仓，市仓、区仓的设立由民政厅根据各地实际情形确定①。

（2）实践——全国性的仓储管理整顿。1930年后，开始了全国性的仓储管理整顿，但是陕西"预防灾荒，裕民食"的仓储混乱无序，基本形同虚设。"1931年各省呈报内政部的办理仓储情形，各县旧有之常平仓或已倾圮无存、或已移作别用，各乡村旧日所办社仓、义仓，亦均久已停废，无从改设，纵有少数县份设有仓廒，而所存仓谷又多挪用，以致仍难举办"②；而"各省市民仓库暨义仓数目，向无法精确统计，值此灾患频仍，国家正值准备储粮备荒之际，极应设法调查，以凭办理"。因此，为了精确调查统计各省县市民仓、义仓数目及现状，进行仓储建设，以便储粮备荒，1936年行政院制定各省市民仓暨义仓调查表式③：

各省市民仓暨义仓调查表

县　　　年　月　日　　　填造

仓库名称	房主或经理姓名	所在地点	库房间数	容量（石）	现在储存数		备考
					米	谷	

1936年，陕西省遵照中央指令，调查了全省各县仓储的建立情况，全省92县，有仓储设置的仅有部分县（见表4-9）。

---

① 蔡鸿源：《民国法规集成》，第39册，黄山书社1999年版。
② 《各地方仓储管理规则、各省社仓义仓现况调查表、各地方建仓积谷办法大纲》，陕西省档案馆，馆藏号：9，目录号：2，案卷号：835。
③ 《各县民仓义仓调查表（一）》，陕西省档案馆，馆藏号：9，目录号：2，案卷号：838—1。

表 4 - 9　　　　　　　　　　　民国陕西仓储情况调查表

县别	仓库名称	房屋间数	容量（石）	现在储存数（石）	
				米（麦）	谷
鄠县	常平仓	35	8000	无	3600
蓝田	县仓	13	1500	无	1000
朝邑	义仓	58	4000	无	无
韩城	义仓	36	10600	无	2976.56
大荔	县仓	12	11000	无	6856.214
凤翔	县仓	48	7000	400（麦）	
华县	县仓	19	5937	1005（麦）	446
	民仓	5	800	无	无
紫阳	义仓、民仓	3	500	无	无
略阳	义仓	3	1000	无	285
凤县	义仓	3	500	180	20
石泉	县仓	2	800	无	67
神木	民仓	3	300	无	140.024
定边	—	11	120	无	无
岐山	县仓	15	7000	无	2453
武功	县仓	13	2000	无	无
白水	社仓	10	1700	无	无
	义仓	16	2000	无	无
澄城	县仓	14	2800	无	239.454
同官	义仓	15	2800	无	1300
高陵	县仓	80	10000	无	1800
蒲城	县仓	—	10000	无	2351
宝鸡	县仓	18	9800	无	1138
商县	义仓	4	1200	无	261.172
陇县	县仓	16	6800	3244.82（麦）	940.011
	义仓	12	4800	无	无
横山	县仓等	14	2200	无	353.83
肤施	县仓	13	2800	无	无
中部	义仓	5	700	无	217.2
宜君	县仓	—	3000	无	无

续表

县别	仓库名称	房屋间数	容量（石）	现在储存数（石）	
				米（麦）	谷
汧阳	县仓	6	5000	无	1100
西安	野马仓	3	1000	无	无
城固	义仓	11	3600	无	无
西乡	义仓	5	5000	无	2005.24
褒城	义仓	——	3261.86	——	——
白河	义仓	25	2760	139.25	80.5

　　资料来源：《各县民仓义仓调查表（一）》，陕西省档案馆，馆藏号：9，目录号：2，案卷号：838—1；《各县民仓义仓调查表（一）》，陕西省档案馆，馆藏号：9，目录号：2，案卷号：836—1；《各县民仓义仓调查表（一）》，陕西省档案馆，馆藏号：9，目录号：2，案卷号：837—1；《各县民仓义仓调查表（二）》，陕西省档案馆，馆藏号：9，目录号：2，案卷号：837—2；《各县民仓义仓调查表（二）》，陕西省档案馆，馆藏号：9，目录号：2，案卷号：838—2；《各县民仓义仓调查表（二）》，陕西省档案馆，馆藏号：9，目录号：2，案卷号：836—2；《各县民仓义仓调查表（三）》，陕西省档案馆，馆藏号：9，目录号：2，案卷号：837—3；《各县民仓义仓调查表（三）》，陕西省档案馆，馆藏号：9，目录号：2，案卷号：838—3；《各县民仓义仓调查表（四）》，陕西省档案馆，馆藏号：9，目录号：2，案卷号：838—4。

　　可见，大部分县无仓储设置，如旬邑"无仓无从造表"[1]，南郑"无民仓义仓"[2]。有的县因战乱或灾荒而废弃，如沔县向无民仓，自去春战乱之后，"义仓亦破坏无余，无从查填"[3]；富平县"自军兴后，仓政废弛，民鲜储蓄，既无民办义仓，更鲜以营利为目的而设之粮食仓库"[4]；柞水县"前清末造……夏秋之间，水灾风灾相继而至，新收无几，加以军队此去彼来，四处采购军食，人民十室九空，富者

----

　　① 《各县民仓义仓调查表（三）》，陕西省档案馆，馆藏号：9，目录号：2，案卷号：838—3。

　　② 同上。

　　③ 《各县民仓义仓调查表（四）》，陕西省档案馆，馆藏号：9，目录号：2，案卷号：838—4。

　　④ 《各县民仓义仓调查表（二）》，陕西省档案馆，馆藏号：9，目录号：2，案卷号：836—2。

相率逃避，贫者无以自存，是以仓费难筹，至今分厘难收……"①；宁强"地方贫瘠，收藏歉薄，每年粮食所入多不能自给，以至民仓均无设置，至于义仓更无设备，以前38军驻防此间，虽经积谷约有400余石，亦后专备军用。去年劫匪之后，继以灾祲，收以微薄，无法积储，致未实现，拟今年秋收之后拟具办法积极进行"②；绥德"因地方贫瘠，又历经匪扰，民间已无储粮，县仓及各乡义仓积谷，已于18年因灾情严重，散放殆净。嗣后历经县宰，亦未将已放义粮设法补充，而城区仓廒旧址，又分别改做他用，无从查填"③；洛川"城乡各镇并无民仓及义仓之积存，加之近年来麦收歉薄，征集积谷颇感困难；去岁至今，大军云集，给养重要，到处搜罗，几有不克接济之虞，仓储正在办理，粮食告罄"④；扶风"遭奇灾之余，元气溃丧，尚未恢复，县长调查全县不但无粮商屯积仓粮，即人民每户常备之吃谷仓多不敷用"⑤；麟游"并无民仓，所有以前各里义仓，迭遭悍匪，颗粒无存，现在所办之县乡镇仓，即利用该仓原有仓房修葺存储"⑥；白水县民仓"形式破坏，亦不完备，其余尽行废弛，化归乌有，唯义仓一处尚属完备，规模可观，前改为教育局地址，该局停办后，现军队暂时驻扎"⑦。

即使是有仓储设置的县，也存在着规模有限、仓储种类单一的现象。多数仓库是利用祠堂、庙宇或公私房屋改造而成，仓储条件较

---

① 《各县民仓义仓调查表（二）》，陕西省档案馆，馆藏号：9，目录号：2，案卷号：836—2。

② 《各县民仓义仓调查表（四）》，陕西省档案馆，馆藏号：9，目录号：2，案卷号：838—4。

③ 《各县民仓义仓调查表（三）》，陕西省档案馆，馆藏号：9，目录号：2，案卷号：837—3。

④ 同上。

⑤ 《各县民仓义仓调查表（二）》，陕西省档案馆，馆藏号：9，目录号：2，案卷号：836—2。

⑥ 《各县民仓义仓调查表（三）》，陕西省档案馆，馆藏号：9，目录号：2，案卷号：838—3。

⑦ 《各县民仓义仓调查表（二）》，陕西省档案馆，馆藏号：9，目录号：2，案卷号：838—2。

差。如定边县仅"砖砌圆廒 1 所"①；高陵通远坊乡仓"借用通远坊天主堂乡房"，县仓为"城乡义仓旧址及改修隍庙廊房"②；陇县义仓为"城内土地祠，破烂 12 间"③，民仓为"公共处所，或利用庙宇改筑"④。此外，这些仓储大多数并未储存谷粮，或存粮有限。如表 4－9 所示，凤县义仓仅 3 间，可存谷仅 500 石；石泉县仓仅 2 间，可容谷仅 800 石。虽然经过 8 年时间一再动员积储，但是不少地方仍然存粮很少，有的甚至一直有仓无粮。"到 1942 年初，省民政厅向省粮政局移交积谷业务时，全省各县仅有民办积谷仓 583 处，总仓容为1675390 市石，实际存粮只有207158 市石。"⑤

因此，民国时期仓储制度基本形同虚设，根本无力应对这一时期的天灾人祸，甚至起到了相反的作用。如汉阴县，地瘠民贫，丰年大有，仅能自给，"1928 年后，匪灾不断……致形成今日万劫不复之局"。面对这种情况，当地绅耆"咸谓县无仓储，或可减少土匪觊觎，有之，则不啻招之事来。仓储本国家善政，不图反为国家致匪之资，岂设施初意所及料哉！"⑥救灾制度反成致灾因素，政府的腐败是其主要原因。

（3）新发展——农仓制度。20 世纪 30 年代后，随着政府职能的加强，开始思考如何在重整农村仓储的基础之上，注重"保管农产物品，调节民食流通、农村金融"⑦。1933 年 7 月，颁布了《农仓法》。此后，1935 年 5 月又颁布了《农仓业法》、1937 年 3 月颁布了《农

---

① 《各县民仓义仓调查表（二）》，陕西省档案馆，馆藏号：9，目录号：2，案卷号：837－2。

② 同上。

③ 同上。

④ 同上。

⑤ 陕西省地方志编纂委员会主编：《陕西省志·粮食志》，陕西旅游出版社 1995 年版，第 45 页。

⑥ 《各县民仓义仓调查表（四）》，陕西省档案馆，馆藏号：9，目录号：2，案卷号：838－4。

⑦ 国民政府实业部：《民国二十二年中国劳动年鉴》第 5 编，文海出版有限公司1992 年版，第 117 页。

仓业法施行条例》①。《农仓业法》与《农仓法》的内容基本相同，依照规定，"农仓分农仓和联合农仓两种，不以营利为目的；经营主体为合作社或合作社联合社、县乡镇区农会、乡镇区公所，以发展农业经济为目的之法人、经营农业生产事业或经营与农业生产有直接关系之事业者 12 人以上；所设农仓须向所在地主管官署呈报业务规则及其他应备章程，非核准登记不得设立农仓；农仓业务主要为依照业务规则堆藏保管当地农民生产主要粮食，还兼营受寄物之调制改装及包装、受寄物之运送、介绍售卖或代为售卖，以本农仓或其他农仓或联合农仓所发给之仓单为担保而放款、介绍借款"②。

农仓制度是地方仓储制度的进一步发展，农仓主可以依照内政部公布的《各地方仓储管理规则》办理仓储积谷。因此，农仓除了具有地方仓储积谷备荒的功能之外，还注重农村粮食与金融的自主融通，增强农村的经济活力，提高农村应对灾荒的经济能力。

2. 平粜

平粜是灾荒发生后，政府将粮食以低于市价的价钱卖给灾民、救济灾民的一项重要措施。1934 年，国民政府颁布了《各省市举办平粜暂行办法大纲》，规定："凡被灾区域遇粮价过高或遇青黄不接时，应就原有仓储积谷开办平粜，其未设仓储地方，应筹集资金举办"；"仓储平粜总数最高不得逾仓存 7/10"；并规定："办理平粜机关除各省市县政府外，凡慈善团体、公益机关均可举办，唯须先得各该主管监督官署之许可。"③

陕西省的平粜事宜主要是在省及各县振济会的主持下进行。1940年 12 月 30 日，召开了陕西省平粜委员会第一次会议，"第五救济区朱前时特派委员为平抑西安粉价，商同陕西省政府会同创设"，标志着陕西省平粜委员会的成立。会议的主要议题如下④：（1）组织讨论

---

① 蔡鸿源：《民国法规集成》，黄山书社 1999 年版，第 55 册。

② 陆费执编：《农业法规汇辑》第 5 编，中华书局 1937 年版，第 9—10 页。

③ 蔡鸿源：《民国法规集成》，第 40 册，黄山书社 1999 年版，第 1 页。

④ 《陕西省平粜委员会工作通知、组织规程以及函件》，陕西省档案馆，全宗号：64，目录号：1，案卷号：203。

平粜委员会事宜。（2）平粜麦粉如何提取：由第五救济区一次供给麦粉20000袋。（3）平粜粉价：较西安市面通粉价值低1元。（4）由第五救济区负责，粮管局协助。（5）关于组织机构案：名称为陕西省会平粜委员会；委员：第五救济区、省振济会、粮食管理局、建设厅、民政厅，余请省政府指定；组织：推常委3人，设置总务、储备、调查分配三组，会计室人员由各参加机关调用，概不支薪。（6）会址。（7）组织规程：由建设厅代表杨宝青起草，送由粮管局、第五救济区核阅，呈省政府核定。（8）售粉价款：概交第五救济区，以便继续购麦制粉，循环供给平粜。此后，又相继召开了陕西省会平粜委员会第2、第3、第4次会议，商讨平粜具体事宜。根据1941年11月5日第5次委员会议记载，发粜情形如下：总务组报告，截止1941年9月5日，共粜出第1期麦粉3514袋（每袋15.1元），收洋53061.4元；截止1941年11月5日，共粜出第2期麦粉3199袋（每袋19.5元），收洋62380.5元；发售破漏麦袋之土粉421斤（每元3斤），收洋140.3元。储备组报告存储各期麦粉数目：存第1期麦粉83袋，存第2期麦粉396袋，存第3期麦粉2800袋。调查分配组报告配发第2期粜粉情形：配发第三、第十两区及东北新区麦粉600袋，配发第一、第八两区麦粉660袋，配发第二、第七及直辖区麦粉720袋，配发第四、第九两区麦粉680袋，配发第五、第六区麦粉600袋，总数3600袋，除发以外余340袋，正在查发中。1942年2月5日，召开了陕西省会平粜委员会第6次委员会议，"唯因粉量较少，不易到达平抑粮价之目的，无形中遂变为救济贫民难民之工作，故历次粉价均定甚低，计第1期为15.1元，第2期为19.5元，第3期为30元。办理以来，尚称顺利，最近奉义赈委员会申令，陕西省麦粉已取消统制，难民妇孺已设所收容，平粜会无存在的必要"，标志着陕西省会平粜委员会停办。

平粜是政府运用行政手段人为地调控粮价，其本质是违反市场自我运行规律的，而民国时期仓储积谷废弛也导致了政府平粜粮源受限。为此，政府注重运用市场调节功能，借助商贩商业运粮来自由流通粮食，维持各地粮食供需平衡，以此来救济灾荒。如政府颁布《保护奖励商运米粮条例》，积极保护商运平粜，条例如下：

（1）本会开通商运米粮，辅助平粜为宗旨，凡有团体或个人筹款，向外省购米粮，经本会查明核准者，得按本条例，分别保护奖励之；（2）保护条例列左：本会向购运米粮地点代为接洽；发给本会护照及保护旗；电知经过地方军警，特别保护；（3）奖励条例列左：火车运费全免，但须提所免费之五成，充作本会赈款，赈济极贫之灾民；能以大宗款项购粮，源源周转，至3次以上者，给予本会之褒奖状（暂定2万元以上，称为大宗款项）；能以大宗款项购粮，源源周转，至5次以上者，本会呈报、请省政府给予褒奖状；（4）商运米粮，其斗价须按其粮之种类，及来路之远近，斟酌情形平粜之；（5）自运食粮者，不得享受第二条第三条之权利；（6）商运米粮，应用车船等脚价，由商家自行经理，如因觅雇等事，商家力量所不及者，本会今当尽力协助之；（7）本条例议决后公布施行，如有未尽事宜，提出会议增修之。①

那么，《保护奖励商运米粮条例》施行后的实际效果如何呢？从1931年《陕灾周报》上《现行保护商运平粜办法》一文可见一斑。

陕西省连遭3年灾荒，交通又异常阻滞，运输极感不便，闹得潼关以内的粮价，要比晋豫增大到三四倍，这固然是冯系军阀勒索食粮入境税及面袋捐的缘故，也着实是从前赈务当局未能切实保护商运平粜所致。

商运平粜，在宋哲元时代，也曾实施过两次，但无保护法，是牺牲了血本，他们买的粮，悉数被军阀所没收，如同州前年9月间，商民买粮之存储陕灵待运者，尽被冯军没收，即此一次，同州商民已300万元，省城则在千万元以上，而平粜呢？更不过

---

① 古籍影印室编：《民国赈灾史料初编》，第4册，国家图书馆出版社2008年版，第13页。

是"扬汤止沸"罢，少数的食粮，用廉价票售于商民，结果用官厅的威力，迫胁的买去，复用高价售与商民，在当时不过仅好过了许多贪污土劣、流氓地痞，暗里剥削或是中饱，结果闹得粮价越大，灾民越苦罢了。

所以在冯系祸陕时代，有时他们也在说，救济陕灾，而一般人都不惯听那一套虚伪的空话，趁早地避开，完全认商运平粜为畏途，没有一个人来应声，而一般豪商奸贾，却暗中居奇，垄断食粮，高抬市价，遂致生活飞涨，百物昂贵，食粮愈少，囤积愈多，每人每月生活费用，不下20余元，闹得全陕成了"酆都地域"，饿死的灾民，有300余万之多！

现在省赈会已通过《保护商运平粜办法》，共五条已公布，对于商民在外省各地购粮，特别保护，将来运者愈多，粮价自落，需要供给，既然不至悬殊，社会自然安定。我希望一般明白事时势的商民们，踊跃从事，以拥护现政府救济灾荒的施政方针，以接济次贫灾民青黄不接时期的食粮，总不要把商运粮食到灾区出粜时，从中上下其手，惟利是图，反借政府保护商运的力量，喊着平粜的口号，以剥削灾民，令人齿寒！①

平粜措施是以政府的力量"平市价，增加食粮数量，救济次贫"②，以缓解灾荒的影响，而粮食来源、运营成本、交通、战乱等问题都会影响其最终效果。1939年，陕西省振济会拨榆林区购粮款3万元，用以"地方发生粮荒，购粮调节民食"，发神木1万元，横山5000元，其余1.5万元归榆林县借用。榆林县"本年秋收不及二三成，灾情倍前严重"，"现在粮食不特来源缺之，且又敌机不时飞拢，加之多部队各机关人员骤增，实属供不应求"，"唯榆林城以前食粮恐慌，当将城乡民间存粮清查发卖，一面保护粮商积极运销，虽已暂维现状，决难持久，兼产粮地带

①　《现行保护商运平粜办法》，《陕灾周报》1931年第9期，第2—3页。
②　古籍影印室编：《民国赈灾史料初编》，第4册，国家图书馆出版社2008年版，第542页。

动辄二三百里，粮价到处飞涨，再加运价赔累，将无归补，因召集绅商会议，众谓此项粮运预算需赔 8000 元，民贫商困无力负担，若能持至 6、7 月底，蒙地草赤，前往伊盟贝托地购运，较有把握"①。因此，民国时期天灾人祸相扰，平粜实际效果有待质疑。其一，平粜粮食来源主要是仓储粮，如前所述，民国仓储几乎形同虚设，而民国遍地灾荒，如 1921 年西北 5 省大旱，到处缺粮，别省运粮亦不可行；其二，平粜的目的是调控粮价、收回成本，而民国时期到处粮价飞涨，成本过高，政府无力举办；其三，奸商贪官从中渔利，粮价反而抬高；其四，民国时期，战乱不断，粮运阻滞，耗费严重；其五，军队驻扎，耗粮量大，粮食更加缺乏；其六，惠及范围有限，平粜的对象多是"次贫"户，即有一定购买力的灾民，而大多数灾民都是家徒四壁，无力买粮。可见，平粜的目的是救济灾民，但是民国时期特殊的社会环境，导致仓储废弛，平粜无力，使这一措施丧失了原有的意义，甚至加重了灾民的负担。

综上，民国时期，以资金和粮食为核心的政府资源调控体系，在吸收传统荒政精髓的基础上又有所创新，重视经济运行规律之上的社会自主融通，并且纳入法制化的轨道，从"无法可依"到"有法可依"，这无疑是时代的进步。但是，"有法可依"不等于"有法必依"，政府救灾资源实际分配过程中的腐败贪污、行政程序低效等问题是造成这一时期政府救灾成效有限的根本原因。

四　政府救灾机制的现代化实践——以陕西水利建设为例

陕西省政府作为权力运作的中间阶层，在陕西省救灾机制的现代化实践中做了哪些努力？成效如何呢？这里以陕西水利建设为例做一个案研究。

民国时期，灾害的发生与水利设施的破坏进入了一种恶性循环的状态：一方面，传统的旧有水利设施和制度废弛，丧失了灌溉和减排的功能，无力应对灾害；另一方面，频繁的灾害，又直接破坏了水利设施，进而加剧了灾荒。因此，对陕西省水利事业进行整体的、因地

---

① 《第一区平粜卷》，陕西省档案馆，馆藏号：64，目录号：1，案卷号：67。

制宜的、科学的规划与建设成为扭转这种局面的首要任务，以陕西省政府为代表的自上而下的水利建设即在这种局面下开展起来。

（一）制度构建

进行水利制度和机构层面的构建，逐渐形成现代化的层级水利管理体制。首先，建立水利机构。1916年设立全国水利局陕西水利分局，主管全省水利事务，并于1922年4月13日更名为陕西水利局，隶属省建设厅。1921年，利用救灾余款筹办引泾灌溉工程，成立渭北水利委员会，从此陕西省有了统一的水利机构。1930年1月27日，成立省农田水利委员会，聘请省农、林、水各部门7位领导为专门委员。1932年8月，陕西省政府颁布《陕西省各河堤防协会暂行组织大纲》，并由省水利局会同各县督导组织成立。其次，颁布水利管理法规。1930年6月2日，颁布《防止土壤冲刷及改造梯田实施方案》与《暂行办法》，进行梯田改造；1943年9月，国民政府行政院颁布《陕西省黑惠渠灌溉管理规则》；1944年，行政院颁布《陕西省褒惠渠灌溉管理规则》、《陕西省泾惠渠灌溉管理规则》、《陕西省渭惠渠灌溉管理规则》、《陕西省梅惠渠灌溉管理规则》、《陕西省汉惠渠灌溉管理规则》。此外，陕西省还建立了现代水文测量站，并培养了现代水利工程人员，1931年渭河设站测流，4月26日实测黄河壶口瀑布，12月1日成立西安测候所（1943年10月改为陕西省测候所，1947年10月10日改为陕西省气象所）[1]。

无疑，制度层面的构建为现代化水利工程的建设创造了良好的条件，但是实际的防灾减灾水利工程的建设，却没能够同步跟进，直至1927年国家在形式上逐步统一之后，陕西省水利工程的规划与建设才真正步入正轨。

（二）水利建设实践

1. 大型水利工程修建

1928—1930年，陕西3年大旱，修建一座现代化的大型水利工程

---

[1]　陕西省地方志编纂委员会编：《陕西省志·水利志》，第2编第2章，陕西人民出版社1999年版。

便提上了日程。泾惠渠是陕西、也是中国首个现代化大型灌溉工程，在李仪祉的主持下，工程分两期实施，第一期从1930年冬季至1932年6月20日举行放水典礼，第二期从1933年至1934年底，全部引泾工程历时4年而成，灌溉了醴泉、泾阳、三原、高陵、临潼等县的大片农田①。到1949年，泾惠渠的注册面积从开始的67.9万亩发展到73万亩，实际受水面积为60.6万亩②。

　　泾惠渠作为一个成功的典型示范案例，引发了陕西各地兴修水利的高潮。1933年编制的《陕西水利工程10年计划纲要》，规划了以洛惠渠、渭惠渠、沣惠渠、涝惠渠、梅惠渠、黑惠渠、泔惠渠为主的"关中八惠"工程，以及陕南的汉惠渠、褒惠渠、湑惠渠，陕北的定惠渠、织女渠等（见表4-10）。同时，"关中八惠"与其他诸渠工程的新设计、新工艺、新材料以及新的管理方法，开创了陕西现代水利建设的先河，居全国领先地位。

表4-10　　　　　　　　民国时期陕西省兴修水利概况表

区别	项别	渠别	引用水源（河名）	灌溉区域（县名）	灌溉面积（亩）	备注
关中区	已完成	泾惠渠	泾河	醴泉、泾阳、三原、高陵、临潼	730000	由水利局管理，于1932年放水
		渭惠渠	渭河	郿县、扶风、武功、兴平、咸阳	600000	由水利局管理，于1937年放水
		梅惠渠	石头河	郿县、岐山	132000	由水利局管理，于1938年放水
	进行中	洛惠渠	洛河	蒲城、大荔、朝邑	500000	由水利局管理，于1934年开工
		黑惠渠	黑河	盩厔	160000	由水利局管理，于1938年开工
		沣惠渠	沣河	长安、鄠县、咸阳	230000	由水利局管理，于1941年9月开工
	计划中	汧惠渠	汧水河	宝鸡、凤翔	170000	由泾洛工程局设计
		涝惠渠	涝河	盩厔、鄠县	50000	由泾洛工程局设计

---

①　叶遇春主编：《泾惠渠志》，三秦出版社1991年版，第116—117页。

②　同上书，第259页。

区别	项别	渠别	引用水源（河名）	灌溉区域（县名）	灌溉面积（亩）	备注
陕南区	已完成	汉惠渠	汉江	沔县、褒城、南郑	110000	由水利局管理，于1941年9月放水
	进行中	褒惠渠	褒河	褒城、南郑	130000	由水利局管理，于1939年8月开工
		湑惠渠	湑水河	城固、洋县	150000	由水利局管理，于1941年9月开工
	计划中	牧惠渠	牧马河	西乡	10000	由水利局设计
陕北区	已完成	织女渠	无定河	榆林、米脂、绥德	11000	由水利局管理，于1939年4月放水
	进行中	定惠渠	无定河	横山、榆林	50000	由水利局主持，于1931年3月开工
	计划中	榆惠渠	榆溪河	榆林	27000	由水利局设计
		云惠渠	屈野河	神木	17000	由水利局设计
总计		16	15	30	3077000	

资料来源：陕西省政府统计室编印：《陕西省统计资料汇刊》1941年水利事业专号，第26页。

2. 整理旧有渠堰

据1938年统计，历史时期开发的旧有渠堰几乎遍布陕西省广大的乡村，总灌溉面积不可小觑（见表4－11），但是这些渠堰多遭破坏，灌溉排水功能甚微。如果对其加以整治利用，便可以和大型水利工程互补，形成省、县、乡立体式灌溉格局，可以更有效地防灾减灾。因此，陕西省各地对旧有渠堰进行了整理，关中地区"较大之河流，除泾、渭外，如沇、沣、灞、石川等，均饶灌溉之利，现均在计划或开挖新渠，或整理旧堰"；汉南一带"渠堰栉比，水利甚薄，只因历史甚久，管理不善，以致弊窦丛生，讼案纷纷。为彻底整理计，水利局特设汉南水利管理局专司其事"；陕北"渠堰亦在计划整理中"[1]。

---

[1] 陕西省银行经济研究室：《十年来之陕西建设》（1942年8月），载西安市档案馆《民国开发西北》，2003年，第515—516页。

表 4-11   民国时期陕西省各河渠堰数目及灌溉面积调查表

河流名称	渠堰数目（条）	灌溉面积（亩）	灌溉县区	河流名称	渠堰数目（条）	灌溉面积（亩）	灌溉县区
			关 中	地 区			
沣河及支流	25	8840	长安、鄠县	浐河及支流	5	640	长安、蓝田
灞河及支流	12	2584	长安、蓝田	洪坑河	1	200	临潼
涝河	2	3020	鄠县	戏河	1	950	临潼
冷河	1	300	临潼	沙河	1	120	临潼
赤水河	1	700	渭南	洒河	1	1900	渭南
敷水	1	2000	华阴	沪水	8	3650	韩城
清峪河	4	42200	三原	浊峪河	2	2600	三原
皇润河	1	160	邠县	过涧河	1	170	邠县
白水河	1	30	白水	县西河	2	350	澄城
大峪河	2	500	澄城	漆水	5	920	同官、耀县
石川河	16	20030	富平	赵氏河	1	1080	富平
冶峪河	1	80	淳化	皇润河	1	160	邠县
过涧河	1	70	邠县	漆水	1	170	邠县
三水河	1	40	邠县	杜水	1	100	麟游
汧水	4	4328	陇县、宝鸡	金陵河	2	2800	陇县、宝鸡
清姜河	2	2500	宝鸡	浦峪河	2	2120	陇县
雍水	2	280	岐山	武水	2	2100	武功、乾县
耿峪河	1	420	盩厔	黑河	1	1100	盩厔
泸河	1	120	盩厔	田峪河	1	520	盩厔
赤峪河、霸王河	7	2630	郿县	苇峪沙子河	1	500	郿县
汤峪河	2	1190	郿县	临潼诸泉	3	480	临潼
胡公泉	1	1400	鄠县	盩厔诸泉	4	3660	盩厔
岐山诸冶泉	2	1320	岐山	汧阳诸泉	4	760	汧阳
凤翔诸泉	4	1710	凤翔	郿县诸泉	5	1330	郿县
温泉河	10	5260	富平	漫泉	1	870	蒲城
邠县诸沟泉	11	1190	邠县	潼关诸沟泉	3	2160	潼关
郃阳诸沟泉	5	729	郃阳	总计	185	143911	
			陕 南	地 区			
褒水	3	105950	南郑、褒城	渭水	6	80100	城固、洋县
濂水	9	31500	南郑、褒城	冷水	5	21400	南郑

续表

河流名称	渠堰数目（条）	灌溉面积（亩）	灌溉县区	河流名称	渠堰数目（条）	灌溉面积（亩）	灌溉县区
养家河	11	10600	沔县	旧州河	2	8000	沔县
黄沙河	3	10200	沔县、褒城	南沙河	11	18925	城固
溢水	3	3650	洋县	浣水	3	5250	洋县
洋河	1	5000	西乡	法西河	6	2700	西乡
丰渠河	4	2500	西乡	文水河	3	3700	城固
堰沟河	2	300	城固	饶峰河	1	993	石泉
珍珠河	1	500	石泉	大坝河	1	600	石泉
池河	1	200	石泉	月河	5	13960	安康、汉阴
黄洋河	1	100	安康	洵河	2	3050	洵阳
蜀河	1	100	洵阳	闾河	1	100	洵阳
玉带河	1	1000	宁强	大散水	1	100	凤县
大河	1	448	留坝	丹江	4	900	商县
大越峪河	1	280	商县	干河	1	340	镇安
金井河	2	180	镇安、山阳	丰水河	1	160	山阳
县河	1	430	商南	山沟小河及诸溪水	33	17549	南郑、褒城、洋县、西乡、汉阴、安康各一部分
山涧泉水	13	26445	南郑、褒城、西乡各一部分	总计	145	377210	
陕 北 地 区							
无定河	2	670	横山、绥德	大理河	2	222	绥德
葫芦河	9	1230	鄠县、中部	沮水	1	170	中部
秃尾河	4	1682	葭县、神木	窟野河	1	573	神木
泗支河	1	620	神木	三道河	1	450	神木
宁寨河	1	300	清涧	西河	1	220	肤施
榆河	1	500	榆林	西沙河	1	500	榆林
芹河	1	900	榆林	流金河	1	200	米脂
秀延河	1	130	安定	南河	1	138	宜川
清河	1	100	吴堡	寺儿河	1	150	洛川
沙沟河	1	100	延川	神木诸泉水	2	1259	神木
安定诸沟水	3	1580	榆林	安定小沟水	1	3900	安定

续表

河流名称	渠堰数目（条）	灌溉面积（亩）	灌溉县区	河流名称	渠堰数目（条）	灌溉面积（亩）	灌溉县区
绥德沟水	2	330	绥德	靖边小沟水	1	30	靖边
总计	44	16272					

资料来源：陕西省银行经济研究室：《十年来之陕西建设》（1942年8月），载西安市档案馆《民国开发西北》，2003年，第516—520页。

3. 区域性水利工程

如前所述，大部分水利工程都是在中央政府和陕西省水利局统一规划下进行的。但是，大型水利工程惠及范围有限，无法深入到受自然灾害影响最重的广大乡村地区。此外，陕西自然环境多样，灾害差异性明显，因此兴建符合乡村社会实际生态模式的水利工程非常重要。

其一，关中地区：提倡凿井灌溉事业。开发利用丰富的地下水资源是关中地区一项重要的防旱措施。1931年，陕西省"为救济农村旱灾，提倡西北农田水利起见，成立凿井队一大队，分别调拨长安县各乡农村及西安市等处，掘凿灌田引用各井，嗣以各方请求者日多，遂扩充队数，又增加4队，分为6组，即派拨在西安市及各县，继续开凿"[1]。

民国时期建设厅凿井队在西安市及各县

表 4 − 12　　　　　　凿成灌田饮用水井眼数统计表

年份 县名	1931年			1932年			1933年			1934年			1935年			1936年			合计
	自流井	灌田井	饮用井	自流井	灌田井	饮用井	自流井	灌田井	饮用井	自流井	灌田井	饮用井	自流井	灌田井	饮用井	自流井	灌田井	饮用井	
长安	1		1	2			2		2			5	2	66			20		101
西安						3	18					9			15			14	59
兴平			1					2	3									6	12

---

① 雷宝华：《陕西省十年来之建设》（1937年1月），载西安市档案馆《民国开发西北》，2003年，第489—490页。

续表

年份＼县名	1931年			1932年			1933年			1934年			1935年			1936年			合计
	自流井	灌田井	饮用井	自流井	灌田井	饮用井	自流井	灌田井	饮用井	自流井	灌田井	饮用井	自流井	灌田井	饮用井	自流井	灌田井	饮用井	
蒲城								1			1								2
朝邑						8													8
武功							6			2									8
乾县											3								3
醴泉											1								1
郿县											23								23
潼关													1						1
咸阳							1										2		3
泾阳							1			1									2
渭南							1		1		1			1					4
邠阳							1												1
华县								1											1
凤翔								1											1
大荔														1					1

　　资料来源：雷宝华：《陕西省十年来之建设》（1937年1月），载西安市档案馆《民国开发西北》，2003年，第489—490页。

　　1936年10月，建设厅又向农本局筹款50万元，作为凿井贷款，"先就长安、临潼、渭南、华阴、华县、蓝田等6县地下水位较高处开始，俟获有成效，则依次推行地下水较低各县。预计长安凿井120眼、浅井480眼，临潼、渭南各凿管井100眼、浅井400眼，蓝田、华县、华阴各凿管井60眼、浅井240眼，每井贷款以200元为最高额，俾可够备蓄水车一具"，至"26年双七事变时，已贷款10万元，尚未推行至蓝田县境，卒以时局关系，停止进行，虽对原计划仅成1/5，而民间已获益颇多。30年度农田水利贷款项下，决定分配15万元陆续举办，正计划准备实施中"①。1930年至1936年6月，所有

---

　　① 陕西省银行经济研究室：《十年来之陕西建设》（1932年8月），载西安市档案馆《民国开发西北》，2003年，第520页。

凿成新式水井眼数如表 4 - 12 所示。

其二，陕北地区：开发小规模水利工程。"陕北素称贫瘠，今年荒旱频仍，民不聊生，困苦以极。"政府认识到，"救济之道，首在兴修水利"。因此，1930 年水利局派委员成立陕北水利工程处，从事水利建设。而陕北横山县"境内河流纵横，若能充分利用，惠益无穷，该县县长深明此旨，近两年来，躬亲筹划，于水利局兴修之定惠渠外，领导民众，集资自行举办小规模水利工程"①。如表 4 - 13 所示，横山县修渠 26 处，至 1943 年已经完成 17 渠，将完成 9 渠，共可灌田 35558 亩，需款 263502 元，每亩工程费用仅及 7. 41 元。此外，横山县还计划修新渠 8 道，总灌溉面积 2.78 万亩。若"平均每亩收获食粮以一市石计，年可收获 3 万余石，可谓费省效宏，极合经济原则，计划中提办者尚有 8 渠以需款较大，正在设法进行，若能全数凿成，则横山境内水尽共享，地尽共利，斯民可永无饥馑矣"②。

表 4 - 13　　　　　　　民国时期横山县整理旧渠、兴建新渠情况表

项别	渠数	灌溉面积（亩）	工程费用	
			总数（元）	每亩（元）
总计	26	35558	263502	741
已整理旧渠	10	14008	59255	426
已完成新渠	7	6850	43960	642
兴修中旧渠	9	14700	160287	1090

资料来源：陕西省政府统计室编印：《陕西省统计资料汇刊》1943 年第 3 期，第 265 页。

其三，陕南地区：办理汉南塘田。陕南一带，渠堰栉比，水利较为普遍，"除已进行及进行中之汉、褒、胥等惠渠外，尚有沟谷纵横。农民散居山谷间，耕种坡田，不能引用河水灌溉者，可筑池以蓄山谷溪涧之水，及夏季山沟洪流，于播种需水时，引水灌溉，俗称塘田。

---

① 陕西省政府统计室编印：《陕西省统计资料汇刊》1943 年第 3 期，第 265 页。

② 同上。

塘池大约亩许，深可二三公尺，加以人工构造，储水满池，或由冬田平均蓄水，自上而下，溪流不断，此因土质黑黏，水易保存，故可长年储蓄，用于稻季，消耗于蒸发渗漏之量甚小。塘之大者，可灌田20亩，小者仅灌数亩"。但是，仅"安康汉阴一带，塘田较多，其他各地，尚未普遍进行"，因此"水利局现已拟就整理塘田计划，约款百万元，俟呈准省府后，即可贷款兴修，将来整理完，可灌田5万亩"①。

（三）水利开发的效力分析

表4-14 泾惠渠灌溉区域1939年夏禾增益情形表

农产别	收获量比较			增益数			
	灌溉地每市亩平均数（市担）	旱地每市亩平均数（市担）	百分比（%）	每市亩农产增益平均数（市担）	农产品平均单价（元）	每市亩平均增益数（元）	全灌溉区增益估计总数（元）
棉花	1.17	0.63	186	0.54	63.32	34.19	8390055.05
红薯	22.50	17.30	130	5.20	2.83	14.72	92397.44
小米	1.75	1.02	172	0.73	12.20	8.91	367127.64
玉米	2.63	1.43	183	1.20	9.25	11.10	1021410.90
菜豆	1.01	0.61	166	0.40	21.21	8.48	45563.04
芝麻	0.86	0.41	209	0.45	37.14	16.71	12215.01
高粱	2.40	0.89	270	1.51	7.56	11.42	56860.18
大豆	1.21	0.67	180	0.54	12.05	6.51	19093.83
荞麦	1.61	0.74	218	0.87	7.35	6.39	94367.52
糜子	1.75	0.99	177	0.76	7.40	5.62	1213.92

资料来源：陕西省政府统计室编印：《陕西省统计资料汇刊》1941年水利事业专号，第48页。

---

① 陕西省银行经济研究室：《十年来之陕西建设》（1942年8月），载西安市档案馆《民国开发西北》，2003年，第520页。

表 4 – 15　　　　　　织女渠灌溉区域 1939 年夏、冬禾增益情形表

季别	农产别	收获量比较			增益数			
		灌溉地每市亩平均数（市担）	旱地每市亩平均数（市担）	百分比（%）	每市亩农产增益平均数（市担）	农产品单价平均数（元）	每市亩平均增益数（元）	全灌区增益估计总数（元）
夏禾	棉花	0.60	0.39	154	0.21	90.00	18.90	359.10
	小米	0.82	0.41	200	0.41	22.10	9.06	9014.70
	玉米	0.60	0.40	159	0.20	29.40	5.88	729.12
	高粱	0.82	0.41	200	0.41	27.00	11.07	3830.22
	黑豆	0.93	0.40	232	0.53	29.40	15.58	1791.70
	菜豆	0.83	0.41	202	0.42	22.10	9.28	686.72
	荞麦	0.84	0.42	200	0.42	17.20	7.22	1862.76
	糜子	0.81	0.40	203	0.41	22.10	0.06	9603.60
冬禾	大麦	2.368	1.136	208	1.232	13.48	16.61	11876.15
	豌豆	1.051	0.544	193	0.507	21.30	10.80	356.40

资料来源：陕西省政府统计室编印：《陕西省统计资料汇刊》1941 年水利事业专号，第 56—57 页。

表 4 – 16　　　　　　渭惠渠灌溉区域 1939 年夏、冬禾增益情形表

季别	农产别	收获量比较			增益数			
		灌溉地每市亩平均数（市担）	旱地每市亩平均数（市担）	百分比（%）	每市亩农产增益平均数（市担）	农产品单价平均数（元）	每市亩平均增益数（元）	全灌区增益估计总数（元）
夏禾	棉花	1.03	0.64	161	0.39	62.61	24.42	393577.14
	红薯	19.20	12.57	153	6.63	2.31	15.32	29291.84
	花生	3.24	2.25	144	0.99	13.10	12.97	4967.51
	小米	2.25	1.03	218	1.22	10.31	12.58	64812.16
	玉米	3.05	2.12	143	0.93	9.71	9.03	520055.76
	荞麦	2.05	0.96	214	1.09	7.44	8.11	18158.29
	大豆	1.10	0.49	224	0.61	13.70	8.36	3026.32
	菜豆	0.95	0.40	257	0.55	21.00	11.55	1767.15
	糜子	2.44	1.12	218	1.32	8.60	11.35	1146.35
	高粱	2.45	1.34	183	1.11	7.01	7.78	6760.82
	芝麻	0.87	0.48	181	0.39	35.50	13.85	17728.00

续表

季别	农产别	收获量比较			增益数			
		灌溉地每市亩平均数（市担）	旱地每市亩平均数（市担）	百分比（%）	每市亩农产增益平均数（市担）	农产品单价平均数（元）	每市亩平均增益数（元）	全灌区增益估计总数（元）
冬禾	小麦	2.037	1.128	181	0.909	10.20	9.27	785808.63
	大麦	3.019	1.909	163	1.200	4.40	5.28	140738.40
	芸薹	1.214	0.706	172	0.508	17.10	8.69	37784.12
	豌豆	1.903	0.961	198	0.942	6.10	5.75	29451.50

资料来源：陕西省政府统计室编印：《陕西省统计资料汇刊》1941 年水利事业专号，第 52 页、第 54 页。

民国时期为应对灾害而兴修的水利工程，灌溉了大批农田，增加了粮食产量。如表 4 - 14、表 4 - 15、表 4 - 16 所示，泾惠渠、渭惠渠、织女渠灌区主要的作物种类，夏季主要为棉花、玉米、红薯、豆类等，冬季为大麦、小麦等，而且各灌区内各种农作物的产量，灌溉地远远大于旱地，所产生的经济效益是十分可观的。

总的来讲，水利工程的建设，灌溉了大批农田，不但直接增加了粮食产量，而且也增强了区域性的应灾能力。根据表 4 - 14、表 4 - 15、表 4 - 16 可以估算出 1939 年 3 个灌区冬、夏禾每市亩产量平均数及百分比，如表 4 - 17 所示，泾惠渠灌渠区增益总数为 10100404.53 元；织女渠灌溉地和旱地冬禾的平均产量百分比达到了 204%。再如，1931 年，"春季雨量缺少，陕南尤甚。关中区泾渭梅 3 渠赖渠水灌溉麦田，本可丰收，惜突遭黑霜之灾，人力无法挽救，致产量稍减，约为十足年之六成余；然比之未得渠水灌溉地已多收矣。陕南今春较往年尤旱，故旧有渠堰水量多感不足，南郑、城固、褒城、沔县、西乡、洋县各县旧有渠堰面积原为 54 万余亩，今年得水，插种者不过 39 万余亩"。但"幸试创提前放水插秧成功，又抢种稻田 36870 亩；而汉惠渠大致完工，于六月放水灌溉上部稻田，复增加 28270 亩，赖以增加产量不少。秋季灌溉得宜，各农作物收获尚佳，总计本年泾渭梅及陕南各渠农作物种植面积共达 1815712 亩，所收获农产品总值，依下市时单价计算，约为 384698387 元"①。

表 4－17　　　　　　　泾惠渠、渭惠渠、织女渠灌区增益总数

渠别	季别	灌溉地每市亩平均数（市担）	旱地每市亩平均数（市担）	百分比（%）	全灌溉区增益估计总数（元）
泾惠渠	夏禾	4.61	2.47	187	10100404.53
渭惠渠	夏禾	3.51	2.13	165	1061291.34
	冬禾	1.76	1.03	171	995949.13
织女渠	夏禾	0.78	0.41	190	27977.92
	冬禾	1.71	0.84	204	12232.55

　　资料来源：陕西省政府统计室编印：《陕西省统计资料汇刊》1941 年水利事业专号，第 48 页、52 页、54 页、56 页、57 页。

　　综上，民国时期陕西省的水利建设，从原始驱动力上来讲，是为了防灾和减灾；从结果上来讲，陕西水利工程的逐步实施，有效地缓解了旱灾带来的粮食减少的问题；从实施过程来讲，沿着"灾害—水利建设—灾害—水利工程进一步开发"这样一个循环持续演进；从开发模式来讲，沿着"建立典型模式—推广模式 —地域性创新"展开；从功能来讲，大型水利工程用于排洪灌溉，小型地域性的水利工程解决了当地防旱灌溉的问题；从建设主体来讲，陕西省政府主要主持大型水利工程，各地方依靠民众力量进行地方水利的整治；从实施路径来讲，以自上而下开发为主，兼以基层开发。在此过程中，灾害和社会应对互相影响，促使政府逐步建立了现代化的层级水利管理体制，将排洪防旱列入行政规划当中，建设了多形式的、因地制宜的大、中、小型水利工程，实际防旱亦有成效。

---

　　①　陕西省政府统计室编印：《陕西省统计资料汇刊》1941 年水利事业专号，第 62 页。

第五章　清至民国陕西社会救灾力量的兴起与壮大

　　社会学上有一个名词叫"让渡"，它是指"某一社会行动者将自己所掌握的资源、责任和功能等转让给另一社会行动者的过程"①。清代中期以前，由于国力强盛，政府是赈灾的主体，发挥着主导作用。而到晚清以后，整个国家内忧外患、风雨飘摇，国家的垄断能力、整合能力都大幅度减弱，再加之巨大的财政、军事压力，使清政府在解决各种社会问题时往往心有余而力不足。尤其是在面对频发的自然灾害时，传统的荒政已经很难凸显成效，清前期大规模的赈济活动"到嘉庆朝以后无疑越来越难以实行了，其原因既有经济方面的，也有组织方面的。救灾活动越来越依赖地方慈善事业以及商业的力量；当19世纪国内战争及外国入侵造成国家财政日益紧张，并使相当多的地方政府陷入混乱之后，情况更是如此。与此同时，在许多地方，人口压力和环境的恶化更加重了自然灾害的影响。总之，国家干预的能力显然削弱，与一个世纪前相比，社会经济环境越来越不利，对于中央政府来说，有效的协调和控制任何大规模的活动变得越来越困难，甚至是不可能的"②。与此同时，国外先进的救灾理念开始传入中国，清至民国时期的赈灾体现出社会转型时期的特点，原本由政府独立承担的赈灾责任开始有民间救灾力量的介入，并从协助政府赈灾发展到独立发挥赈灾的作用，成为赈灾的另一个重要主体。在这种

---

　　① 贺立平：《边缘替代：让渡与扩展的合成——一个分析中国社团的理论框架》，载《海大法学评论》（2002年卷），吉林人民出版社2002年版，第329页。

　　② ［法］魏丕信：《18世纪中国的官僚制度与荒政》，徐建青译，江苏人民出版社2003年版，第4—5页。

情况下，政府将一部分权利与义务"让渡"给社会其他团体就成为当时一种无奈的选择。但是，这并不是表示政府就此退出应有的舞台，而只是将一部分权利与义务出让给其他团体，是一种统治方式的小范围调整。

第一节　民间力量的兴起——清代陕西的社会救灾活动

清代陕西的救灾主体除政府之外，还有民间力量的积极参与，这些民间力量主要有以下 3 个主体，即当地乡绅、江南绅商和外国传教士。

一　当地乡绅的传统"社区救助"

在中国封建社会，民间乡绅具有联系官府和民间的桥梁作用，是封建社会政治的一个重要力量。官府与乡绅有着共同的利益诉求，即乡绅是官府的附庸，协助官府维持地方秩序，从而维护封建国家统治；同时，乡绅与下层民间具有密切的联系，即乡绅在某种程度上可以代表广大下层民间的声音，使之上达于朝廷。如光绪三年（1877），陕西遭"丁戊奇荒"，陕西绅士联名呈诉朝廷，要求查处时任陕西巡抚谭钟麟"厌闻"灾情、办赈不力之失；而在光绪三年的赈灾中，政府则要求选取公正绅董配合赈灾委员，不许胥吏参与，防止滋生弊端[1]。正是三者之间相互博弈的微妙关系，使得乡绅这一群体在封建社会政治、经济、文化等各个方面都发挥着不可替代的作用，尤其是当社会遭受到大的自然灾害的时候，乡绅的桥梁作用就会凸显出来。

一方面，乡绅具有较高的文化水平，同时由于长期生活在民众中间，具有较强的协调能力和较高的管理威望，因而当灾害发生的时

---

[1]　民国《续修陕西通志稿》卷 127《荒政一》，《中国西北文献丛书》，第 1 辑第 9 卷，兰州古籍出版社 1990 年版，第 160 页。

候，官府往往会积极主动地联系乡绅，使之成为官府荒政的执行者，这就是"官办绅助"的形式；另一方面，乡绅拥有较多的社会财富，自然灾害发生后，他们有能力捐献钱、粮等救灾物资，可以自行在所在的社区实施赈灾活动，这就形成乡绅的另一种救灾形式，即"乡绅自助"。以上两种形式在清代陕西的赈灾活动中都有体现。

"官办绅助"是由乡绅与封建国家之间共同的利益决定的。当大范围的灾害发生时，官府的力量有限，不得不借助于民间乡绅的力量。清代有不少官督民办性质的慈善机构，如普济堂、养济院、育婴堂、栖留所等，这些机构的社会职能是用来养恤贫苦孤弱。早在顺治十年（1653），政府就在京师建造了收留流民的栖留所，灾荒年景，除临时搭建的窝棚，栖留所也成为灾民的栖身之地。慈善机构的资金来源除少部分来自于官府外，大部分靠绅商捐赠。清政府规定，凡向慈善机构捐钱捐物者，依照其所捐物品的多少给予名誉上的奖励，比如捐粮 10—30 石者，奖给花红匾额；200—400 石者赐予顶戴等①；光绪二十六年（1900），泾阳周氏因积极捐输帮助政府救灾，被朝廷封赏一品诰命夫人②。道光二十六年（1846）关中亢旱，民不能耕，争杀耕牛以食，时任陕西巡抚林则徐一方面饬官府收牛，另一方面则劝富民买牛，官府予以一定利息补偿③。光绪三年（1877）九月上谕指出："现办捐赈，恐不肖官吏乘便营私，其弊不可胜言。宜责成各州县慎选绅耆劝谕集资，自行采买，多设粥厂，严禁遏粜。"④可见，朝廷也认识到地方乡绅在赈灾中可以发挥积极的作用，有助于杜绝那些奸猾胥吏的徇私舞弊。

"乡绅自助"虽然是独立于官府荒政之外的个人行为，但是事实

---

①　龚书铎：《中国社会通史》（清前期卷），山西教育出版社 1996 年版，第 413 页。

②　宣统《泾阳县志》，《中国地方志集成·陕西府县志辑》，第 7 册，凤凰出版社 2007 年版，第 732 页。

③　民国《续修陕西通志稿》卷 127《荒政一》，《中国西北文献丛书》，第 1 辑第 9 卷，兰州古籍出版社 1990 年版，第 150 页。

④　民国《续修陕西通志稿》卷 129《荒政三》，《中国西北文献丛书》，第 1 辑第 9 卷，兰州古籍出版社 1990 年版，第 184 页。

上往往与官府的劝谕有关。如道光二十六年（1846）关中大旱，陕西巡抚林则徐劝谕富绅等"量出钱米，各济各村"①。乡绅自助的形式往往多种多样，有直接捐银或捐粮者，如"李春源……大荔人，候选同知，性豪爽喜施与事……光绪三年大饥，出巨款助赈所居八女井，村人数百家嗷嗷待哺，由与堂侄安吉出粟自赈，不烦公家接济"②。鄠县"王生金……勤俭好善，光绪二十六年大祲，散粮六石余"③；有济贫殓尸者，如岐山县光苟福"……散麦以济贫乏，舍席以掩死尸"④；有积极倡导以工代赈之法者，如凤县"龙登云……道光十六年大饥，其家蓄积故厚，减价平粜，修河堤以工代赈，附近得全活"⑤；潼关县杜堃宁积谷千余石，道光二十六年（1846）陕西大旱，堃宁雇人修地，以工代赈，全活甚众⑥。

中国传统文化中有"为富当仁"的思想，乐善好施、救人水火历来被视为一种义举，是中国民间传统慈善观念的根源。但是这种社区赈灾的出发点是否纯粹出于乐善好施的慈善行为，尚值得商榷。如《流民记》中记载：光绪三年、四年（1877、1878）"丁戊奇荒"时，兴安府北山有人"富于粮，与邻村曰：某有粮若干石，可食若干家，每月朔望发放，至得雨之月止。今与众约，愿共保之。于是周围数村联为一体，吃大户者不得入其境。某既借众力保其家，众亦赖某粮保

① 民国《续修陕西通志稿》卷127《荒政一》，《中国西北文献丛书》，第1辑第9卷，兰州古籍出版社1990年版，第149页。

② 民国《续修陕西通志稿》卷88《人物十五》，《中国西北文献丛书》，第1辑第8卷，兰州古籍出版社1990年版，第308页。

③ 民国《重修鄠县志》，《中国地方志集成·陕西府县志辑》，第4册，凤凰出版社2007年版，第401页。

④ 民国《岐山县志》，《中国地方志集成·陕西府县志辑》，第33册，凤凰出版社2007年版，255页。

⑤ 光绪《凤县志》卷7《人物志》，《中国地方志集成·陕西府县志辑》，第36册，凤凰出版社2007年版，第290页。

⑥ 民国《潼关县新志》，《中国地方志集成·陕西府县志辑》，第29册，凤凰出版社2007年版，第214页。

其命，公私两得"①。由此可见，这些富绅之所以赈济贫民，最根本
的原因还是出于保护自己的利益，但是这毕竟救活了一部分灾民，减
少了因为饥饿造成的人口死亡，因而也是值得肯定的。

另外，在传统的小农经济条件下，乡绅"社区赈灾"的方式具有
鲜明的地方色彩，即以"本地之人办本地之赈"。就乡绅社区赈灾的
范围而言，往往是本人所在的里、社，甚至规定只能是本族之民，未
能脱离地方限制，不具有相邻社区之间的流动性，与后文将要论述的
江南绅商的"义赈"具有明显的区别，故其赈济的范围极其有限。
如"丁戊奇荒"后，陕西巡抚谭钟麟上奏朝廷道："目前（陕西各
属）富绅所捐，但能各顾各县，由绅士买粮散赈大约能自顾一邑者，
不过数处，欲提以为他处采买之费，势有未能。"② 由此可知，当地
乡绅的赈济活动是区域内的救助活动，始终未能脱离地方限制和对官
方荒政的依附。

二 江南绅商的"跨省义赈"

义赈是光绪初年（1875）才兴起的一种具有现代意义的赈灾形
式，是清后期中国社会历史转型过程中所分化出来的具有进步意义的
时代产物，这一赈灾形式的主体是江南绅商，他们作为新兴资产阶级
的代表，开千古未有之风气。一方面，这种绅商的赈灾活动超越了地
方限制，实现了跨地区的流动；另一方面，这种救灾形式完全脱离传
统绅商社区救助对官府的依赖，绅商"自备资斧，不取公中分文，非
特不敢喻利，抑且不敢沽名"③。从以上两点可以看出，义赈是晚清
时期出现的一种全新的赈灾形式。

发生于光绪初年的"丁戊奇荒"可谓有清300年所仅见之巨灾，
虽然受灾的主要是北方4省，但是也在江南绅商中引起巨大的震动。

---

① 王庸：《流民记》卷2，转引自朱浒《地方性流动及其超越——晚清义赈与近代中国的新陈代谢》，中国人民大学出版社2006年版，第57页。

② 民国《续修陕西通志稿》卷129《荒政三》，《中国西北文献丛书》，第1辑第9卷，兰州古籍出版社1990年版，第184页。

③ 虞和平编：《经元善集》，华中师范大学出版社1988年版，第6页。

江苏绅商严作霖首先倡办山东义赈，开启了中国近代义赈的先河。光绪四年（1878）二月，经元善创立"上海公济同人会"，与果育堂联合倡办河南义赈；三月倡劝百金，并于《申报》发表《乞赈秦灾》，劝谕绅商助赈陕西；四月，上海绅商开会集议陕西义赈问题；五月，创办"上海协赈公所"，并在《申报》发文，倡议江南绅商积极捐助北方受灾的直、豫、秦、晋4省；六月，经元善再次在《申报》发表《开办秦赈》一文，认为"秦灾不救，饥民势必窜入豫境，而豫之赈务更办无了期"，倡导在办晋豫之赈的同时兼办秦赈①。到1879年11月止，由上海协赈公所解往受灾4省的赈银共计470763两②。

　　如果说丁戊年间江南绅商的跨省义赈是江南绅商的自觉行为的话，那么到了庚子大旱期间，这种跨省的赈灾活动则第一次受到官方的正式邀请，并且成为救灾不得不依赖的重要力量。庚子年间陕西大旱，全省赤地千里。光绪二十六年（1900）九月，户部尚书崇礼向朝廷上了一道奏折："陕西连岁歉收，今年亢旱尤甚……现当乘舆驻跸西安，三辅重地关系尤为紧要，非特目前急赈万不可缓，即来年青黄不接之际，亦宜次第筹维。陕西巡抚岑春煊正议办赈，而目前军需浩繁，库储空匮，官赈之力有限，必须兼办义赈，方足以纾民困而广皇仁。"③ 在这道奏折里，崇礼用了"必须"一词，可见在庚子大旱发生的时候，朝廷已经没有选择的余地。也正是迫于这种形势，清廷不得不首次以朝廷名义请求严作霖"邀集同志，来陕办理义赈"④，同时命盛宣怀等人于上海等处劝募赈款。此后，江南绅商在《申报》上多次刊载救灾陕西的征信录和启示，并且联合各个民间协赈公所、善堂等募集义赈物资，开始了大规模的陕西义赈。

　　经过两个多月的筹集，光绪二十六年（1900）十一月下旬，严作霖率领40余人的放赈团体从江南出发，分两路进入陕西，一路由无

①　虞和平编：《经元善集》，华中师范大学出版社1988年版，第6页。

②　同上书，第4页。

③　（清）朱寿朋编：《光绪朝东华录》，第4册，中华书局1958年版，第4565页。

④　《清实录·德宗实录》，中华书局1987年版，第221页。

锡义绅唐锡晋带领，"携银十一万，装车二十辆，契同志二十人"，另一路由严作霖带领，"携银九万，契同志二十人"①。十二月底，两路人马抵达西安，开始"分三局查放，霖办永寿，刘办岐山，吴办淳北，逐节推广"。同时，在这40人之外，还有周宝生和常州义绅潘振声各自带领一队人员来陕西救灾。其中，周宝生所率的队伍负责赈济蒲城、富平、高陵、白水、三原等县，共放银77000两；潘振声等人负责同官、洛川、中部、宜君等县，放银45000两②。如蒲城就在光绪二十六年（1900）收到"浙江义赈银二万四千两六钱"，"其督事诸人每到各村"，必定亲自到灾民家中，"见其人方肯给钱，自五千至一千，多寡不等"，被蒲城当地人名为"义赈"③。关于此次赈灾期间江南绅商散放的赈银数量，《续修陕西通志稿》编撰者指出：陕西庚子赈务报销清单中各义绅截用各项捐款散放义赈银9.1万余两，而其他"不登公牍，各以私集捐项并本人自捐粮钱亲赴灾区勘明手放者，当在百数10万以上"④。另据朱浒的研究，庚子大旱期间经江南绅商之手散放赈款总数约有91万两，这其中有部分赈银来源于非民间渠道⑤。虽然二者记录不一，但是仅从大体数字来看，义绅筹集的赈灾银约占此次赈灾银总数（约924万两）的1/10左右，义赈在赈灾中的作用是不容忽视的。

相对于传统的官方荒赈"输血式"的赈灾模式，江南绅商的义赈具有现代意义，注重培养灾民的造血能力，着眼于灾区灾后生产生活的恢复。兴平县张元际做《养生善堂碑记》，记载了庚子大荒期间江南义绅刘朴生在兴平县赈灾的情况："唯刘居兴最久，公（杨宜瀚）

①　（清）唐锡晋编：《筹办秦湘淮义振征信录》，光绪三十四年活字刻本，第7—8页。
②　（清）盛宣怀：《愚斋存稿·遵旨筹办陕振、陕捐汇案具报折》，文海出版社1974年版，第23—30页。
③　光绪《蒲城县新志》卷3《救荒》，《中国地方志集成·陕西府县志辑》，第26册，凤凰出版社2007年版，第310页。
④　民国《续修陕西通志稿》卷129《荒政三》，《中国西北文献丛书》，第1辑第9卷，兰州古籍出版社1990年版，第193页。
⑤　朱浒：《地方谱系向国家场域的蔓延——1900—1901年陕西旱灾与义赈》，《清史研究》2006年第2期。

与之情最笃，乃留两万作赈，复以五千金南乡开井，北原散籽种……
时光绪二十七年五六月之交也，遂偕委员酷暑下乡，可开井之地，随
时酌助籽粮，即于六月中旬典东街房，收婴育养并以授读。"① 相对
于先前传统的陕西乡绅"社区赈灾"的方式，这种赈灾方式更有利
于灾区的灾后重建。

三　外国人在陕西的赈灾活动

清初，耶稣会士、天文学家汤若望（1597—1666）在清廷任职，
引起了一些士大夫的反对。杨光（1597—1669）在研读早期基督教
历史和教义之后对西方传教渗透的问题心急如焚，写了《不得已》
一书予以抵制。到了 1724 年，雍正帝下令，把基督教作为被禁止的
教派而载入清朝法典，同时在圣谕中做了详细的批注。鸦片战争前，
许多著名的士大夫，其中包括魏源（1794—1850）、夏燮（1799—
1876）、徐继畬（1795—1873），在他们论述西方的著作中都有对外
国宗教的批判性评述。再者，由于"1860 年以后许多中国教徒普遍
乐于依仗教会的支持和庇护，同非基督教徒的对手打官司，而一些传
教士（主要是天主教传教士）也纵容、甚至鼓励这种行为"，干涉中
国的司法，"使得一些莠民纷纷攀附教会"②。故民间对传教士印象
不佳。

赈灾是近代西方传教士吸引民众入教、扩大教会影响力的重要手
段。在光绪初年的"丁戊奇荒"中，传教士鲍康宁（F. W. Baller）、
马克维克（MarkWick）两人在西安从事赈灾活动③。而在高陵，天主
教方济各会陕西代牧区主教高一志（意籍）和助理主教林奇爱（意
籍）召集灾民修筑通远坊大城墙，行以工代赈之法。此外，为了宣传

① 民国《重纂兴平县志》卷 8《杂识》，《中国地方志集成·陕西府县志辑》，第 6
册，凤凰出版社 2007 年版，第 393 页。

② ［美］费正清：《剑桥中国晚清史（1800—1911）》，中国社会科学院历史研究所编
译室译，中国社会科学出版社 1985 年版，第 605 页。

③ ［美］尼克尔斯：《穿越神秘的陕西》，史红帅译，三秦出版社 2009 年版，第
11 页。

教义、增加入教人数，教会告诉灾民只要入教即可领取粮食①。然而，这一时期陕西官员采取的态度是不与西人合作，"请西人不必赈灾"②，因而传教士的赈灾活动并没有发挥大的作用。而到了1900年庚子大旱前后，西方教会的力量在陕西已经逐渐扩大，其中以天主教势力最大，"遍乎三辅"，当时的西安府仅长安、咸宁两县就有8座天主耶稣教堂（长安县1座，咸宁县7座）③；加之有李鸿章等洋务派官员的支持，西方传教士在内地的赈灾活动得到了清政府和地方官府的协助。因而，此次传教士的赈灾活动就成为近代西方人在陕西的第一次大规模赈灾活动。

由于陕西地处西北内陆，"接近西方人所称呼的世界边缘"，"发生在这个古老省份的任何事情都难以为人所知"；加之1900年义和团运动发生，在陕西的外国传教士多已经撤离至沿海地区，使得此后陕西发生严重饥荒的消息难以尽快向外界传达。直到1901年初，通过《纽约时报》、《纽约太阳报》等美国主流媒体，众多美国人才开始了解到发生在中国内地的这场严重灾荒。作为美国国内影响最大的宗教周刊，纽约《基督教先驱报》在积极报道灾情的同时，开始筹划为山西、陕西灾区募集善款。由于这些媒体的呼吁和清朝大臣李鸿章等向美国政府发出的请求赈济信函，美国国内迅速建立起了覆盖全美各个阶层的募捐网络，大量善款被迅速收集起来。

1901年5月，陕西关中地区降下了三年以来第一场雨。降雨之后，清政府下令终止了官方的一切赈灾措施。对于经历了3年灾荒的陕西老百姓来说，美国赈灾款的到来，成为朝廷结束赈灾后最主要的赈灾资金。1901年8月26日，以英国浸礼会传教士敦崇礼为首的5名外国传教士抵达西安，开始了在陕西的赈灾活动。在抵达西安后，他们很快组建了一支47人的赈灾队伍。在得到慈禧太后的嘉奖谕令

---

① 高陵县地方志编纂委员会编：《高陵县志》，西安出版社2000年版，第675页。

② 林乐知主编：《万国公报》，《清末民初报刊丛编》，第4册，华文书局1968年版，第5275页。

③ 民国《续修陕西通志稿》卷198《风俗志·宗教》，《中国西北文献丛书》，第1辑第11卷，兰州古籍出版社1990年版，第98页、第94页。

后，这些外国人在中国的活动没有受到任何阻难，到 11 月 24 日赈灾活动结束，前后持续约 90 天，外国传教士在陕西境内累计共发放了 6 万多美元善款，约合 8.6 万两白银。若折中计算，每人每天散发 1500 钱，约有 57 万人得到赈济①。

　　此外，在外华侨和东南亚邻国对中国的赈灾亦多有帮助。光绪初年"丁戊奇荒"发生后，清政府曾组织人前往香港、新加坡、小吕宋、安南、暹罗等地筹募赈灾款项。据福建巡抚丁日昌上奏朝廷的奏折称，捐款可望达到二三十万两，少亦可望 10 万两以外。然而，"丁戊奇荒"期间由国外筹募的捐款主要是用于山西和河南两省，对陕西的赈灾活动帮助不大。到了庚子大旱时期，由于两宫驻跸西安，陕西的灾情受到前所未有的关注，东南亚各国华侨也多积极展开捐助。据记载，"各省义捐一十万数十千两及格册宝塔捐十四万两者，皆多出自华侨所助而捐局所分设南洋等处"②。可见华侨及东南亚邻国对庚子年间陕西赈灾是有帮助的。

　　综上所述，清后期陕西的赈灾活动与中国传统社会的赈灾相比发生了巨大的变化，具有时代性特征。一方面，在思想观念上从排拒到认同。在"丁戊奇荒"时，陕西官方对外国传教士还是排斥的态度，而到了庚子大旱期间，传教士的赈灾活动就已经受到从中央到地方的一致支持；跨地区的绅商义赈在"丁戊奇荒"时只是起到辅助的作用，到庚子大旱期间则受到中央政府的正式邀请而发挥了巨大的作用，这些都体现了从官方到民间在思想观念方面的进步。另一方面，在赈灾实践中，各主体的作用也发生了变化，即从开始的以中央政府为主导到后来的以地方、民间为主导。在"丁戊奇荒"期间，中央政府与地方、民间捐助之间的比例基本为 1∶1，但是到了庚子大旱期间，地方、民间捐助占据了赈灾物资来源的 70%。这一方面是时

　　① ［美］尼克尔斯：《穿越神秘的陕西》，史红帅译，三秦出版社 2009 年版，第 11 页。

　　② 民国《续修陕西通志稿》卷 129《荒政三》，《中国西北文献丛书》，第 1 辑第 9 卷，兰州古籍出版社 1990 年版，第 192 页。

代进步的必然，同时也从一个侧面反映出这一时期清朝国力的下降，中央政府对地方、民间的依赖日益加强。

第二节　民国陕西社会救灾力量的壮大
——以华洋义赈会为例

华洋义赈会，即中国华洋义赈救灾总会，是一个由中外人士联合组成的以人道主义为宗旨的民间性、国际性、慈善性的专业化、协调型的救灾组织，在中国近代救灾历史上产生了深刻的影响，成为洞察民国陕西救灾机制现代化构建中社会力量参与并与政府博弈、最终达到效力最大化以及二者互动机制的重要视角。

一　华洋义赈会的救灾理念与救灾程序

华洋义赈会作为近代中国灾害治理史上的一支重要社会力量，产生于中国社会由传统向现代嬗变的转型时期，兼具"民间性"与"国际性"两大特点，其产生有着深刻的时代背景。

其一，从社会经济层面看，民国时期，资本主义经济在国民政府的政策、法令或"振兴实业"等形式的鼓励下，进入了快速发展时期。经济层面的变革引起了阶级的演化，以买办、绅商、新工商业者、新知识群体为代表的新兴社会力量开始成长，标志着近代市民阶层开始替代传统中国社会的士绅阶层，积极地参与国家建设与社会公共事务，这为社会救灾力量的崛起提供了经济基础与阶级力量。

其二，从政府管理层面看，民国时期，传统社会逐渐崩塌，新的社会尚未构建，政府对社会的管理出现了弱化的危机。此外，政府因忙于权力的争夺，无力顾及公共领域，只能将部分权力让渡于社会，以减少国家与社会的摩擦，借此稳定社会秩序，这为民间社会力量介入社会资源的管理提供了一定的社会空间与现实基础。

其三，民国时期，赈灾组织多而杂，小且散，临时性、非科学性、无组织性、重复救灾等问题突出；不同社会赈灾组织之间又各行其是，互不统属，"厚此薄彼，畸重畸轻"的现象突出，极大地影响了赈济效果。因此，协调分散多样的救灾组织以提高救灾效率，是其成立的迫切现实需求，也充分体现了华洋义赈会具有一定的社会功能与现实价值。

随着越来越严重的灾荒，成立一个统一的、有序的、有力的社会赈灾组织的呼声越来越高，"政府既无望矣，吾不得不希望商民努力!"① 而1920年华北5省的特大干旱，使得中西救灾力量对于整合社会各方力量、成立华洋义赈会达成了共识。经过各方的努力与调整，1921年11月16日在上海成立了中国华洋义赈救灾总会（简称华洋义赈会），并通过了纲领性文件《中国华洋义赈救灾总会章程》，选举艾德敷为首任总干事，章元善为副总干事，总会事务所设于北京，并以蓝地白十字旗作为会旗②。华洋义赈会的诞生，标志中国民间的赈灾活动在规模、理念与原则、机构与组织上都迈向了一个新的里程。

（一）救灾理念与原则

在1920年西北5省大旱中成长起来的华洋义赈会，作为近代中国第一个国际性的社会组织，具有"中西合璧"、"承前启后"的特点，使中国民间组织的救灾理念与原则、机构与程序达到了一个新的高度。

1. 对"灾"的解释

社会组织存在的前提是，必须获取政府与社会的双重承认。民国时期，新的政权尚处于架构时期，军阀混战、贪污腐化，规避政治风险是其获得合法性存在的基础。此外，一个社会组织过多的带有宗教、地域、政治色彩，就很难获得普遍性的社会认同。因此，华洋义赈会对自己定性为："本会乃一国际组织。绝无政治、宗教之关系，所定章程及各项规则，无处不以保存国际性为原则。……然办赈团体所宜十分注意者，即凡对于官府，只能与以相当之合作，而自身必时时保持其超然于政治之地位也。官府分内之职，无须为之代庖。盖本

---

① 杨端六：《饥馑之根本救济法》，《东方杂志》1920年第17卷第19号，第15页。
② 中国华洋义赈救灾总会丛刊甲种第10号：《赈务指南》，1924年，第10页。

会本慈善机关，以救灾防灾为职志，官府之力如有所不逮，得本会为之辅助，则救防之事，或尤易见功。"①

为了在民国错综复杂的社会现实中保持独立性，以求得生存，华洋义赈会将"灾"仅定义为自然灾害，"赈济所施，以天灾为限，不及其他"②。但是，民国时期，"天灾"与"人祸"很难有一个清晰的界限，华洋义赈会显然意识到了这一点。随着救济活动的广泛开展，其救济思想逐渐地脱离了规避政治风险的框架，范围扩大到战争引起的难民救济、一般的慈善救济等，并且在 1930 年后积极与政府进行合作，致力于农村复兴计划，这也反映了民间组织能够根据现实情况不断进行自我调整的灵活性。

2. 建设救灾

传统中国社会的灾荒救治，主要是在国家权威之下进行，并且形成了一套"荒政"；民间救灾组织一般局限在以宗族为主体的乡村社会，并没有能力和资格进行大规模灾荒救治，更没有形成超越"地域"与"血缘"的完整的统一的组织和章程，也就没有形成指导性的、科学的救灾理念。华洋义赈会成立以来，一直以"筹办天灾赈济"和"提倡防灾工作"为原则，并且在实际的救灾过程中形成了"建设救灾"、"防灾救灾"的救灾理念："本会事工中心，不专务消极的救济，尤注重积极的建设，所谓建设救灾主义是也。"③

在此理念的指导下，华洋义赈会规定了办理赈务的 5 项原则："（1）对灾区之难民，不空施以金钱；（2）对灾区之难民，不空施以粮食；（3）凡壮丁及能工作之人，皆应从事相当之工作以养家糊口；（4）于粮食缺乏之地，应以粮食为工资，其他也可酌量施以金钱；

---

① 中国华洋义赈救灾总会编：《赈务实施手册（上编）》，中国华洋义赈救灾总会，1924 年，第 1 页。

② 同上书，第 10 页。

③ 中国华洋义赈救灾总会编：《中国华洋义赈救灾总会概况》，中国华洋义赈救灾总会，1936 年，第 11 页。

（5）工资应按工作单位核实施给。"① 到了 20 世纪 30 年代，华洋义赈会以科学的方法进行灾荒救济与预防的理念更加成熟，并且将上述原则进一步细化："（1）遇有灾情发生，当地财力显然不能防止多数生命之损失，而其情形又不适于办理工赈时，本会应办急赈；（2）本会办理急赈，应尽量用以工代赈，从事建设工程及短期低利贷款办法；（3）本会之主要事工，即为继续提倡及实施各种预防灾害计划，计分以下两类：a. 筑路、灌溉、修堤、掘井、开垦、水利等建设工程事业，b. 办理信用、销售及购买合作社，改良农业方法，提倡家庭工业，以增加农民经济能力；（4）在救灾防灾两方面，主要责任仍由政府及地方当局负担，本会则处于襄助地位；（5）本会之赈款，应根据上列标准而加以支配，俾能收最大之效果；换言之，即欲引起当地政府及人民踊跃参加与负责之决心。"②

此外，华洋义赈会还在实践中形成了散赈、工赈、农赈、合作社、卫生、教育等具体而系统的救灾理论与原则，为中国乃至世界的救灾活动提供了宝贵的经验借鉴与指导。

（二）救灾机构与程序

华洋义赈会采取科层化的管理模式，上下级之间存在着严格的等级和责权关系，既设置工程农利、水利、查放、公告、森林、移植、花签等分委员会，又设置庶务文牍、档卷、统计、工程等股，负责赈务决策、宣传联络、采粮运粮、人事安排、赈款分配、簿记稽查及卫生防疫等事务，而各分会担任查灾救济等任务，这对提高赈灾效率，保证赈灾工作能够快速、有效地运转，提供了一个良好的组织基础。

华洋义赈会借鉴中外救灾及传统救灾经验，在实际的救灾实践中逐渐形成了一套完整的救灾程序与规则，包括灾等认定、赈前调查、查户、散赈等，告别了社会救灾机制混乱无序、应灾而起、灾散则散

---

① 中国华洋义赈救灾总会编：《赈务实施手册（上编）》，中国华洋义赈救灾总会，1924 年，第 3 页。

② 中国华洋义赈救灾总会编：《建设救灾》，中国华洋义赈救灾总会，1934 年，第 10—11 页。

的状态，富有科学性与创新性。

1. 受灾标准的认定

华洋义赈会在综合中外各种灾荒等级评定工作的基础上，立足于灾区实况，并且根据本会实际情况，确定了成灾标准："凡因水旱天灾而五谷不登，以致人民 7/10 咸感乏粮之苦，且其 3/10 已陷于饥寒交迫之惨境者；民间盖藏将尽，而一时土质民情二者俱使农事难施者；上项灾情，如同时发现于互相毗连之 10 县，或不相毗连之县分占一省县区总数 1/3 者，本会始能为之筹赈。其他成灾程度，不及此项标准者，悉为局部偏灾，应由当地筹赈济。"① 以此作为开展赈济工作的依据。

2. 赈前调查

华洋义赈会认为，详备的调查是科学施赈的基础与前提，因此十分重视赈前调查，一旦有人报告灾情或请赈，即派人员前往亲自调查，"所注重之点，在人民本身与其家庭之生活状态，而不以灾区之外表为观察之重心"②。首先，派人员对灾区进行综合性整体性调查，包括受灾地点、面积、灾民多寡、生活情况、生产情况、农业工具的损失情况、迁移流亡、政府及其他团体的救济状况等，然后根据本会制定的成灾标准，将所调查之县分为"被灾最重者"和"被灾次重者"。其次，对请赈灾区挨村挨户逐一调查，调查内容极为详细，包括生产、生活等方方面面。最后，确定赈济户口，先"定户"，再"定口"。此外，为了确保调查结果公正合理，还规定调查员不准接受宴请等。

3. 查户

让受灾最重及次重县份都制备两种表：《最重灾村表》和《次重灾村表》，并且召集当地代表（教会中人、商界领袖、其他各界代表熟知各村情形者）会议当众核阅，签字作为凭证。此外，受灾最重及

① 中国华洋义赈救灾总会编：《赈务实施手册（上编）》，中国华洋义赈救灾总会，1924 年，第 10 页。

② 同上书，第 9 页。

次重之村正尽量设法制备《极贫灾户表》和《次贫灾户表》，最后将诸表寄往华洋义赈救灾总会，或直接承办此项工赈之华洋义赈救灾分会①。

4. 散赈

查赈的目地就是为了放赈，这也是救灾最后和最重要的一道程序。传统的赈济理念遵循平均主义原则，认为凡属灾民，理应一视同仁，但前提是要有强大的资金支持，否则赈济难以持久。华洋义赈会认为，赈济在于"救垂死之民"，"少一文之浮花，即多一人之全活"，因此应"慎行选择，先其所急"，所放之款，除急赈款外，"均作借款论。盖受赈区域得此补救方法，日后必能产出利益，应于受保护人民所应缴之税款项下附息提还。一事既毕，对他处之急赈或应办之工程，又可立时从事。但此项借款，属于义举，与寻常商业借贷不同"②，具体如下。

首先，赈票。领赈的凭证是赈票，分甲、乙两种，散赈地点、赈品、日期与数目确定者用甲种赈票，不确定者用乙种。其分发分两种形式：一是由查放员亲自按名点发；一是由村正与村副代发，但是必须将领赈名单张榜公布。此外，还派诚信之人到村里抽查，看赈票发放是否符实、有无误给等。赈票的发放标准，依据受灾轻重分为8类灾户3级灾民，主要按受灾县、村、人之受灾最重与次重，残废无力者、年老者、病人孕妇，以及妇女儿童及壮丁3级评定。以"先所至急"的原则，依次发放③。

其次，散赈。有直接、间接之别，直接是灾民拿赈票直接到救灾机关处领取；间接是各村正与村副代替赈济机关承领分发，但是必须有该县至少两个以上社团签名。此外，为了以示公正，杜绝流弊，各

①　中国华洋义赈救灾总会编：《赈务实施手册（下编）》，中国华洋义赈救灾总会，1924年，第27页。

②　中国华洋义赈救灾总会编：《赈务实施手册（上编）》，中国华洋义赈救灾总会，1924年，第3—4页。

③　中国华洋义赈救灾总会编：《赈务实施手册（下编）》，中国华洋义赈救灾总会，1924年，第28页。

负责机关还派稽查人员核查放赈过程。

因此，华洋义赈会的救灾机构和程序在继承传统成熟经验的基础上又有所突破，机构组织与程序日益完善和详细，保证了赈济效力，同时放赈过程十分严格，也显示了民间组织在资金方面的弱势。

综上，华洋义赈会的灾荒救治理念与程序并不是对传统救灾的简单继承和对西方救灾模式的照搬，更多地是考虑如何运用科学的原则，在中国这样一个矛盾重重的社会积极地建设救灾，企图从根本上增强整个社会的防灾能力，从而形成一整套系统化、理论化、具体化的理念和原则，以及日益完善的组织机构和程序。

二　华洋义赈会的救灾实践

华洋义赈会的救灾实践活动，主要分为治标与治本两大类。治标类，即急赈，如施粥、散米、设收容所等；治本类，即建设救灾的内容，如工赈、合作社运动、农事试验场与培养农业人才、农村教育及卫生等，旨在复兴农村。华洋义赈会认为："急赈系属救急，然救急于事后，毋宁防灾于未然，所以本会处理赈款，尤注重于建设的救济计划。此项计划，须以鼓励灾民工作，使其本身及眷属有因工得食之机会，并助其农业之发展，而谋民食之富足为原则。凡此数事，均系解决灾后民食民生之根本要策，所谓防灾工作是也。"① 因此，建设救灾是其工作的重心所在。

（一）急赈

华洋义赈会称急赈为施赈、义赈，指根据灾区具体情况，采取设粥厂、施放赈粮、赈款与物资、设立收容所、平粜等形式和途径帮助灾民渡过难关。

华洋义赈会的急赈，除运输极困难的偏僻地方外，一般以散发米粮、衣物等为主，而不是发放赈款，以免滥用。华洋义赈会认为，急赈意在救急，是灾荒发生后采取的必要措施；但是其治标不治本，消

---

① 中国华洋义赈救灾总会编：《中国华洋义赈救灾总会概况》，中国华洋义赈救灾总会，1936 年，第 10—11 页。

耗大，效力低，还容易养成灾民的依赖思想，因此其不可不用，亦不可过为重视。急赈并不是华洋义赈会救灾措施的重心所在，所以这里不做过多论述。

（二）工赈

如前所述，工赈是"以经济的方法，为大量之赈济，不欲养成依赖性质，使人民欲堕穷途"，注重助人自助、授人以渔。华洋义赈会作为"以科学方法，从事灾荒救济与预防之唯一机关"[1]，极为重视工赈活动，主要包括修路、筑堤、开渠、掘井等与防灾密切相关的公共建设。

1. 修路

铁路和公路作为现代化的交通工具，一旦灾荒发生，能够快速地调粟救民或移民就粟，以缓解灾荒造成的粮食危机，减轻灾荒后果。此外，道路的修建亦能增强陕西内部、陕西与沿海的联系，形成优势互补。但是，陕西地处内陆，民风保守，经济落后，交通阻滞，因此华洋义赈会投入了大量的人力、物力、财力进行道路建设（见表 5 - 1），既解决了灾民的生存问题，提高了他们生活的积极性，同时又解决了灾区重建中物资、人员运输等后续问题，可谓"善莫大焉"。

表 5 - 1　　　1921—1933 年华洋义赈会陕西修路工赈成绩统计表

地点	长度（英里）	用款（元）	附注
西安—渭南	43	16928	修理
三原—泾阳	10	29857	新路
泾阳—咸阳	24	27105	修理
凤翔—扶风	45	34441	
武功—兴平	30	13093	
武功—乾州	22	24184	
乾州醴泉—咸阳	37	5000	修理
咸阳—木流湾	26	11730	新路
木流湾—泾阳	18	1100	
咸阳附近	1.5	851	新路

① 中国华洋义赈救灾总会编：《建设救灾》，1934 年，第 10 页。

续表

地点	长度（英里）	用款（元）	附注
醴泉	1	2794	
岳家坡	12	1510	修理
咸阳	13	276	修理
长武、亭口等	80	152000	新路

资料来源：中国华洋义赈救灾总会丛刊甲种第39号：《华洋赈团工赈成绩概要》（第5集），1934年，第17—20页，载蔡勤禹《民间组织与灾荒救治——民国华洋义赈会研究》，商务印书馆2005年版，第188页。

2. 水利建设

水利兴则农业兴，水利弛则农业衰。华洋义赈会认识到，要改变陕西连年荒旱的现状，必须修建一座大型水利工程，而泾惠渠正是华洋义赈会以工代赈、建设救灾的典范，其修建主要经过4个阶段。

（1）前期准备阶段。1923—1924年，是华洋义赈会引泾工程的准备时期，主要进行实地勘探、调查，并且在资金和技术上给予陕西省政府渭北水利局一定的支持。首先，对古代关中渠灌遗址进行了勘探测量，"工程名称：凿山引水；修筑方向和工程：测量山岭河道水渠，12年业已详细造表册呈报在案；地图：地图表册说明书12年呈报在案"[1]。其次，华洋义赈会在1924年12月31日的《工程简明报告表》中，指出义赈会资助了渭北水利局1500元，用于渭北水利工程测量、购买仪器，以及测量队职员夫役薪金开支等项，委办人李仪祉、李仲三[2]。但是，"在陕西渭北筑渠之计划仍续有进行，后亦碍于战事与临时水灾，故目前暂告中止"[3]。

（2）工程筹办阶段。1928—1930年3年大旱，陕西省赤地千里，民不聊生，使得修建泾惠渠刻不容缓。1930年，华洋义赈会贝克等人会晤陕西省吴秘书长，决议勘测兴修泾渠，并携安立森等多人前往

---

[1]　华洋义赈救灾总会：《民国十三年度赈务报告书》，载古籍影印室编《民国赈灾史料续编》，第5册，国家图书馆出版社2009年版，第150页。

[2]　同上。

[3]　同上书，第78页。

泾谷进行勘察设计。经过协商后，华洋义赈会决定与陕西省政府合作引泾水利工程，并且划分了工程范围：华洋义赈会负责泾惠渠渠口工作，并成立渭北引泾工程处，塔德为总工程师，安立森为常驻工程师；陕西省政府建设厅负责平原上土渠桥闸等工程，并成立渭北水利工程处，李仪祉为总工程师，孙绍宗为副总工程师。1931 年，华洋义赈会与陕西省政府合作成立"渭北水利工程委员会"，以协调两部分工程顺利进行①。

（3）第一期工程。1932 年 4 月 6 日，华洋义赈会负责下的引泾第一期工程建成，命名为泾惠渠。其工程包括：拦河堰，顶长 68 米，顶宽 4 米；引水洞，洞长 359 米，洞口明渠长 25 米，费凿石工 7223 立方米，黄炸药 6200 磅，火药 1.05 万磅，雷管 1.7 万个，不透水药线 40000 英尺；拓宽旧渠，完成 1520 米长的石渠拓宽，由宽不足 2.5 米拓宽至 6 米；完成长 6150 米的土渠拓宽，取土量 40 万立方米②。

（4）第二期工程。按照协议，第二期工程主要由政府负责，但是因为经费不足，迟迟不能开办。对此，华洋义赈会表示无能为力："虽欲早观厥成，又为绵力所限……唯敝会虽有募集款项，协助陕省府完成其未竟工程之意，只以世界经济凋敝，国外募捐匪易，殊无把握，而陕省地方经济又极困难，恐无此力量。"③ 但是，1933 年 4 月中旬，华洋义赈会又决定拨款完成泾惠渠支渠工程："陕省旱荒，较前益甚，民生疾苦，已达极点。泾惠渠一日不完成，农民一日不得充分之水利，中间所受之损失，实难以估计，故完成渠工全部工程，殊为刻不容缓之举。中国华洋义赈救灾总会，迭经陕省中西人士来函催促，于无法之中，已勉筹陕赈款 4 万 9 千余元，悉数拨充续修泾惠渠平原上各支渠之用，俾农民早沾水利之惠，藉苏久困，业已派工程师塔德及安立森两君前往陕省与当局接洽兴工事宜。唯此项渠工全部预计需款约 20 万元，除已筹得之 4 万 9 千余元外，尚须 15 万元左右，

①　叶遇春主编：《泾惠渠志》，三秦出版社 1991 年版，第 116 页。
②　陕西泾惠渠管理局编印：《泾惠渠报告书》，1934 年 12 月，第 5—7 页。
③　《泾惠渠第二期工程》，《大公报》1933 年 4 月 9 日。

尚无眉目，此仍待社会之援助者也。"① 随后，华洋义赈会组织工程队开办泾惠渠第二期工程。1933 年，华洋义赈会拨款泾惠渠支渠工程，"本年陕省承多年大旱之后，灾情颇重。经本会请准美国华灾协济会驻沪委办会，先后拨款 8 万 9 千 3 百零 5 元 4 角 2 分，作为陕赈，即议决将全数为修筑泾惠渠支渠工程，以工代赈"②。

虽然陕西省政府一直倡导修建泾惠渠，但是由于技术、资金、政治等原因，实际上华洋义赈会起到了主力军作用。首先，在资金方面，泾惠渠一期工程上部的资金来源，从 1930 年 12 月 16 日至 1932 年 8 月 22 日，总计收入 716836.56 元，其中华洋义赈总会拨款 536635.12 元，陕西省政府仅补助 52000 元③；而第二期工程本由政府负责，但是因为资金困难，实际上是由华洋义赈会筹措了大部分资金。其次，在技术方面，第一期渠口工程是泾惠渠修建的关键部位，是由华洋义赈会的工程师安立森完成的，第二期工程是由华洋义赈会派技术队支持的。

华洋义赈会本着建设救灾的目的，以工代赈，修建水利工程，而泾惠渠修建后，惠泽千里，确实缓解了关中旱灾频繁的问题。

三　与政府的互动：农村合作事业

民国时期，整个中国农村社会几近崩溃。华洋义赈会秉持"建设救灾"的理念，认为要从根本上把中国农村社会从灾荒的打击下拯救出来，其途径在于增强农村的自我恢复能力。经过调查分析，华洋义赈会认为农村社会落后的根源在于农村金融枯竭、商业资本和高利贷资本剥削猖獗，农民无钱，农业生产投入不足，农村生产力自然日趋低下。可见，"农民最缺乏的是钱，无钱故不能改良农业，提高生活。若能借钱给他们，使他们去做生产的事业，例如买耕牛、凿水井、改

---

① 《华洋义赈会筹划完成泾惠渠工、兴筑各支渠》，《大公报》1933 年 4 月 19 日。

② 华洋义赈救灾总会：《民国二十二年度赈务报告书》，载古籍影印室编《民国赈灾史料续编》，第 6 册，国家图书馆出版社 2009 年版，第 54 页。

③ 华洋义赈救灾总会：《民国二十一年度赈务报告书》，载古籍影印室编《民国赈灾史料续编》，第 5 册，国家图书馆出版社 2009 年版，第 507 页。

良土地等，那么，他们的境遇定会一天比一天改善"①。因此，华洋义赈会决定在广大农村设立"农村信用合作社"，也称"平民银行，即对于会员融通产业及经济之发达上所必要之资金，同时并为会员储蓄款项之协济会"，其"不仅可以解决农村资金短缺问题，而且可以挽回资本外流趋势，甚至可以吸引城镇资金流向农村，加快农村建设步伐，提高农民防灾能力"②。

（一）源头与模式——华洋义赈会兴办农村信用合作社

1923 年 6 月，由华洋义赈会主持、在河北香河县基督教福音堂举办的第一个农村合作社，拉开了 20 世纪 30 年代中国社会大规模合作运动的序幕。华洋义赈会认为："西方传来的合作，先在河北中国化，然后再向各省去传播，并供各省的采用与参考。"③ 此后，各省也相继设立了农村信用合作社。

1. 信用合作社的组织原则

关于信用合作社的组织原则，华洋义赈会有明确的规定："（1）社员对社中债务负无限连带责任，即每个社员均以全部财产为整个合作社的债务担保；（2）社员入社需认购社股，缴纳股金；合作社收受存款以增加放款能力；义赈会供给合作社资金以贷放于社员；（3）合作社设立后，若想得到华洋义赈会资助，需要经过该会的严格考核，获得该会承认。请求承认之社，必须向华洋义赈会填报请愿书、社员一览表、社员经济调查表及印鉴等；义赈会接到承认请愿书及其附件后，于每年定期派调查员赴各社调查社员的信用、社员入社是否自愿、村民对合作社有无恶感、是否符合章程的有关要求及办事是否客观等。"④ 对于申请入会的合作社，华洋义赈会往往要经过一年至数年的严格考察，认为成绩优良可以入会时，才提交合作委

---

① 孔雪雄：《中国今日的农村运动》，中山文化教育馆 1934 年版，第 219—220 页。

② 于树德：《农荒预防与产业协济会》，《东方杂志》1920 年第 17 卷第 20 号，第22 页。

③ 章元善：《我的合作经验及感想》，《大公报》1933 年 4 月 29 日。

④ 章元善：《华洋义赈会的合作事业》，载全国政协文史资料研究委员会编《文史资料选辑》第 80 辑，北京文史资料出版社 1982 年版，第 161 页。

办会予以承认，发放"承认证书"，并且获得向义赈会申请贷款权的资格①。

2. 资金来源及放款

信用合作社成立的目的在于融通农村金融，而广大农民积极入社的最主要动因也是为了取得贷款。放款资金来源于社内、社外两方面供给。社内所供给的资金，包括合作社本身的股本、储金、存款和公积金，取决于合作社数目、社员数量及成立时间长久等，这一部分积累有限，不是主要的资金来源。放款主要来源于社外所供给的资金，即华洋义赈会和金融机构的借款，"不过各银行的放款仍籍义赈会做一个代理分放机关，故合作社的社外资金来源，还是以华洋义赈为唯一凭恃"②。信用合作社在农村的成功，以及华洋义赈会的积极努力，使城市金融资本开始投资农村经济市场。到1935年4月，"上海银行、交通银行等10家金融机构在上海组建的'中华农业合作银团'，大量的城市资金开始流入农村，标志着农村金融融通进入了一个新的阶段，更大大增强了农村自我恢复的经济底力"③。

信用合作社放款的对象为本会会员，形式有信用放款和抵押放款。对于放款的用途，华洋义赈会亦做出了规定："（1）用于购买耕畜，置备较大农具，或修盖房屋等事；（2）用以耕植（包括食物、饲料、种子、肥料、家畜及小农具的购买，地租、工资的支付等）；（3）用以防止水旱、改良土壤、垦荒等事项；（4）用以举办婚丧教育等事；（5）用以整理旧债；（6）用以经营农村副业；（7）用以补充储金准备金的不足。"④ 可见，华洋义赈会放款的最终目的在于恢

---

①　蔡勤禹：《民间组织与灾荒救治——民国华洋义赈会研究》，商务印书馆2005年版，第228页。

②　吴敬敷：《华洋义赈会农村合作事业访问记》，《农村复兴委员会会报》1934年第2卷第4号，第53页。

③　蔡勤禹：《民间组织与灾荒救治——民国华洋义赈会研究》，商务印书馆2005年版，第238页。

④　秦孝仪：《中国华洋义赈总会拟定之农村信用合作社章程》，载《革命文献》第84辑，台北文海出版社1980年版，第465—466页。

复与发展农业生产，即"生产即信用之基础"。此外，华洋义赈会还较关注农民债务等生计问题。为了遏制已经出现的贷款滥用的现象，"自1926年起，义赈会每年派员前往各社举行社务考成一次，社员借款用途是否与所申明用途相符成为考成内容之一。1928年以后，社员借款实际用途，已与申明用途渐趋一致"①。

表5-2　　　　1933年前华洋义赈会在陕西建立的农村信用合作社

信用社	社员数（人）	信用社	社员数（人）
临潼南北胡王村信用合作社	10	临潼华清池信用合作社	35
咸阳大陈村信用合作社	22	临潼三合村信用合作社	12
醴泉洛张庄信用合作社	40	醴泉附郭村信用合作社	17

资料来源：《邹枋关于陕西合作事业实施状况致经委会呈》，载《中国民国史档案资料汇编》，第5辑，江苏古籍出版社1997年版，第316—321页。

经过华洋义赈会的积极宣传和努力经营，至20世纪30年代，中国农村信用合作社遍地开花，社数、社员数、入股数及款数都迅猛发展。陕西省的农村信用合作社虽然没有形成规模，只是在个别县乡存在（见表5-2），但是也有了一定程度的发展，为以后陕西合作事业的发展和壮大积累了一定的合作人才与经验，也为政府的介入提供了可供参考的模式。

（二）新的里程——政府的介入

南京国民政府成立后，政府开始积极介入社会管理之中，以复兴农村，借此获得对社会资源的控制权，重塑政府权威。

1930年，因为灾荒严重，陕西省政府有意提倡合作事业，但是"唯以省库拮据，金融滞塞，合作基金，筹措为难，且因僻居西陲，文化落后，合作意义，明了者甚少，故决先有训练人才，及宣传合作意旨入手，俟至相当时期，再择定适宜地方组织需要之合作社，以期逐渐进行"。为此，1932年陕西省政府派员向上海商业银行接洽贷款，又派员在泾惠渠流域之永乐区指导农民，成立棉花生产运销合作社，"该区农

————————

① 蔡勤禹：《民间组织与灾荒救治——民国华洋义赈会研究》，商务印书馆2005年版，第240页。

民加入合作社，系以村为单位，计参加者共有 10 村，社员 254 人，合作棉田 4400 余亩，斯年运出皮棉 1200 余担"。为了便于社员入城购置用品，附设消费部；社员经济能力有限，无力购买农产品，向上海银行借 12000 元，金大农学院借 3000 元，购置发电机、轧花机、磅秤等社员公共设备，向农民放贷各种青苗贷款，"平均每亩棉花，可得 2 元，农民用具可资购买"①。这是政府在陕西省初次试办合作社。

　　1933 年，邵力子被任命为陕西省政府主席，遂邀请华洋义赈会到陕西，会同陕西省政府商讨推广农村合作事业的问题。同年，陕西省建设厅同华洋义赈会"合办农村合作讲习所，先培养一批合作人才，以做推行合作的基础。开讲日期为 1 月，听讲人员 60 人，有大学毕业者，有小学毕业者，年龄最大者 50 岁，小者 19 岁"②。这些学员成为合作社的第一批人才，学成之后积极致力于农村合作事业。

　　1934 年，在陕西省政府主席邵力子、全国经济委员会主席宋子文带头下，力邀章元善到上海，商谈在陕西发展合作事业；7 月，"陕西省合作事业委员会"成立，下设"农业合作事务局"为执行机关，委员会成员有邵力子、雷宝华、胡毓成、徐仲迪、刘景山、赵连芳、章元善 7 人，章元善被任命为事务局主任，主持全省农村合作事业，1934 年 8 月正式开始办公③。据章元善回忆："这个机关于 1934 年 8 月开始办公。我分批从义赈会及河北省各县的合作社调来人员，按照陕西省合作委员会的施政方针展开工作。"④ 这标志着陕西省合作事业实际上进入了以中央政府和陕西省政府为主导的、协同华洋义赈会共同发展的新阶段。

　　（三）初步发展

　　1934 年下半年，在陕西省农业合作事务委员会及农业合作事务

---

　　① 雷宝华：《陕西省十年来之建设》（1937 年 1 月），载西安市档案馆《民国开发西北》，2003 年，第 492 页。

　　② 《邹枋关于陕西合作事业实施状况致经委会呈》，载《中国民国史档案资料汇编》，第 5 辑，江苏古籍出版社 1997 年版，第 320 页。

　　③ 章元善：《华洋义赈会的合作事业》，载全国政协文史资料研究委员会编《文史资料选辑》第 80 辑，北京文史资料出版社 1982 年版，第 166 页。

　　④ 同上。

局的积极筹备下，陕西省的合作事业进入了发展的黄金阶段。

1. 推广计划

农业合作事务局成立后，拟订陕西省的农业合作计划应分区、分层次进行。

(1) 先关中后全省，先贫县后富县，整理旧社，避免重复，互助社和合作社并重，农贷和合作贷款并行，低级向高级逐步过渡。"由关中入手，以泾惠渠及渭河两岸之泾阳、临潼、长安、高陵、华县、潼关、凤翔、三原等9县，已由银行投资，举办合作社者外，大荔、醴泉、咸阳等34县，因地方经济困难，先行办理劝农贷款，指导承借农户组织互助社，做设立合作社之初步。"① "嗣感人才缺乏，先行专办农贷，至1934年3月间，始举办合贷工作，派员分赴长安、凤翔、华县、潼关等县，从事协助农民自动组织，并调查已成立之合作社，社务概况，复因实际之需要，酌调华北合作社人员，办理各合贷区域县分合作事业。"

(2) 制定业务章程。陕西省合作社的业务包括生产、运销、保险、消费等，其中以信用合作为主，棉花产销为次，有些合作社兼营多种业务，"令饬各县依照组织本省关中区各县，宜于种棉，除令饬关中区各县政府遵照前颁棉花产销合作章程，迅速指导组织棉花产销合作社外，并定农村信用合作社、农业生产合作、垦植合作、合作社联合社等模范章则，及合作社指导须知、社员须知等件，今发所属92县政府，迅速就地方需要情形指导组织各种合作社"②。至此，陕西省各种形式的合作社有了迅速的发展（见表5-3）。

表5-3　　1934年1月—1935年4月陕西省各种合作社概况表

社别	社数（个）	社员数（人）	社别	社数（个）	社员数（人）
棉花产销	17	2886	垦殖	1	20
信用	59	8986	蔬菜产销	2	79

---

① 雷宝华：《陕西省十年来之建设》（1937年1月），载西安市档案馆《民国开发西北》，2003年，第494页。

② 同上书，第493页。

续表

社别	社数（个）	社员数（人）	社别	社数（个）	社员数（人）
棉花生产	35	51969	果蔬产销	4	909
农业生产	14	5875	消费	14	70
合计	133	70794			

资料来源：雷宝华：《陕西省十年来之建设》（1937年1月），载西安市档案馆《民国开发西北》，2003年，第493页。

2. 组织调查

组织调查分内勤和外勤两种，内勤暂设总务、视察、放贷3股；外勤分甲、乙、丙、丁4组，后改为4分所，"以实际工作之推进为该分所之住在地"，主要是调查即将组社之县的农村实况，并且作为组社工作的准绳，在组社前填具农村概况表，作为审定贷款的根据。为求实效，"外勤人员基本是从华洋义赈会在河北各县举办的合作社中经验丰富之人中征调，并进行短期训练"①，这实际上形成了政府控制、华洋义赈会提供具体技术的合作模式。

3. 贷款

陕西省合作社贷款的来源主要有：（1）农民认股金。但"本省荒旱之余，农民经济窘迫已极，成立之合作社，社员认股之金额，实属有限，即认定之金额，亦多无力交纳，资金缺乏，社务即难进行，虽有合作社之组织，仍系有名无实"②。因此，这不是主要来源。（2）政府拨款，包括中央政府和陕西省政府拨款。1934年，合作局刚创始，"银行未能投资以前，暂依该局之劝农贷款总额50万元分配，按照各县农村经济状况，以40%、30%、20%分别贷放，其余10%，以备截短补缺"③。此后，全国经济委员会拨40万元，陕西省

---

① 雷宝华：《陕西省十年来之建设》（1937年1月），载西安市档案馆《民国开发西北》，2003年，第494页。

② 同上书，第493页。

③ 同上书，第494页。

政府拨 30 万元，共 70 万元，作为贷款基金①。（3）银行支持。政府资金有限，因此"该局（合作事业局）贷款，以介绍商资流入农村为原则"。1934 年，为了解决合作社贷款问题，陕西省政府"呈请实业部向银行界交涉，办理农贷，并与各银行接洽，请在本省合作社放贷。其结果，4 省农民银行、上海银行、陕西银行、中国银行均贷款本省合作社"②（见表 5 - 4）。

表 5 - 4　　　1934 年 1 月—1935 年 4 月陕西省各县合作社概况表

县别	社数（个）	社员数（人）	银行贷款数（元）	县别	社数（个）	社员数（人）	银行贷款数（元）
长安	20	2421	150000	泾阳	4	3932	528200
临潼	28	9531	324504	郃阳	2	2242	
渭南	10	8217	41539	高陵	18	4124	96088
大荔	1	199	5600	武功	1	97	
凤翔	1	110	21140	蓝田	3	154	
咸阳	21	1050	6875	华阴	14	869	
华县	3	1849		合计	132	34795	1173946

　　资料来源：雷宝华：《陕西省十年来之建设》（1937 年 1 月），载西安市档案馆《民国开发西北》，2003 年，第 493 页。

　　随着互助组、合作社及银行和金融机构投资增多，为了避免重复贷款，提高资金的利用率，确定了按区贷款的模式：（1）划分银行贷款区。"1934 年，交通银行以大荔、朝邑、咸阳、兴平、武功等 5 县为贷款区域，并贷款其互助社共 72229 元，中国银行暂就该行已实行贷款之泾阳、三原、高陵、长安、临潼、渭南等 6 县为该行贷款区域。"③（2）划分合贷、农贷贷区。合贷区有长安、泾阳、三原、渭南、临潼、高陵、华阴、华县、潼关、凤翔、郿县等 12 县；农贷区

---

① 雷宝华：《陕西省十年来之建设》（1937 年 1 月），载西安市档案馆《民国开发西北》，2003 年，第 496 页。

② 同上书，第 493 页。

③ 同上书，第 496 页。

有华县（一部分）、商县、蓝田、平民、大荔、朝邑、郃阳、韩城、白水、蒲城、醴泉、乾县、永寿、邠县、咸阳、兴平、武功、扶风、岐山、耀县、淳化、旬邑、长武、麟游、同官、富平、汧阳、陇县、宝鸡、盩厔、柞水、雒南等33县①。因此，合作社贷款实际依靠中央政府和陕西省政府的拨给及银行的支持。

此外，政府还致力于农村教育工作，提高农民文化水平；宣传合作思想，壮大合作队伍；戒除赌博、吸烟等恶习；引进新棉种，普及科学植物栽培知识，开展植树造林、凿渠防旱等工作，力图使农村全面振兴。

（四）政府主导体系形成

在陕西省政府及中央政府的介入下，陕西省的合作事业有了长足发展。此后，政府又制定了一系列政策章程，以法律的形式肯定了对农村合作事业的主导权。

1937年4月19日，陕西省政府与实业部颁布《陕西省合作委员会组织章程》，陕西农业合作事务委员会改组为陕西省合作委员会，隶属实业部，主要任务有："规划全省合作行政方针；主持全省合作进行事宜；保管暨运用政府拨交之合作专款；筹措暨调剂合作事业之资金；促进与合作事业有关之工作。"② 1940年，陕西省合作委员会改组为陕西省合作事业管理处，隶属于建设厅③。这些都是全面负责陕西农村合作事业的机构，经过不断改组，国家权力更加牢固了对陕西合作事业的管理。

此外，政府还颁布了一系列法规，致力于合作事业法律制度化。1935年4月18日，农业部颁布《农村合作社暂行规程》④；7月，国民政府又颁布了《合作社法》及实施细则，成为各省市推行农村合

---

① 雷宝华：《陕西省十年来之建设》（1937年1月），载西安市档案馆《民国开发西北》，2003年，第494页。

② 陕西省合作委员会：《陕西省合作委员会办事处组织规程》，《陕西合作》1937年第23期。

③ 《处内各科室执掌及现有人员表》，陕西省档案馆藏，全宗号：80；目录号：1，案卷号：6。

④ 农业部：《农村合作社暂行规程》，《陕西合作》1935年第6期。

作运动的根本法。《合作社法》首次以法律的名义规定合作社为"依平等原则，在互助组织之基础上，以共同经营方法，谋社员经济之利益与生活之改善，而其社员人数及资本额，均可变动之团体"。此外，《合作社法》还规定了合作社分信用合作、供给合作、生产合作、运销合作、利用合作、储藏合作、保险合作、消费合作、其他合作9类；合作社责任有无限责任、有限责任、保证责任3种；合作社成立后，必须要经所在地县政府许可及登记；凡是许可登记的合作社可以享受政府优惠政策，并且接受政府的指导；未经许可的合作社不得用合作社名称；合作社成立后，要依据规程召开社员大会，推选职员，维持日常管理；社员必须缴纳股金，每股最高金额不得超过国币10元；合作社解散、清算也有一定的程序等事项①。12月28日，实业部又制定了《合作社登记分期办法》，规定合作社成立后应于1月内向主管机关申请登记，通令各地遵照办理②。在此指导下，陕西省合作委员会亦制定了一系列法规：1936年颁布《陕西省办理合作社登记事务暂行办法》③；1937年5月21日，陕西省政府颁布《陕西省各级合作社登记暂行办法》，规定合作社登记要经过省、县的核办④。至此，合作事业完全纳入了政府的管理体制之内。

（五）陕西农村信用合作成效分析

陕西省的农村合作事业在华洋义赈会和政府的着力推行下，有了飞速的发展（见表5-5）。

表5-5　　　　　　　陕西省合作社数及其占全国比重表

年份	社数（个）	比重（%）	年份	社数（个）	比重（%）
1934年	320	2.18	1940年	9780	7.32
1935年	671	2.56	1941年	11542	7.42

---

① 国民政府：《合作社法及其实施细则》，《陕西合作》1935年第9期。

② 实业部：《合作社登记分期办法及其简明表》，《陕西合作》1935年第13期。

③ 陕西省政府：《陕西省办理合作社登记事务暂行办法》，《陕西合作》1936年第20期。

④ 陕西省政府：《陕西省各级合作社登记暂行办法》，《陕西合作》1937年第23期。

续表

年份	社数（个）	比重（%）	年份	社数（个）	比重（%）
1936 年	2066	5.54	1942 年	11271	6.92
1937 年	4009	14.10	1943 年	12306	7.38
1938 年	4659	7.22	1944 年	10258	5.98
1939 年	5243	6.72			

资料来源：赵泉民：《政府·合作社·乡村社会——国民政府农村合作运动研究》，上海社会科学院出版社 2007 年版，第 176 页、第 189—190 页。

陕西农村合作事业的开展，在一定程度上复兴了农村：（1）使农村经济得到了恢复与发展。自 20 世纪三四十年代农村合作事业迅速发展以来，农民依靠信用贷款缓解了农业投入不足的问题，如洋县王家堂互助社说："本村以连年亢旱，灾情甚重，幸有贷款接济，民困始苏。"① 此外，开展棉花运销社，引进新棉种，开展多种经营模式，也改变了陕西地区单一的经济结构，使农村经济有了明显的恢复。（2）出现了新的乡村组织风貌。农村合作运动积极宣传新农业知识，并且开展农村教育、卫生宣传、移风易俗等活动，打破了传统社会以"血缘"和"地缘"为纽带的宗族组织管理模式，培养了村民"经济"、"合作"、"民治"等新观念，独立自主，互助救济，开始形成互信、互助这一新的乡村社会组织机制，加速了中国社会现代化的步伐。

但是，陕西的农村合作事业在发展过程中也面临一些问题：（1）类型单一。合作社类型主要以信用合作为主，棉花运销为辅，其他类型合作社发展不足。（2）覆盖面不均衡。主要以关中地区为主，陕北、陕南发展明显不足。（3）资金有限。政府财政拮据，银行及团体资金有限，都使得农民平均贷款有限，惠及范围有限；合作社自有资金缺乏，使其难以摆脱政府的控制，自主发展。（4）宣传不到位，使农民产生理解偏差，仅认为"合作社"即"借钱社"，入社仅为贷款。（5）社会环境动乱，战事频繁，增大了推广难度。

---

① 《泾阳洋县各社植树修路情况》，《陕西合作》1936 年第 18 期。

（6）推行过程中难免有贪污受贿、诈骗等不法行为出现。（7）政府以行政力量强力推行，难免重量不重质，忽视客观规律，伤害了民众感情。这些问题都是转型时期社会政治、经济、文化方面的矛盾及合作社本身的组织缺陷造成的。

应该认识到，农村合作运动的实质是以救济灾荒为核心而进行的一场庞杂的社会改良运动，而近代中国社会的灾荒很大程度上是"人祸"造成的，是半殖民地半封建这一社会性质的固有矛盾衍生而出的。显然，华洋义赈会的"超体制"立场，并不能从根本上把中国社会解救出来；而政府救灾的实质目的是在不改变资本主义制度的前提下缓解阶级矛盾，稳定统治秩序，因此并不能从根本上改变农村落后的状态，也就不能从根本上提高广大农村抵御灾荒的能力。

（六）合作：政府和华洋义赈会的互动机制

陕西农村合作事业的开展，实质上是在政府控制、华洋义赈会提供操作技术的基础上进行的，也可以看作是以政府为主导、政府与社会合作互动、共同致力于社会秩序重构的过程。

1. 政府：控制力的"强"与"弱"

1912 年以后，中国社会进入了政治、经济、文化全面失范之中，尤其是北洋政府时期，政治斗争与政权分裂使政府权力弱化，无暇也无力顾及社会事务，而华洋义赈会的出现，正好弥补了政府社会管理职能的不足，其实施的一系列救济措施，也有利于帮助政府稳定社会。此外，华洋义赈会以"筹办天灾赈济，提倡防灾工作"为职责，认为"赈济所施，以天灾为限，不及其他"，把自身定位为政府的"助手"，帮忙而不添乱，这无疑给政府吃了一颗"定心丸"，使政府可以"放心"华洋义赈会在中国的救灾活动。因此，政府无奈的让渡，使华洋义赈会获得了一定的社会资源控制权，从而造成了 20 世纪 30 年代以前华洋义赈会领导合作运动独树一帜的局面，这也为以后政府大规模开展合作运动奠定了基础。

1927 年，南京国民政府成立，国家从形式上有了统一的中央政府的领导，陕西省亦统一在杨虎城将军的领导下，政府权力强化，开始积极介入社会改造。此时正值民国开发西北计划开展之时，但是如何开展，政府并无切合实际的计划和经验可循；而此时华洋义赈会兴办农村信用合作社的理念、规则和经验已经基本成熟，对于政府而言，这无疑是一个现成的、可资利用且有利于稳固政权的救灾模式。因此，政府积极邀请华洋义赈会共同发展陕西合作事业，借此转移一部分由民间社会控制的社会资源，重塑政府权威。

因此，陕西省合作事业的发展过程，实际上也是依靠政府行政力、自上而下、强制性的制度安排过程。尤其是 20 世纪 30 年代后政府颁布的一系列法规章程，企图以法律形式将合作社的发展纳入以国家意志力为主导的社会意识形态发展过程中，并且确定了国家权力对农村合作运动过程的绝对控制权。事实上，20 世纪 30 年后陕西农村合作事业的迅速发展，很大程度上是国家以行政力量强制推行的结果，这也发挥了国家力量在大规模调控国家资源，如资金、制度保障等方面社会团体所无法比拟的优势。

2. 华洋义赈会："主角"与"配角"

华洋义赈会一开始对自身的定位就是"力图协同中国官厅暨公共团体，办理赈务及防灾事宜"①，即作为一个独立的主体，协助政府，弥补其在公共事务中的制度性缺陷，救济灾荒，发展民生。

实质上，20 世纪 30 年代以前，政府权力弱化，社会管理权让渡给了社会，华洋义赈会实际上是救济灾荒、振兴农村运动中的"主角"，堪称民国陕西合作运动的基石。随着华洋义赈会合作运动的规模、人员及影响的扩大，引起了社会各个阶层对农村现状的关注，进而促成了 20 世纪 30 年代农村合作运动的大规模推广，以及涉及农村社会方方面面的农村建设运动的高潮，在一定程度上复兴了农村经济。华洋义赈会在开展陕西合作事业的过程中，形成了科学的理念、完备的规章制度、严密的组织机构、系统的技术操作模式，并且培养了一大批合作人才，为政府和其他团体大规模推行农村合作事业打下了坚实的基础。

---

① 华洋义赈救灾总会：《民国十二年度赈务报告书》，载古籍影印室编《民国赈灾史料续编》，第 5 册，国家图书馆出版社 2009 年版，第 17 页。

20 世纪 30 年代以后，国家权力的强势回归，挤压了华洋义赈会的活动空间，其社会管理职能又出现了萎缩之势。但是，政府还需借鉴华洋义赈会先进的救灾模式，使该会又不至于窒息于政府的权威之下。华洋义赈会主动变"主角"为"配角"，积极协助政府推行农村合作运动。邵力子曾经评价华洋义赈会在陕西合作运动发展过程中的作用："余莅陕后，即拟仿照义赈会办有成效之方法，兴办农村信用合作事业；始以经费无着为虑，嗣得经委会资助，又以缺乏专门人才，无从举办。时义赈会在华北办理战区农赈，组织互助社，成绩卓著。乃协同经委会向之借调合作专家章元善先生，到陕办理农赈，奠定合作事业基础。初以一年为期，后以农赈互助社成绩甚优，由互助社改组合作社，进行亦殊顺利，乃复申请延长一年。民国 24 年秋，章先生应中央任命，司长合作，陕省如失所依，复承义赈会调派富有合作经验之杨性存先生到陕继任，俾合作事业幸得依旧进行，不致因人而废。"[1]

因此，华洋义赈会能够随着政府权力的强弱变化，随时调整自己的定位和政策，积极地配合政府的救灾活动，提供技术和人才支持，这是双方良性互动机制能够形成的重要因素。

3. "合作"思想的温和性

"合作"思想最早出现在"五四运动"时期，其倡导者认为，合作，即劳动者不分贵贱、阶级、宗教信仰、种族、政治派别等，以和平、节俭、公允、自立、合作、互助的方法，反对经济剥削，缓解生产和生活中的困难，谋求生产、分配上的资源与利益共享，借此振兴国民经济，逐步消除阶级剥削和社会矛盾。因此，国民政府认为，合作制度是一种温和的社会改良措施，符合"三民主义"之"民生主义"，既不触动资本主义制度，又能够实现"阶级协调，防止阶级斗争"的目的，较之其他社会改造措施，具有协调性、中立性与和平性，因此国民政府大为推广。

综上所述，构建于 1920 年华北 5 省旱灾治理过程中的华洋义赈

---

[1]　中国华洋义赈救灾总会编：《救灾会刊》1937 年第 14 卷，第 8 册，第 69 页。

会，能够在当时中国这样一个政治敏感的时代，和政府屡次达成合作，不断发挥积极的社会功能，并且最终以制度化的组织形式存续至1949年，使中国近代救灾活动发生了划时代的变革，是值得我们深思的。在这一过程中，华洋义赈会显示出了民间社会强大的资源整合能力、灵活性与高效性；同时，政府亦能够与社会团体达成平等的对话机制，与其展开互助式合作。事实上，这也是政府与民间社会各自管理职能缺陷的互补过程，即华洋义赈会提供以人才和技术为核心的操作模式，政府提供强大的行政力量与资金保障系统，完成了政治资源与社会资源的有效对接，也为政府与社会的良性互动提供了现实基础。因此，民国时期救灾机制现代化构建中华洋义赈会的积极参与，可以看作是政府与社会良性互动的一个典型代表。

第六章　清至民国时期陕西地区救灾活动的特点、困境与启示

　　清到民国时期，是中国社会从古代到近代发展转型的一个转折时期，一方面各级政府对灾荒都非常重视，由灾前备荒措施、临灾赈济措施和灾后补救措施等组成的减灾救荒体系比较系统化和全面化；另一方面，到晚清以后，整个国家内忧外患、风雨飘摇，国家的垄断能力、整合能力都大幅度减弱，再加之巨大的财政和军事压力，使政府在面对频发的自然灾害时往往有些力不从心，传统的荒政已经很难凸显成效；与此同时，国外先进的救灾理念开始传入中国，原本由政府独立承担的赈灾责任开始有民间救灾力量的介入，二者既合作又碰撞，借鉴西方模式的现代新型救灾机制在形式上逐步建立，民间赈灾主体，如外国传教士、本地乡绅等力量的增强以及现代化交通技术的参与，凸显了这个阶段社会救灾机制的时代性和特殊性。因此，清至民国时期陕西地区的救灾活动，既是一场全民运动，也是一场深刻的社会变革。在这一过程中，既呈现出时代的新特点，亦经历了时代变迁所带来的困境，而这些都给我们带来了有益的启示。

第一节　清至民国陕西救灾活动的特点

　　清至民国时期，中国社会开始由中央高度集权的封建社会一步步沦为半殖民地半封建社会，传统的社会结构逐渐解体，社会各阶层、各种力量和因素重新解体、分化与组合，中国社会在新旧冲突、中西交合中发生巨变，逐渐步入近代社会，从而也使这一时期的救灾活动呈现出前所未有的新特点。

　　清代中期以前，虽然陕西自然灾害的发生频率较之晚清至民国时

期要低，但是毕竟给广大劳动人民的生产和生活带来了严重的影响，而且还直接导致封建政府财政收入的减少，社会经济、政治、文化等各个方面的秩序也被打破，增加了社会不稳定的因素，给封建统治以严重威胁。因此，清朝统治者从自身的利益出发，对如何预防自然灾害、及时消除灾害造成的重大影响等问题都极为重视，加之这一时期社会安定，经济发展，政治清明，国力强盛，政府对社会的掌控能力较强，由灾前备荒措施、临灾赈济措施和灾后补救措施等组成的传统的减灾救荒体系比较系统化和全面化，保证了救灾活动能够比较顺利地进行。比如在灾前备荒措施之仓储体系中，常平仓无疑是最重要的官仓，清代中前期，尤其是康、雍、乾三朝，陕西的常平仓储备达到了顶峰，"至陈文恭（即陈宏谋）公抚陕，常平仓谷三百三十余万石，社仓积谷七十余万石，可谓极盛"①。由于陕西的常平仓储粮充足，所以在备荒赈灾方面发挥了显著的作用，如嘉庆六年（1801），陕西省咸宁等10州县被旱，赈济灾民用的就是常平仓谷；道光二十六年（1846），关中大旱，谷价骤昂，陕西巡抚林则徐查知西、同、凤、乾4府州常平仓有储粮110余万石，故依"存七出三"之惯例出仓平粜，全活甚众②。再比如水利事业，从康熙（1662—1722）初年到嘉庆（1796—1820）末年的159年中，陕西全省共新开渠堰59道，比较大的疏浚渠堰工程67次，灌溉数万亩到千亩不等的大、中型水利设施占有相当的比重，形成清代陕西农田水利事业发展的第一次高潮，为这一时期的抗旱排涝、减轻水旱灾害造成的损失发挥了重要作用。因此，这一时期陕西的救灾活动，可谓集中国历代传统救荒思想之大成，在应对灾害方面，虽然民间乡绅"社区救助"之事时有所闻，但主要是传统的同宗、同社区救助，其力量尚未强大到可以跨地区帮助政府赈济灾民，故政府仍是赈灾的主体，发挥着主导作用，政府在灾前、灾中和灾后都采取了一系列救灾减灾的措施，形成了一套

---

① 民国《续修陕西通志稿》卷32《仓庚一》，民国二十三年铅印本，第1—2页。

② 民国《续修陕西通志稿》卷127《荒政一》，《中国西北文献丛书》，第1辑第9卷，兰州古籍出版社1990年版，第149页。

系统的比较成熟的减灾体系。所以，这一时期陕西的救灾活动比较集中地体现为它的"传统性"。

鸦片战争以后，整个国家内忧外患、风雨飘摇，国家的垄断能力、整合能力都大幅度减弱，再加之巨大的财政和军事压力，使清政府在解决各种社会问题时往往心有余而力不足。尤其是在面对频发的自然灾害时，传统的荒政已经很难凸显成效，清前期大规模的赈济活动到嘉庆朝以后无疑越来越难以实行了。与此同时，外国先进的救灾理念开始传入中国，晚清时期的赈灾体现出社会转型时期的特点，原本由政府独立承担的赈灾责任开始有民间救灾力量的介入，并且从协助政府赈灾发展到独立发挥赈灾的作用，成为赈灾的另一个重要主体。所以，到了晚清时期，陕西地区救灾活动的主体开始趋向多元化，官方和民间都参与了赈灾活动，发挥了不同的作用。

就晚清陕西赈灾的各方主体而言，政府的官赈无论从救灾范围、救灾力度等方面来说，都是救灾活动最主要的力量，发挥了主导的作用。首先，政府投入的赈灾银粮数量巨大，以"丁戊奇荒"和庚子大旱为例，"丁戊奇荒"期间，清政府共计调拨赈灾银230余万两，赈灾粮110余万石，受赈民众达到314万口；到庚子大旱，由于两宫驻跸长安，清政府调拨钱粮更是达到了前所未有的高潮，筹措赈银924万两，赈粮172万石（见表6-1），可谓是举全国之力而救陕西一省。由此可见，即使晚清时期国力一蹶不振，但是政府仍然承担了救灾的主导责任，是赈灾活动的组织者和主要参与者。其次，晚清陕西赈灾的一个重要特点是邻谷协济达到了空前的规模，全国多个省份参与了对陕西的救助，体现了"一方有难，八方支援"的救灾精神，是中国传统荒政发展的高峰。但是，在这一时期，由于国家在社会控制方面能力减弱，使得赈灾虽然表面规模庞大，但是其内部结构呈现出畸形化的态势，是传统荒政走向终结前的回光返照。以晚清最大规模的庚子旱灾赈济情况来看（见表6-1），直接来源于"部拨"的赈银仅175万两，占全部赈灾银的比例不到1/5；相对而言，通过赈捐筹集的赈银达到600多万两，约占全部赈灾银的2/3。再以赈灾粮而论，赈灾应当以积极的仓储备荒为主，采买属于临灾措施，成本高、时效低。庚子大旱时，用以备荒的常平仓、社仓、义仓合计共出赈粮不到 35 万石，其他约 3/5 的粮食来源于采买。因而，虽然说晚清陕西荒政达到了清代的最高峰，但是总体的趋势是向下的，过了这个最高峰，荒政就伴随着清代的结束迅速走向了不可挽回的没落。

表 6-1　　　　　　　　　庚子大旱陕西赈务银、粮明细表

分类	分项名称	数量	合计
赈银	部拨库平银	170 万两	924 万两
	部拨接运宁、鄂米石运费银	5 万两	
	各省奉部捐协赈款银	25 万两	
	各省筹垫赈款银	6.2 万两	
	秦晋实官捐输银	341.4 万两	
	封衔贡监翎枝捐输银	260 万两	
	各省捐款专案请奖实官银	1.2 万两	
	各省捐款另案请奖衔监翎枝银	1.5 万两	
	各属富户捐款	47.6 万两	
	各省官绅报效陕西赈款	34.9 万两	
	各省陕赈义捐	10.1 万两	
	格册塔捐	4.2 万两	
	各属积存备荒款	2.2 万两	
赈粮	常平仓粮	2.4 万石	172 万石
	社仓粮	192 石	
	义仓粮	31.6 万石	
	各州县支剩兵粮	1.6 万石	
	部拨京斗粮	2.8 万石	
	湖北省协济粮	1.5 万石	
	河南省协济粮	5000 石	
	甘肃省借粮	8000 石	
	陕西省道仓粮	1.2 万石	
	省及各属采买粮	101.4 万石	
	各省官绅报效陕赈粮	2400 石	
	各属富户捐粮	21.9 万石	
	各属积存粮	5.3 万石	
	各属抽囤捐款	6400 石	

资料来源：民国《续修陕西通志稿》卷 129《荒政三·光绪二十八年陕西巡抚升允奏报庚子赈务核销单》，《中国西北文献丛书》，第 1 辑第 9 卷，兰州古籍出版社 1990 年版。

与此同时，由于晚清时期国力的衰落，政府对民间力量的依赖越

来越强，民间力量在赈灾中的作用也越来越突出。早在"丁戊奇荒"期间，江南绅商已经参与了对陕西的赈灾。庚子大旱发生后，民间绅商的义赈第一次受到政府的正式邀请，就其赈灾活动涉及人数之多及在中国义赈史上的意义而言，无疑非常重要，标志着中国传统义赈方式由地方性认同层次提升为国家的认同①。而传教士的跨国义赈，对于中国现代意义上国际红十字组织的萌芽起到了促进作用。

晚清时期陕西的赈灾活动与中国传统社会的赈灾相比发生了巨大的变化，具有时代性特征。一方面，在思想观念上从排拒到认同。在"丁戊奇荒"时，陕西官方对外国传教士还是排斥的态度，而到了庚子大旱期间，传教士的赈灾活动就已经受到从中央到地方的一致支持；具有现代意义的江南绅商的"跨省义赈"在"丁戊奇荒"时只是起到辅助作用，到庚子大旱期间则受到中央政府的正式邀请而发挥了巨大的作用，这些都体现了从官方到民间在思想观念方面的进步。另一方面，在赈灾实践中，各主体的作用也发生了变化，从开始的以中央政府为主导到后来的以地方和民间为主导。在"丁戊奇荒"期间，中央政府与地方和民间捐助之间的比例基本为1：1，但是到了庚子大旱期间，地方和民间捐助占据了赈灾物资来源的70%。这一方面是时代进步的必然，同时也从一个侧面反映出这一时期清朝国力的下降，中央政府对地方和民间的依赖日益加强。所以，这一时期陕西救灾活动所体现的"传统性"开始减弱，而"现代性"开始兴起，并且随着时间的推移逐步增强。

民国时期，整个社会处于传统向现代的嬗变之中，因此这一时期的救灾活动也逐渐抛弃了传统救灾活动的弊端，开始转向现代化的轨道。在救灾理念上，由传统的认为"荒政"是政府施行"仁政"的一部分，转向现代"责任政府"意识，由传统的"消极救灾"思想转向"积极救灾"思想；在救灾制度上，由传统的"道德原则"转向"法律原则"；在救灾机构上，由传统的依靠以皇权为核心的金字塔式的等级官僚体系，转向现代科层式的管理模式；在

---

① 朱浒：《地方谱系向国家场域的蔓延》，《清史研究》2006 年第 2 期。

管理人员上，从传统的封建官僚转向现代专业化管理人才；在救灾措施上，由传统的、单一的、治标措施逐渐转向现代化的、多元化的治本措施。

救灾活动现代化一个最明显的标志就是现代科学和技术知识的应用。民国时期，现代交通、通信与大众媒体网络的参与，使救灾活动在一定程度上摆脱了时间和空间上的限制，人、物、信息得到了有效的流通，加大了社会对灾害发生、发展的有效控制程度。

救灾机制的现代化构建和交通关系密切，在一定程度上，有无多样化、畅通的交通网，决定了救灾物资与人员是否能够及时运送到灾区、灾区人民是否能够快速转移到安全地区、灾区与非灾区能否进行有效的信息沟通。孙中山先生曾经很明确地阐释了灾荒与交通的关系："不适当的交通方法，再加上铁路、公路稀少，不完善的、阻滞的水道是影响中国救灾的一大原因。"① 民国时期，陕西省逐步修建了以铁路、公路、航空、航运为主的现代交通网（见表6-2）。现代交通，尤其是铁路运输，在民国时期陕西的救灾活动中发挥了巨大的作用，使快速和大规模地运送灾民和物资成为可能，在一定程度上解决了灾民的生存问题。

民国时期，陕西省亦建立了现代邮政、电话网。邮政方面，1936年局所达到524处，邮路达到9972公里，函件业务量升至1468.2万件；1942年，局所增至1210处，邮路达到23645公里，其中铁道邮路和汽车邮路分别为419公里和857.6公里，函件业务量升至7402万件。电话网方面，陕西电信创办于光绪十六年（1890），1912年，西安官商合股创建了西安市内电话，启动了陕西电话建设。1918年陕西军用电话局成立，架通西安至潼关、咸阳、三原之间长途电话线路。1928年，交通部陕西电政监督处改为陕西电信管理局。1931年省办陕西长途电话局成立，筹建了全省县际联络电话和县内环境电话线路，开通了西安到潼关、凤翔、耀县、长武、邠县、鳌屋等11个县的长话电路。1933年起，陕西电

_____

① 《孙中山全集》第1卷，中华书局1981年版，第90页。

信管理局利用空余电报线路开放西安与潼关、渭南等 7 地长途电话业务，咸阳、长安实施县内环境电话。1935 年全省电报线路一律开放通话，通话的局所已有 35 处。1936 年开始架设长话线路，陆续开通了长安到郑州、成都、兰州、太原、荆紫关等省际长话电路，开通县际长话电路的县达 40 多个。1937 年抗战爆发，国都西迁重庆，大半个中国沦陷，陕西成为大后方和西北军政要地，电信通信迅速发展。1945 年陕西电信管理局改为交通部第一区电信管理局，管辖范围扩大到陕、甘、宁、青、绥远、河南、山西以及安徽长江以北地区。1946 年，交通部第一区电信管理局管辖范围缩小为陕西、河南两省。1947 年全省已有 65 个县架设了线路。至 1949 年，陕西电信事业有了长足的发展 ①。

表6－2　　　　　　　　　民国时期陕西的交通网

名称		起讫地点		经过地名（县）与修筑情况	里程（公里）	通车年月
		起点	讫点			
公路	西潼路	西安	潼关	临潼、渭南、华县、华阴	170	1922 年 1 月
	西长路	西安	长武	咸阳、醴泉、乾县、邠县	216	1928 年 5 月
	西凤路	西安	凤翔	咸阳、兴平、武功、岐山	212	1931 年 2 月
	西朝路	西安	朝邑	咸阳、蒲城、泾阳、大荔、三原、富平	224	1931 年 5 月
	西路	西安	盩厔	盩厔	88	1931 年 5 月
	西南路	西安	南五台	—	29	1931 年 5 月
	西午路	西安	子午口	—	29	1931 年 5 月
	原渭路	三原	渭南	高陵	80	1934 年 5 月
	咸榆路	咸阳	榆林	泾阳、三原、耀县、同官、宜君、中部、洛川、鄜县、甘泉、肤施、延长、延川、清涧、绥德、米脂	878	1935 年 2 月通至肤施（约 420.5 公里）

① 陕西省地方志编纂委员会编：《陕西省志·邮电志》，陕西人民出版社 1996 年版，第 2—3 页。

续表

| 名称 | 起讫地点 | | 经过地名（县）与修筑情况 | 里程（公里） | 通车年月 |
	起点	讫点			
公路					
渭蒲路	渭南	蒲城	—	66	1935 年 2 月
渭大路	渭南	大荔	—	60	1935 年 4 月
凤陇路	凤翔	陇县	咸阳	129	1935 年 5 月
汉宁路	汉中	宁强	褒城、勉县	154	1936 年 2 月
西汉路凤汉路	凤翔	汉中	宝鸡、凤县、留坝、褒城	296	1936 年 3 月
西荆路	西安	界牌关	蓝田、商县、商南	277	1936 年 3 月
汉白路汉安路	汉中	安康	城固、西乡、石泉、汉阴	271	1936 年 7 月通车至石泉长 152 公里
绥宋路	绥德	宋家川	—	63.8	1936 年 8 月
鄜宜路	鄜县	宜川	—	108	1936 年 8 月
总计	—		—	2775.80	
铁路					
陇海铁路陕西段干线	潼关	宝鸡	灵宝、潼关、西安、咸阳、武功、宝鸡	304.8	1936 年 12 月
渭白支线	渭南	白水	时称轻便铁路，系 1 米宽的窄轨铁路，中经蒲城，为运煤专线，1950 年拆除	78.0	1938 年
宝凤支线	宝鸡	凤县	系窄轨铁路，由宝鸡至凤县双石铺，1945 年拆除	106.2	1938 年
咸同支线	咸阳	同官	1939 年 6 月开工，经三原、富平、耀县，主要用来运煤	138.4	1941 年 12 月
沪新线	上海	迪化	上海—南京—洛阳—西安—兰州—迪化（今乌鲁木齐）	4060	1932 年
陕滇线	陕西	昆明	西安—汉中—成都	1300	1936 年 4 月 1 日
航空					
渝哈线	重庆	哈密	重庆—汉中—兰州—凉州—肃州—哈密		
上海、北平西安线	上海北平	西安	上海—西安北平（今北京）—西安		1945 年 8 月
南京西安西线	南京	西安	南京—汉口—西安—兰州—肃州（今酒泉）天津—北平（今北京）—太原—西安		1948 年 5 月 28 日

| 名称 | 起讫地点 | | 经过地名（县）与修筑情况 | 里程（公里） | 通车年月 |
	起点	讫点			
航运 嘉陵江	—	—	1938 年 9 月开始勘测，沟通陕、甘、川、鄂诸省货运		1940 年 9 月
丹江	—	—	1941 年 6 月，陕西省驿运管理处拟开办丹江水路驿站，以利龙驹寨至荆紫关水运		

资料来源：樊如森：《陕西抗战时期经济发展述评》，《云南大学学报》（社会科学版）2009 年第 5 期；陕西省银行经济研究室：《十年来之陕西经济》（1932 年 8 月），载西安市档案馆《民国开发西北》，2003 年，第 507 页、第 520—526 页。

大众媒体作为"社会的守望者"，在救灾活动中充分发挥了其社会职能，构建了公众解决灾害问题的社会平台。

其一，灾情传递。连续不断地向受众传递大量灾害信息是媒体的首要功能。灾害信息包括灾害发生的时间、地点、范围、程度、后果、灾区情况及救援情况等，使政府及社会各界救灾力量能够快速、准确地获得灾害信息，并且在第一时间内采取针对性的措施，大大提高了社会整体救灾效率。在救灾过程中，媒体能够跟踪报道救灾进展，使灾情发展情况全面呈现在社会面前，为政府和社会进一步实施救灾方案提供依据。

其二，动员社会各界救灾力量。大众媒体对灾情的报道，有利于动员社会各界的人力、物力和财力，形成中央和地方、政府和社会、国内和国外之间的协同合作局面，共同抗灾救灾。

其三，舆论督导作用。报刊媒介的报道，使救灾场景公开、透明和全方位地呈现在民众面前，成为社会监督救灾活动的窗口。此外，新闻媒体还发挥了监督政府的天职，以揭露、批评、谴责为手段，在一定程度上遏制了政府救灾活动中的贪污、腐败等行为。

其四，集思广益，集腋成裘。大众媒体是社会各界人士发表救灾建议的一方阵地。尤其是《大公报》、《申报》、《陕灾周报》、《东方日报》、《新陕西》等报纸杂志，以短评、专栏、小说等形式，激起全社会对灾害防治的关注与探讨，有利于汇集中外和社会各界人士先进的灾害防治理念与措施。

其五，公众"喉舌"。大众媒介强调公民的参与性，以公共性为基础和核心，以增进和分配公共利益为根本目的，关注通过政府及非政府的途径来解决社会问题，如刊发各地的请赈报告、各地求赈报告等。从这个角度讲，救灾过程中，大众传媒成为表达公众诉求、传播民声的有效工具。

综上，现代媒介网的构建打破了区域隔绝的状态，将各地紧密地联系起来，传播了新知识，启迪了民智，促进了社会经济生产模式的变革。这些深层次的变革，无疑为陕西省救灾机制的现代化构建提供了有利的文化氛围与经济基础。

无疑，新旧变革是个缓慢而复杂的社会过程，涉及政治体制、经济结构、社会价值观的转变等多个层面，不可能一蹴而就。事实上，这一时期陕西省救灾机制的现代化构建过程，并不是对"传统"绝对的摒弃，而更多的是"继承"与"嬗变"。如救灾资金的筹措方式，社会捐赠之法古已有之，民国时期则用法律形式加以制度化；再如仓储制度，也是带有现代商品经济的特点等。换言之，这一时期的救灾措施相较之传统而言，形似但质已变。

民国时期，种种传统救灾因子仍旧活跃，有着不可忽视的社会原因。

其一，"传统"本身的可继承性。历代封建统治者都十分重视救灾活动，并且逐渐形成了一套系统、完善的"荒政"，虽然以维护封建统治为直接目的，但是其中不乏许多可以借鉴之处。事实上，民国时期的很多救灾措施和制度都是在传统荒政的基础上进行现代化的转型，赋予新的生命而存在的。

其二，现实社会环境的需要。中国传统社会的特点是以自给自足的小农经济为基础，儒家伦理纲常为内在凝聚力，实行以皇权为核心的官僚体制和乡村自治相结合的社会治理模式，具有极强的稳定性。因此，传统社会的灾荒治理实际存在着官方和非官方两种控制系统：封建国家的灾害控制系统；以"乡村权威"和"地方精英"为核心、以"血缘"和"地域"为范围的乡村自助式灾害控制系统。实质上，传统社会中政府在基层社会的灾害救济任务，很大程度上被乡村宗族所替代。1840 年以后，中国社会经历了经济、文化与政治结构的剧烈变革，对于陕西这样一个地处内陆、社会环境相对封闭、以传统农耕为主的地区来讲，新生政权的力量对基层社会的管理是有限度的，传统的力量仍旧是维系社会秩序的有效选择。因此，在这一时期乡村社会的灾荒救济活动中，传统士绅的身影依旧活跃，"血缘"与"地域"功能依旧发挥着一定功效。大量团体从事传统慈善活动，如同仁善济堂、保息养局、公济堂、普济善会、盛德善社等，替代国家从事着施米、施材、施粥、掩埋、恤嫠、慈幼等救济活动。

其三，国家无奈的选择。1912 年之后的新政权，为了维持统治，虽然采取了一系列救灾措施，但是民生凋敝、时艰款绌、战争频仍，有限的管理成本和能力，与灾荒频仍的现状相比较，无疑杯水车薪。为了稳定统治，政府不得不寻求任何可以利用的社会救灾形式，因此在这一时期，一些植根于民间的传统性的救灾方式和组织就自然而然地代替政府行使了社会公共职能，减轻了政府的救济成本，在一定程度上缓和了社会矛盾和冲突。

总之，传统的合理性存在是值得思考的。1912 年之后的中国，陷入了这样一种尴尬的境地：旧的社会已经崩塌，而新的社会尚未构建。因此，在这样一种社会现实之上，构建现代化的社会救灾机制，必然出现"传统"与"现代"之间"方生方死""交替重叠"、"传统性"与"现代性"并存的状态。

第二节　救灾机制现代化构建的困境

如前所述，在清代中期以前，陕西的救灾活动还是比较集中地体现为它的"传统性"；到了晚清时期，尤其是清末，陕西救灾活动所体现的"传统性"开始减弱，而"现代性"开始兴起，并且随着时间的推移逐步增强。但是，陕西地区的救灾机制真正开始现代化的构建则是到了民国时期。与传统救灾活动相比，现代化的救灾活动能够更有效地控制灾害的破坏程度。但是，值得深思的是，民国时期现代化救灾活动的实际效力，却在一定程度上不及封建社会传统救灾活动的救济结果。民国时期的灾荒，本质上仍然是自然破坏力的社会化过程。从自然因素方面讲，民国时期各类自然灾害频发，破坏了传统的农业生产条件，直接造成了以粮食缺乏为核心的生存危机；从社会因素方面讲，传统—现代转型时期，以政治力量为核心的社会（政治、经济、文化）控制体系的无力又进一步激化了生存危机，造成了灾害效应社会普遍化。因此，社会政治、经济、文化各方面的矛盾冲突，使这一时期的救灾机制现代化构建出现了困境，从而影响了救灾成效。

一 社会环境：战争与动乱

民国时期，陕西省地处西北、西南交通要枢，是南北军阀攻城略地、纵横捭阖的主要战区之一，"三月一小试，五月一大打"，社会环境动荡不堪，"从辛亥举义到人民政权的建立，几乎年年、月月、天天都在打仗"①。因此，频繁的战争和动乱，始终制约着陕西省救灾机制的现代化构建。

一方面，军阀混战与"剿匪"不断加剧"天灾"制造"人祸"。所谓"大兵之后，必有凶年"。战争期间，大批劳动力被抓去充当炮灰，大片麦田被践踏，大量渠堰水利设施、屋舍等农业生产工具被损毁，极大地破坏了城乡人民的生活环境。如据1919年3月26日的《申报》报道：自1917年10月至1919年3月，总计"南北主客驻陕军约13万，8省之兵，合数省之匪，星罗棋布于关内一隅"，致使"所经市阒，比户墟落断烟"，而"西路尤甚"，陕南亦"收括无遗，陕北则糜烂殆尽"。此外，战争烧毁了大量森林植被，加之农民无粮，到处挖草充饥，竭泽而渔，破坏了自然环境自我调节、恢复和抵御自然灾害的功能，进而埋下了灾害发生的种子。正如1921年8月1日的《申报》所言："彼苍苍者，制造灾祸之天然机械也，军阀官僚，制造灾祸之巧匠也。"战乱诱发自然灾害风险，加剧了社会的脆弱性，进而引发灾荒。

---

① 郭润雨：《陕西民国战争史·前言》，三秦出版社1992年版。

另一方面，国民政府又扮演着救济灾荒的角色，在制度、机构与措施层面进行了救灾机制的现代化构建。但是，频繁的战争使政府始终把争夺权力作为第一要务，对于赈济灾荒漠不关心；地方政府亦当中央政令为一纸空文，敷衍应付。如1920年大灾荒，陕西当局因"内部四分五裂，统驭无力，遂专注精神于巩固势位之一途，早置小民生死于不顾，省城虽立有赈抚局，按之实际，直等虚设"①。虽然1927年之后军阀混战结束，建立了统一政府，但是逐渐步入正轨的救灾活动并没有因此摆脱战争的侵扰。如1929—1930年大旱时期，蒋介石与阎锡山、李宗仁、冯玉祥的矛盾骤然激化，"1929年3月、12月发生两次蒋桂战争，5月、10月又发生两次蒋冯战争，这正是旱荒最严重的时期，冯军20多万，云集关中30多县与灾民争食。士兵挨庄按户搜粮食，拉牲口，征车辆，搜罗一空，'致富者必穷，穷则不逃必死'"②。大量的金钱仍旧用于军事开支而不是灾荒救济，频繁的战争又使政府的救济活动顿挫无常、缺乏连续性。如"1928年9月国民党中常会拨给北方7省灾区赈款仅14.5万元，不及每月兵费的一个零头，陕西领到45000，500万灾民人均才9厘钱！1930年11月国民党三届四中全会决定发行救济陕灾公债800万，被时人称为'党国救灾恤民之第一重要事件'，但结果却是：'陕西公私电催，财部迄不允办，争执数月，完全搁浅'"③。因此，国民政府的救灾活动始终受到战争的制约，很难发挥应有的效力。

可见，国民政府作为救灾的主体，其地位却是尴尬的：既是灾荒的制造者，又是灾荒的救济者。这种矛盾与冲突，使政府无力消弭战乱，把民众从灾荒的噩梦中拯救出来，为民众生产生活的恢复与发展提供一个安定的社会环境。

二　政府行政：贪污腐败

民国时期，国民政府官员的贪污腐败，使救灾活动非但没有起到

① 李文海：《中国近代十大灾荒》，上海人民出版社1994年版，第159—160页。
② 同上书，第199页。
③ 同上。

救民于水火的作用，反而加剧了灾荒。正如孙中山所指："中国所有一切的灾难只有一个原因，那就是普遍的又有系统的贪污。这种贪污是产生饥荒、水灾、疫病的主要原因。……官吏贪污和疫病、粮食缺乏、洪水横流等等自然灾害之间的关系，可能是不明显的，但是它很实在，确有因果关系。"①

如前所述，急赈款关乎灾民的生死，民国时期政府大量拨发，但是其功效有限，原因正如邓拓所说："中饱冒取，或克扣不发，在这种情况下，灾民又怎能免于饥饿死亡呢？历代赈谷、赈银成效不大，病根就在这里。"②1921年9月4日《申报》揭露陕西赈抚局人员"只知抽大烟，叉麻雀，吃花酒。当华洋义赈会前来查灾时，从县知事到道尹到督军，竟都'一口同声说陕西没有旱灾'。后经社会各界力争，得到一批赈款，但这些赈款，'起先发放的，每名灾民只领到12枚铜元，末后发到县里的，竟被恶绅劣官狼狈的吞没了'。而当时直系首领，后来的'贿选'总统曹锟亦侵吞赈款300余万元"③。工赈本为防灾减灾，救济灾民，但是国民政府官员却挪用侵占公款，中饱私囊，浮报工程用料，偷工减料，甚至巧立名目，拖欠、克扣灾民工资，使防灾工程无法起到防灾作用，灾民也不能得到有效救济。此外，政府的腐败，亦腐蚀了官员的灾荒防患意识，阻碍了救灾政令的通行，不能及时地制止灾荒的蔓延，往往造成跨区、跨省、多灾并发的局面，如1932年陕西鼠疫的流行，正是一个很好的例证。

民国时期，政府颁布了一系列法律，对救灾程序、人员、方式都做了详细的规定，但是民国社会非法制化的现状，使"人治"很大程度上代替了"法制"，加之缺乏有力的监督体制、专业化的操作人员，使救灾制度具有很强的"虚置性"，最终导致贪污腐败行为层出不穷；而贪污盛行，又造成民众对政府的信任危机，最终又进一步加剧了灾荒的后果。

---

① 《孙中山全集》第1卷，中华书局1982年版，第89页。

② 邓拓：《中国救荒史》，北京出版社1998年版，第291页。

③ 李文海：《中国近代十大灾荒》，上海人民出版社1994年版，第160页。

三　经济现状：落后与贫困

社会变革要同一定的经济基础相适应。在民国时期救灾机制的现代化构建中，无论是作为救灾主体的政府，还是重要参与力量的社会和个人，抑或是社会市场的调控，都无法回避一个现实问题：陕西当地落后的经济水平。虽然近代经济生产方式在沿海有所发展，但是陕西地处内陆，仍然以自给自足的小农经济为主导，生产方式落后，经济观念薄弱，一直是制约陕西救灾机制现代化构建的核心问题。

（一）经济结构失衡——鸦片种植

鸦片大量种植，直接造成经济结构失衡，饥荒遍地。民国时期，鸦片种植合法化，加之军阀为了扩大财源，鼓励种植鸦片，烟毒几乎遍布全陕西。如"（1923 年）潼关、三原、耀县、渭南、富平等地没有一处没有种植鸦片，尤以耀县为最；延安也公开种植鸦片"；"实际上在汉中城内都种着鸦片。而且在五六月间从汉中往任何方向做 3 天的旅行，人们会看见满眼都是鸦片；军人，有时还有行政官吏，与鸦片都有深厚的关系，并且强迫农民种植大量鸦片。除此而外，在眉县、宝鸡及西部各县都是鼓励种植鸦片"①。周至县，清末开始种烟，面积为 200 顷，1919 年为 1000 顷，1921 年刘镇华强令将种烟面积扩大到 2000 顷，1923 年到 1924 年间，更扩大到 3000 顷，竟占到该县可耕地面积的 50%。到 1930 年，全省种植鸦片最高者占耕地的 90%，最低者 30%，烟田约在 175 万亩②。

军阀强迫农民种植鸦片，主要是受利益的驱使。陕西农田无论种植鸦片与否，都要征收烟税。种烟属违法行为，必须缴"罚款"，不种烟而纳款的叫"白地款"，这种做法称之为"寓禁于征"。因此，对于百姓而言，种与不种，都要受到军阀的盘剥，而种烟所得高于种

---

① 章有义：《中国近代农业史资料》第 3 辑，生活·读书·新知三联书店 1957 年版，第 624 页。

② 陕西省农牧志编纂委员会编：《陕西农村资料》，陕西人民出版社 1988 年版，第 167 页。

植农作物，为此农民在军阀的诱使、胁迫下大面积种植鸦片。

一望无际的烟苗占据了肥沃的农田，粮食日益匮乏，"因为农田多种了鸦片，所以谷之出产反较稀少"[1]。农民无粮，平日生活尚且难以维持，更别说荒年。正如时人所说："烟愈多而粮愈少，荒年来到，粮无有而烟不能充饥，死人累累，便至不可收拾。"[2] 粮食作物种植面积和粮食产量的减少，又引起粮价上涨，对缺乏购买力的农民来说无异于雪上加霜。加之吸食鸦片严重摧残了民众的身心，有效劳动力大大减少，社会风气萎靡不振，进一步削弱了防灾抗灾的能力。

（二）苛捐杂税

民国时期，陕西省赋税繁多，有"田赋、契税、营业税、房捐、船捐、地方财政收入、地方事业收入、地方行政收入、地方营业纯益、补助款收入、债款收入、其他收入等 12 项"[3]。此外，巧立名目、因事征税者更是不计其数。如抗战时期，陕西作为物资运输的大后方，政府逐年加大征收税额，1941 年的税捐竟为 1937 年的 6.5 倍（见表 6 – 3）。农民无钱，只能受高利贷的盘剥，据 1933 年中央农业实验所的农情报告，陕西借款月利要高出全国 1 倍以上[4]。因此，沉重的赋税与高利贷，加剧了陕西的贫困。

表 6 – 3　　抗战 5 年来陕西省各种税捐征收统计表（单位：元）

项别	合计	1937 年	1938 年	1939 年	1940 年	1941 年
合计	53712783.56	4031827.76	4068659.99	6617665.81	12670330.29	26274299.71
普通营业税	12329976.22	483921.44	726063.24	904222.95	2326211.13	7889557.46
特种营业税	533046.89	270818.39	163196.37	104222.04	—	—
烟酒牌照税	125304.86	—	41866.66	83438.20	—	—

---

①　章有义：《中国近代农业史资料》第 2 辑，生活·读书·新知三联书店 1957 年版，第 630 页。

②　同上。

③　陕西省地方志编纂委员会编：《陕西省志·财政志》，陕西人民出版社 1991 年版，第 126 页。

④　章有义：《中国近代农业史资料》第 3 辑，生活·读书·新知三联书店 1957 年版，第 195 页。

续表

项别	合计	1937 年	1938 年	1939 年	1940 年	1941 年
战事特种捐	1225642.40	147173.66	579843.40	493625.34	—	—
特种消费税	31449898.02	2519536.58	2120460.28	8924224.59	7580829.55	15304847.02
警捐	900563.30	—	50037.72	227566.94	267301.53	355657.06
房捐	845152.90	—	27730.27	251986.53	267609.23	297826.82
畜屠斗税	6077407.03	618852.93	313364.05	572936.25	2165946.43	2406307.40
牙税	220792.90	41524.76	46093.00	50632.92	62432.37	20103.95

资料来源：陕西省政府统计室编印：《陕西省统计资料会刊》1943 年第 3 期，第 56—57 页。

因此，战争、暴政、灾荒交相冲突，使本来就民穷地困的陕西日益落后，根本没有资金改良农业、引进新的生产方式、提高应对灾荒的经济底力，这就从根本上制约了救灾机制的现代化构建。

第三节　清至民国陕西救灾活动的启示

自然灾害与荒政是互相影响、互相依存的动态关系，灾害促使政府采取应对措施，而应对措施会反过来对灾害产生消减作用。通过对清至民国时期陕西各级官府与民间社会历次救灾实践的分析，对于我们正确认识中国历史上农业自然灾害的影响，深入了解清至民国时期防灾、减灾、救灾的经验教训，为现代政府实现"农民增收、农业增长、农村稳定"的目标，有效防灾、减灾、救灾，具有重要的理论意义和现实意义。

清至民国时期陕西地区的救灾史，既是人类的灾难史，也是人类的成长史；既是人类与自然灾害的抗争史，也是人类自我认知的历史，它给了我们深刻的启示。

首先，应对自然灾害，必须发挥政府的主体领导作用。一是必须进一步推进救灾制度法制化。虽然民国时期形成了较为完善的、法制化的现代救灾机制，但是在这样一个非法制化的社会，"惯例"与"人治"仍旧发挥着很大的作用，严重影响了救灾成效。因此，颁布一部综合性的国家救灾法，进一步健全中国救灾法律体系，是中国救灾制度法制化的首要任务。二是要建立科学的、专业的、专门的救灾管理机构。民国时期现代化的科层式救灾机构的建立，逐渐脱离了封建官僚管理模式，但是各个机构的职责不明确、分工与配合欠缺、救灾人员素质有限等问题突出，仍旧摆脱不了"名人效应"和"宗族管理"的模式。因此，加强救灾机制改革，促进救灾工作具体化、专业化，改变救灾机构职能交叉、分工不明确等问题，意义重大。三是要建立救灾监督体系。腐败是救灾活动中不可回避的一个现实问题，民国时期法制的不健全以及法律的虚置性，使政府官员腐败成风，救灾结果大打折扣。因此，目前中国的救灾活动，必须建立健全监督体系。一方面，加强救灾机构、人员、物资方面的立法，开放社会监管渠道，救灾程序、资金透明化；另一方面，加大执法力度，加强对救灾官员的监管，严惩救灾活动中的腐败行为。

其次，应对自然灾害，一定要重视社会力量的参与。国家必须从战略层面上提升对协调型公益性组织的价值与功能的认识，具有前瞻性地建立一个全国性的、公益性的、协调性的、整合社会各界力量的、致力于公共事业的社会平台，并且不断推进制度化建设，积极予以法律保障，使其更加规范化、合理化、有效化。政府要在鼓励、尊重民间团体自主性与发展空间的同时，积极与其展开合作，使其成为政府救灾活动的有益补充。

最后，应对自然灾害，务必提高全社会整体的灾害防范意识与水平。清至民国时期惨重的灾荒也警示我们：要提升中国现代化救灾机制，必须重视防灾建设，尤其要重视仓储体系和水利工程设施建设，防范、化解潜在风险。救灾机制的现代化构建是个庞杂的社会问题和经济问题，涉及一个国家与社会的经济水平、文化传统、社会价值观等各方面，并不仅仅只是停留在制度表层，而是需要社会方方面面的协同推进。民国时期，陕西省落后的经济水平、保守迷信的思想，加剧了灾荒的程度，严重阻碍了救灾活动。如今，随着科学的进步和人民文化素质的提高，对灾害的发生机制、特点与规律有了更深层次的认识，并且逐步健全了灾害预警机制，提高了抗灾能力。但是，在当今中国，地震、泥石流、疫病、台风、水旱等灾害仍旧是危害社会稳定的一大因素，因此充分利用各种媒体、讲座等形式，向民众大力宣传防灾减灾知识，加强全社会对灾害发生发展的认识，提高灾害防范水平与能力，仍是我们建设社会主义和谐社会的重大课题。

　　恩格斯曾说："没有哪一次巨大的历史灾难不是以历史的进步为补偿的。"① 的确，清至民国时期的救灾活动无疑给予了中国建设现代化救灾机制的有益借鉴，这也是本课题研究的最终目的所在：了解过去，更好地创造未来。

---

　　① 《马克思恩格斯全集》第39卷，转引自李文海《中国近代十大灾荒》，上海人民出版社1994年版，第165页。

参考文献

一 古籍文献

[1] （清）穆彰阿：《大清一统志》，上海古籍出版社 2008 年版。

[2] 《清朝文献通考》，浙江古籍出版社 2000 年版。

[3] 中国历史研究社编：《庚子国变记》，神州国光社民国三十五年版。

[4] 《清实录》，中华书局 1987 年版。

[5] （清）席裕福、沈师徐编：《皇朝政典类纂》，台北文海出版社 1974 年版。

[6] （清）昆冈：《钦定大清会典事例》，中华书局 1976 年版。

[7] （清）旻宁撰：《钦定户部则例》，清道光十一年（1831）刻本。

[8] （清）朱寿朋编：《光绪朝东华录》，中华书局 1958 年版。

[9] （日）吉田良酖郎译：《西巡回銮始末记》，光绪三十二年本。

[10] 国家图书馆文献缩微复制中心编：《清代孤本内阁六部档案》第 38 册《筹办各省荒政案》，2005 年。

[11] （清）王庆云：《石渠余记》，北京古籍出版社 1985 年版。

[12] （清）盛宣怀：《愚斋存稿》，文海出版社 1974 年版。

[13] 赵之恒等主编：《大清十朝圣训》，燕山出版社 1998 年版。

[14] 赵尔巽主编：《清史稿》，中华书局 1976 年版。

[15] 章开沅：《清通鉴》，岳麓书社 2000 年版。

[16] （清）严如熤：《三省边防备览·南山垦荒考》，道光九年来鹿堂本。

[17] 《左宗棠全集》，岳麓书社 1996 年版。

[18]《皇朝经世文编》，台北文海出版社 1972 年影印本。

二　档案资料

[1]《各省荒山荒地调查表》，陕西省档案馆藏，馆藏号：9，案卷号：5，目录号：580。

[2]《本省各县赈济会组织规程》，陕西省档案馆藏，馆藏号：9，目录号：2，案卷号：708。

[3]《振济各县拨款单卷》，陕西省档案馆藏，馆藏号：64，目录号：1，案卷号：162。

[4]《本会向省政府呈报赈款支用形式》，陕西省档案馆藏，馆藏号：64，目录号：1，案卷号：161。

[5]《本会关于振济事业的概要、办法、配振表》，陕西省档案馆藏，馆藏号：64，案卷号：1，目录号：196。

[6]《各县水灾配赈表（一）》，陕西省档案馆藏，馆藏号：64，目录号：1，案卷号：109—1。

[7]《各县水灾配赈表（二）》，陕西省档案馆藏，馆藏号：64，目录号：1，案卷号：109—2。

[8]《各地方仓储管理规则各省社仓义仓现况调查表各地方建仓积谷办法大纲》，陕西省档案馆藏，馆藏号：9，目录号：2，案卷号：835。

[9]《处内各科室执掌及现有人员表》，陕西省档案馆藏，全宗号：80；目录号：1，案卷号：6。

[10]《各县民仓义仓调查表（一）》，陕西省档案馆藏，馆藏号：9，目录号：2，案卷号：836—1。

[11]《各县民仓义仓调查表（一）》，陕西省档案馆藏，馆藏号：9，目录号：2，案卷号：837—1。

[12]《各县民仓义仓调查表（一）》，陕西省档案馆藏，馆藏号：9，目录号：2，案卷号：838—1。

[13]《各县民仓义仓调查表（二）》，陕西省档案馆藏，馆藏号：9，

目录号：2，案卷号：836—2。

[14]《各县民仓义仓调查表（二）》，陕西省档案馆藏，馆藏号：9，目录号：2，案卷号：837—2。

[15]《各县民仓义仓调查表（二）》，陕西省档案馆藏，馆藏号：9，目录号：2，案卷号：838—2。

[16]《各县民仓义仓调查表（三）》，陕西省档案馆藏，馆藏号：9，目录号：2，案卷号：837—3。

[17]《各县民仓义仓调查表（三）》，陕西省档案馆藏，馆藏号：9，目录号：2，案卷号：838—3。

[18]《各县民仓义仓调查表（四）》，陕西省档案馆藏，馆藏号：9，目录号：2，案卷号：838—4。

[19]《陕西省平粜委员会工作通知、组织规程以及函件》，陕西省档案馆藏，全宗号：64，目录号：1，案卷号：203。

[20]《第一区平粜卷》，陕西省档案馆藏，馆藏号：64，目录：1，案卷号：67。

[21]《各县报告 三 》，陕西省档案馆藏，馆藏号：91，目录号：1，案卷号：193—3。

[22] 中国华洋义赈救灾总会丛刊甲种第 10 号：《赈务指南》，1924 年。

[23] 中国华洋义赈救灾总会编：《赈务实施手册》，中国华洋义赈救灾总会，1924 年。

[24] 国民政府赈务处：《各省灾情概况》，1929 年。

[25] 陕西省政府统计室编：《陕西省统计资料汇刊》1941 年水利事业专号。

[26] 中国华洋义赈救灾总会编：《建设救灾》，1934 年。

[27] 陕西泾惠渠管理局编印：《泾惠渠报告书》，1934 年 12 月。

[28] 中国华洋义赈救灾总会编：《中国华洋义赈救灾总会概况》，中国华洋义赈救灾总会，1936 年。

[29] 雷宝华：《陕西省十年来之建设》（1937 年 1 月），载西安市档

案馆编《民国开发西北》，2003 年。

［30］中国华洋义赈救灾总会编：《救灾会刊》1937 年第 14 卷，第
　　　8 册。

［31］陕西省政府统计室编印：《陕西省统计资料汇刊》1941 年第
　　　1 期。

［32］陕西省银行经济研究室：《十年来之陕西建设》（1942 年 8
　　　月），载西安市档案馆编《民国开发西北》，2003 年。

［33］陕西省政府统计室编印：《陕西省统计资料汇刊》1943 年第
　　　3 期。

［34］陕西省政府统计室编印：《陕西省统计资料汇刊》1945 年第
　　　5 期。

［35］国民政府主计处统计局编：《中华民国统计提要》，1947 年 7 月
　　　15 日。

［36］行政院新闻局编：《社会救济》，1947 年。

［37］中国第二历史档案馆编：《中华民国史档案资料汇编》，江苏古
　　　籍出版社 1991 年版。

［38］国民政府实业部：《民国二十二年中国劳动年鉴》第 5 编，台
　　　北文海出版社 1992 年版。

［39］西安市档案馆编：《民国开发西北》，2003 年。

［40］古籍影印室编：《民国赈灾史料初编》，国家图书馆出版社 2008
　　　年版。

［41］殷梦霞等：《民国善后救济史料汇编》，国家图书馆出版社 2008
　　　年版。

［42］古籍影印室编：《民国赈灾史料续编》，国家图书馆出版社 2009
　　　年版。

三　地方志

［1］民国《续修陕西通志稿》，《中国西北文献丛书》，第 1 辑，兰州
　　　古籍出版社 1990 年版。

［2］乾隆《西安府志》，《中国地方志集成·陕西府县志辑》，第 1 册，凤凰出版社 2007 年版。

［3］嘉庆《长安县志》，《中国地方志集成·陕西府县志辑》，第 2 册，凤凰出版社 2007 年版。

［4］民国《咸宁长安两县续志》，《中国地方志集成·陕西府县志辑》，第 3 册，凤凰出版社 2007 年版。

［5］道光《续修咸阳县志》，《中国地方志集成·陕西府县志辑》，第 4 册，凤凰出版社 2007 年版。

［6］民国《重修咸阳县志》，《中国地方志集成·陕西府县志辑》，第 5 册，凤凰出版社 2007 年版。

［7］光绪《临潼县续志》，《中国地方志集成·陕西府县志辑》，第 15 册，凤凰出版社 2007 年版。

［8］光绪《高陵县续志》，《中国地方志集成·陕西府县志辑》，第 6 册，凤凰出版社 2007 年版。

［9］《鄠县乡土志》，《中国方志丛书》，成文出版社 1976 年版。

［10］道光《重修泾阳县志》，《中国地方志集成·陕西府县志辑》，第 7 册，凤凰出版社 2007 年版。

［11］乾隆《淳化县志》，《中国地方志集成·陕西府县志辑》，第 9 册，凤凰出版社 2007 年版。

［12］民国《邠州新志稿》，《中国地方志集成·陕西府县志辑》，第 10 册，凤凰出版社 2007 年版。

［13］民国《续修蓝田县志》，《中国地方志集成·陕西府县志辑》，第 17 册，凤凰出版社 2007 年版。

［14］光绪《武功县续志》，《中国地方志集成·陕西府县志辑》，第 36 册，凤凰出版社 2007 年版。

［15］道光《重修略阳县志》，《中国方志丛书》，成文出版社 1976 年版。

［16］乾隆《武功县志》，《中国方志丛书》，成文出版社 1976 年版。

［17］乾隆《陇州续志》，《中国方志丛书》，成文出版社 1976 年版。

［18］嘉庆《白河县志》，《中国方志丛书》，成文出版社 1976 年版。

［19］民国《商南县志》，《中国方志丛书》，成文出版社 1976 年版。

［20］道光《吴堡县志》，《中国方志丛书》，成文出版社 1976 年版。

［21］道光《清涧县志》，《中国方志丛书》，成文出版社 1976 年版。

［22］咸丰《同州府》，《中国地方志集成·陕西府县志辑》，第 18 册，凤凰出版社 2007 年版。

［23］光绪《同州府续志》，《中国方志丛书》，成文出版社 1976 年版。

［24］光绪《三续华州志》，《中国地方志集成·陕西府县志辑》，第 23 册，凤凰出版社 2007 年版。

［25］光绪《大荔县续志》，《中国地方志集成·陕西府县志辑》，第 20 册，凤凰出版社 2007 年版。

［26］道光《大荔县志》，《中国地方志集成·陕西府县志辑》，第 20 册，凤凰出版社 2007 年版。

［27］民国《续修大荔县旧志存稿》，《中国地方志集成·陕西府县志辑》，第 20 册，凤凰出版社 2007 年版。

［28］乾隆《朝邑县志》，《中国地方志集成·陕西府县志辑》，第 21 册，凤凰出版社 2007 年版。

［29］民国《平民县志》，《中国地方志集成·陕西府县志辑》，第 21 册，凤凰出版社 2007 年版。

［30］乾隆《郃阳县志》，《中国地方志集成·陕西府县志辑》，第 22 册，凤凰出版社 2007 年版。

［31］康熙《续华州志》，《中国地方志集成·陕西府县志辑》，第 23 册，凤凰出版社 2007 年版。

［32］同治《三水县志》，《中国地方志集成·陕西府县志辑》，第 10 册，凤凰出版社 2007 年版。

［33］宣统《长武县志》，《中国地方志集成·陕西府县志辑》，第 11 册，凤凰出版社 2007 年版。

［34］光绪《乾州志稿》，《中国地方志集成·陕西府县志辑》，第 11

册，凤凰出版社 2007 年版。

[35] 民国《佛坪县志》，《中国地方志集成·陕西府县志辑》，第 53 册，凤凰出版社 2007 年版。

[36] 民国《华阴县续志》，《中国地方志集成·陕西府县志辑》，第 25 册，凤凰出版社 2007 年版。

[37] 嘉庆《续修潼关厅志》，《中国地方志集成·陕西府县志辑》，第 29 册，凤凰出版社 2007 年版。

[38] 光绪《郃阳县乡土志》，《陕西省图书馆稀见方志丛刊》，北京图书馆出版社 2006 年版。

[39] 民国《横山县志》，《中国地方志集成·陕西府县志辑》，第 39 册，凤凰出版社 2007 年版。

[40] 民国《盩厔县志》，《中国地方志集成·陕西府县志辑》，第 9 册，凤凰出版社 2007 年版。

[41] 民国《同官县志》，《中国地方志集成·陕西府县志辑》，第 28 册，凤凰出版社 2007 年版。

[42] 民国《邠州新志稿》，《中国地方志集成·陕西府县志辑》，第 10 册，凤凰出版社 2007 年版。

[43] 光绪《增续汧阳县志》，《中国地方志集成·陕西府县志辑》，第 34 册，凤凰出版社 2007 年版。

[44] 光绪《岐山县志》，《中国地方志集成·陕西府县志辑》，第 33 册，凤凰出版社 2007 年版。

[45] 民国《岐山县志》，《中国地方志集成·陕西府县志辑》，第 33 册，凤凰出版社 2007 年版。

[46] 光绪《孝义厅志》，《中国地方志集成·陕西府县志辑》，第 32 册，凤凰出版社 2007 年版。

[47] 光绪《富平县志稿》，《中国地方志集成·陕西府县志辑》，第 14 册，凤凰出版社 2007 年版。

[48] 光绪《新续渭南县志》，《中国地方志集成·陕西府县志辑》，第 13 册，凤凰出版社 2007 年版。

［49］民国《宝鸡县志》，《中国地方志集成·陕西府县志辑》，第32册，凤凰出版社2007年版。

［50］乾隆《蒲城县志》，《中国地方志集成·陕西府县志辑》，第26册，凤凰出版社2007年版。

［51］光绪《蒲城县新志》，《中国地方志集成·陕西府县志辑》，第26册，凤凰出版社2007年版。

［52］民国《澄城县附志》，《中国地方志集成·陕西府县志辑》，第22册，凤凰出版社2007年版。

［53］嘉庆《重修延安府志》，《中国地方志集成·陕西府县志辑》，第44册，凤凰出版社2007年版。

［54］道光《增修怀远县志》，《中国地方志集成·陕西府县志辑》，第36册，凤凰出版社2007年版。

［55］光绪《靖边县志稿》，《中国地方志集成·陕西府县志辑》，第37册，凤凰出版社2007年版。

［56］道光《榆林府志》，《中国地方志集成·陕西府县志辑》，第38册，凤凰出版社2007年版。

［57］康熙《延绥镇志》，《中国地方志集成·陕西府县志辑》，第38册，凤凰出版社2007年版。

［58］嘉庆《定边县志》，《中国地方志集成·陕西府县志辑》，第39册，凤凰出版社2007年版。

［59］光绪《绥德直隶州志》，《中国地方志集成·陕西府县志辑》，第41册，凤凰出版社2007年版。

［60］乾隆《府谷县志》，《中国地方志集成·陕西府县志辑》，第41册，凤凰出版社2007年版。

［61］光绪《米脂县志》，《中国地方志集成·陕西府县志辑》，第42册，凤凰出版社2007年版。

［62］民国《米脂县志》，《中国地方志集成·陕西府县志辑》，第42册，凤凰出版社2007年版。

［63］光绪《葭州志》，《中国地方志集成·陕西府县志辑》，第40

册，凤凰出版社 2007 年版。

[64] 康熙《洋县志》，《中国地方志集成·陕西府县志辑》，第 45 册，凤凰出版社 2007 年版。

[65] 民国《延长县志书》，《中国地方志集成·陕西府县志辑》，第 47 册，凤凰出版社 2007 年版。

[66] 光绪《保安县志略》，《中国地方志集成·陕西府县志辑》，第 45 册，凤凰出版社 2007 年版。

[67] 道光《重修延川县志》，《中国地方志集成·陕西府县志辑》，第 47 册，凤凰出版社 2007 年版。

[68] 民国《洛川县志》，《中国地方志集成·陕西府县志辑》，第 48 册，凤凰出版社 2007 年版。

[69] 嘉庆《续修中部县志》，《中国地方志集成·陕西府县志辑》，第 49 册，凤凰出版社 2007 年版。

[70] 乾隆《直隶商州志》，《中国地方志集成·陕西府县志辑》，第 30 册，凤凰出版社 2007 年版。

[71] 民国《砖坪县志》，《中国地方志集成·陕西府县志辑》，第 57 册，凤凰出版社 2007 年版。

[72] 光绪《同州府续志》，《中国地方志集成·陕西府县志辑》，第 19 册，凤凰出版社 2007 年版。

[73] 民国《宜川县志》，《中国地方志集成·陕西府县志辑》，第 46 册，凤凰出版社 2007 年版。

[74] 民国《重修兴平县志》，《中国地方志集成·陕西府县志辑》，第 6 册，凤凰出版社 2007 年版。

[75] 光绪《洋县志》，《中国地方志集成·陕西府县志辑》，第 45 册，凤凰出版社 2007 年版。

[76] 民国《安塞县志》，《中国地方志集成·陕西府县志辑》，第 42 册，凤凰出版社 2007 年版。

[77] 宣统《郿县志》，《中国地方志集成·陕西府县志辑》，第 35 册，凤凰出版社 2007 年版。

［78］光绪《永寿县志》，《中国地方志集成·陕西府县志辑》，第 11
册，凤凰出版社 2007 年版。

［79］民国《黄陵县志》，《中国地方志集成·陕西府县志辑》，第 49
册，凤凰出版社 2007 年版。

［80］道光《安定县志》，《中国地方志集成·陕西府县志辑》，第 45
册，凤凰出版社 2007 年版。

［81］光绪《蓝田县志》，《中国地方志集成·陕西府县志辑》，第 16
册，凤凰出版社 2007 年版。

［82］民国《续修南郑县志》，《中国地方志集成·陕西府县志辑》，
第 51 册，凤凰出版社 2007 年版。

［83］光绪《新续略阳县志》，《中国地方志集成·陕西府县志辑》，
第 52 册，凤凰出版社 2007 年版。

［84］光绪《佛坪厅志》，《中国地方志集成·陕西府县志辑》，第 53
册，凤凰出版社 2007 年版。

［85］光绪《续修平利县志》，《中国地方志集成·陕西府县志辑》，
第 53 册，凤凰出版社 2007 年版。

［86］嘉庆《续兴安府志》，《中国地方志集成·陕西府县志辑》，第
54 册，凤凰出版社 2007 年版。

［87］嘉庆《汉阴厅志》，《中国地方志集成·陕西府县志辑》，第 54
册，凤凰出版社 2007 年版。

［88］光绪《洵阳县志》，《中国地方志集成·陕西府县志辑》，第 55
册，凤凰出版社 2007 年版。

［89］道光《石泉县志》，《中国地方志集成·陕西府县志辑》，第 56
册，凤凰出版社 2007 年版。

［90］民国《续修南郑县志》，《中国地方志集成·陕西府县志辑》，
第 51 册，凤凰出版社 2007 年版。

［91］光绪《定远厅志》，《中国地方志集成·陕西府县志辑》，第 53
册，凤凰出版社 2007 年版。

［92］民国《汉南续修郡志》，《中国地方志集成·陕西府县志辑》，

第 50 册，凤凰出版社 2007 年版。

[93] 民国《洛川县志》，《中国地方志集成·陕西府县志辑》，第 48 册，凤凰出版社 2007 年版。

[94] 民国《安塞县志》，《中国地方志集成·陕西府县志辑》，第 42 册，凤凰出版社 2007 年版。

[95] 光绪《三原县志》，《中国地方志集成·陕西府县志辑》，第 8 册，凤凰出版社 2007 年版。

[96] 光绪《麟游县新志草》，《中国地方志集成·陕西府县志辑》，第 34 册，凤凰出版社 2007 年版。

[97] 宣统《重修泾阳县志》，《中国地方志集成·陕西府县志辑》，第 7 册，凤凰出版社 2007 年版。

[98] 民国《重修紫阳县志》，《中国地方志集成·陕西府县志辑》，第 56 册，凤凰出版社 2007 年版。

[99] 民国《韩城县续志》，《中国地方志集成·陕西府县志辑》，第 27 册，凤凰出版社 2007 年版。

[100] 光绪《沔县志》，《中国地方志集成·陕西府县志辑》，第 52 册，凤凰出版社 2007 年版。

[101] 民国《乾县新志》，《中国地方志集成·陕西府县志辑》，第 11 册，凤凰出版社 2007 年版。

[102] 民国《重修鄠县志》，《中国地方志集成·陕西府县志辑》，第 4 册，凤凰出版社 2007 年版。

[103] 光绪《凤县志》，《中国地方志集成·陕西府县志辑》，第 36 册，凤凰出版社 2007 年版。

[104] 民国《潼关县新志》，《中国地方志集成·陕西府县志辑》，第 29 册，凤凰出版社 2007 年版。

[105] 民国《续修醴泉县志稿》，《中国地方志集成·陕西府县志辑》，第 10 册，凤凰出版社 2007 年版。

[106] 陕西省地方志编纂委员会编：《陕西省志·人口志》，三秦出版社 1986 年版。

［107］陕西省地方志编纂委员会编：《陕西省志·邮电志》，陕西人民出版社1996年版。

［108］陕西省地方志编纂委员会编：《陕西省志·民政志》，陕西人民出版社2003年版。

［109］陕西省地方志编纂委员会编：《陕西省志·地理志》，陕西人民出版社2000年版。

［110］陕西省地方志编纂委员会编：《陕西省志·水利志》，陕西人民出版社1999年版。

［111］陕西省地方志编纂委员会编：《陕西省志·气象志》，气象出版社2001年版。

［112］陕西省地方志编纂委员会编：《陕西省志·农牧志》，陕西人民出版社1993年版。

［113］陕西省地方志编纂委员会编：《陕西省志·粮食志》，陕西旅游出版社1995年版。

［114］陕西省地方志编纂委员会编：《陕西省志·财政志》，陕西人民出版社1991年版。

［115］西安市地方志编纂委员会编：《西安市志》，西安出版社1996年版。

［116］临潼县地方志编纂委员会编：《临潼县志》，上海人民出版社1991年版。

［117］户县志编纂委员会编：《户县志》，西安地图出版社1987年版。

［118］蓝田县地方志编纂委员会编：《蓝田县志》，陕西人民出版社1994年版。

［119］周至县志编纂委员会编：《周至县志》，三秦出版社1993年版。

［120］高陵县地方志编纂委员会编：《高陵县志》，西安出版社2000年版。

［121］长安县志编纂委员会编：《长安县志》，陕西人民教育出版社

1999 年版。

[122] 西安市未央区地方志编纂委员会编：《未央区志》，陕西人民
出版社 2004 年版。

[123] 阎良区地方志编纂委员会编：《阎良区志》，三秦出版社 2002
年版。

[124] 宝鸡市地方志编纂委员会编：《宝鸡市志》，三秦出版社 1998
年版。

[125] 宝鸡县志编纂委员会编：《宝鸡县志》，陕西人民出版社 1996
年版。

[126] 眉县地方志编纂委员会编：《眉县志》，陕西人民出版社 2000
年版。

[127] 陕西省凤翔县地方志编纂委员会编：《凤翔县志》，陕西人民
出版社 1991 年版。

[128] 陕西省扶风县地方志编纂委员会编：《扶风县志》，陕西人民
出版社 1993 年版。

[129] 岐山县志编纂委员会编：《岐山县志》，陕西人民出版社 1992
年版。

[130] 千阳县县志编纂委员会编：《千阳县志》，陕西人民教育出版
社 1991 年版。

[131] 麟游县地方志编纂委员会编：《麟游县志》，陕西人民出版社
1993 年版。

[132] 凤县志编纂委员会编：《凤县志》，陕西人民出版社 1994
年版。

[133] 太白县地方志编纂委员会编：《太白县志》，三秦出版社 1995
年版。

[134] 陇县地方志编纂委员会编：《陇县志》，陕西人民出版社 1993
年版。

[135] 宝鸡市金台区地方志编纂委员会编：《金台区志》，陕西人民
出版社 1993 年版。

［136］宝鸡市渭滨区地方志编纂委员会编：《宝鸡市渭滨区志》，陕西人民出版社 1996 年版。

［137］咸阳市地方志编纂委员会编：《咸阳市志》，陕西人民出版社 1996 年版。

［138］兴平县地方志编纂委员会编：《兴平县志》，陕西人民出版社 1994 年版。

［139］永寿县地方志编纂委员会编：《永寿县志》，三秦出版社 1991 年版。

［140］武功县志编纂委员会编：《武功县志》，陕西人民出版社 2001 年版。

［141］礼泉县志编纂委员会编：《礼泉县志》，三秦出版社 1999 年版。

［142］乾县县志编纂委员会编：《乾县志》，陕西人民出版社 2003 年版。

［143］泾阳县志编纂委员会编：《泾阳县志》，陕西人民出版社 2001 年版。

［144］三原县志编纂委员会编：《三原县志》，陕西人民出版社 2000 年版。

［145］彬县志编纂委员会编：《彬县志》，陕西人民出版社 2000 年版。

［146］长武县志编纂委员会编：《长武县志》，陕西人民出版社 2000 年版。

［147］旬邑县地方志编纂委员会编：《旬邑县志》，三秦出版社 2000 年版。

［148］淳化县地方志编纂委员会编：《淳化县志》，三秦出版社 2000 年版。

［149］咸阳市秦都区地方志编纂委员会编：《咸阳市秦都区志》，陕西人民出版社 1995 年版。

［150］咸阳市渭城区地方志编纂委员会编：《渭城区志》，陕西人民

出版社 1996 年版。

［151］铜川市地方志编纂委员会编：《铜川市志》，陕西师范大学出版社 1997 年版。

［152］宜君县志编纂委员会编：《宜君县志》，三秦出版社 1992 年版。

［153］耀县志编纂委员会编：《耀县志》，中国社会出版社 1997 年版。

［154］渭南地区地方志编纂委员会编：《渭南地区志》，三秦出版社 1996 年版。

［155］韩城市志编纂委员会编：《韩城市志》，三秦出版社 1991 年版。

［156］渭南县志编纂委员会编：《渭南县志》，三秦出版社 1987 年版。

［157］华阴市地方志编纂委员会编；《华阴县志》，作家出版社 1995 年版。

［158］富平县地方志编纂委员会编：《富平县志》，三秦出版社 1994 年版。

［159］澄城县志编纂委员会编：《澄城县志》，陕西人民出版社 1991 年版。

［160］大荔县志编纂委员会编：《大荔县志》，陕西人民出版社 1994 年版。

［161］潼关县志编纂委员会编：《潼关县志》，陕西人民出版社 1992 年版。

［162］白水县志编纂委员会编：《白水县志》，西安地图出版社 1989 年版。

［163］蒲城县志编纂委员会编：《蒲城县志》，中国人事出版社 1993 年版。

［164］合阳县志编纂委员会编：《合阳县志》，陕西人民出版社 1996 年版。

［165］华县地方志编纂委员会编：《华县志》，陕西人民出版社 1992
年版。

［166］延安市地方志编纂委员会编：《延安地区志》，西安出版社
2000 年版。

［167］延安市志编纂委员会编：《延安市志》，陕西人民出版社 1994
年版。

［168］志丹县地方志编纂委员会编：《志丹县志》，陕西人民出版社
1996 年版。

［169］宜川县地方志编纂委员会编：《宜川县志》，陕西人民出版社
2000 年版。

［170］黄龙县志编纂委员会编：《黄龙县志》，陕西人民出版社 1995
年版。

［171］子长县志编纂委员会编：《子长县志》，陕西人民出版社 1993
年版。

［172］延长县地方志编纂委员会编：《延长县志》，陕西人民出版社
1991 年版。

［173］甘泉县地方志编纂委员会编：《甘泉县志》，陕西人民出版社
1993 年版。

［174］吴旗县地方志编纂委员会编：《吴旗县志》，三秦出版社 1991
年版。

［175］黄陵县地方志编纂委员会编：《黄陵县志》，西安地图出版社
1995 年版。

［176］安塞县地方志编纂委员会编：《安塞县志》，陕西人民出版社
1993 年版。

［177］延川县志编纂委员会编：《延川县志》，陕西人民出版社 1999
年版。

［178］富县地方志编纂委员会编：《富县志》，陕西人民出版社 1994
年版。

［179］洛川县志编纂委员会编：《洛川县志》，陕西人民出版社 1994

年版。

［180］榆林地区地方志指导小组：《榆林地区志》，西北大学出版社 1994 年版。

［181］榆林市志编纂委员会编：《榆林市志》，三秦出版社 1996 年版。

［182］府谷县志编纂委员会编：《府谷县志》，陕西人民出版社 1994 年版。

［183］神木县志编纂委员会编：《神木县志》，经济日报出版社 1990 年版。

［184］横山县地方志编纂委员会编：《横山县志》，陕西人民出版社 1993 年版。

［185］靖边县地方志编纂委员编：《靖边县志》，陕西人民出版社 1993 年版。

［186］子洲县志编纂委员会编：《子洲县志》，陕西人民教育出版社 1993 年版

［187］吴堡县志编纂委员会编：《吴堡县志》，陕西人民出版社 1995 年版。

［188］米脂县志编纂委员会编：《米脂县志》，陕西人民出版社 1993 年版。

［189］佳县地方志编纂委员会编：《佳县志》，陕西旅游出版社 2008 年版。

［190］中共绥德县委史志编纂委员会编：《绥德县志》，三秦出版社 2003 年版。

［191］定边县志编纂委员会编：《定边县志》，方志出版社 2003 年版。

［192］清涧县志编委会编著：《清涧县志》，陕西人民出版社 2001 年版。

［193］汉中市地方志编纂委员会编：《汉中地区志》，三秦出版社 2005 年版。

［194］汉中市地方志编纂委员会编：《汉中市志》，中共中央党校出版社 1994 年版。

［195］南郑县地方志编纂委员会编：《南郑县志》，中国人民公安大学出版社 1990 年版。

［196］城固县地方志编纂委员会编：《城固县志》，中国大百科全书出版社 1994 年版。

［197］洋县地方志编纂委员会编：《洋县志》，三秦出版社 1996 年版。

［198］勉县志编纂委员会编：《勉县志》，地震出版社 1989 年版。

［199］西乡县地方志编纂委员会编：《西乡县志》，陕西人民出版社 1991 年版。

［200］略阳县志编纂委员会编：《略阳县志》，陕西人民出版社 1992 年版。

［201］镇巴县地方志编纂委员会编：《镇巴县志》，陕西人民出版社 1996 年版。

［202］宁强县志编纂委员会编：《宁强县志》，陕西师范大学出版社 1995 年版。

［203］佛坪县地方志编纂委员会编：《佛坪县志》，三秦出版社 1993 年版。

［204］留坝县地方志编纂委员会编：《留坝县志》，陕西人民出版社 2002 年版。

［205］安康市地方志编纂委员会编：《安康地区志》，陕西人民出版社 2004 年版。

［206］安康市地方志编纂委员会编：《安康县志》，陕西人民教育出版社 1989 年版。

［207］汉阴县志编纂委员会编：《汉阴县志》，陕西人民出版社 1991 年版。

［208］旬阳县地方志编纂委员会编：《旬阳县志》，中国和平出版社 1996 年版。

［209］石泉县地方志编纂委员会编：《石泉县志》，陕西人民出版社
1991 年版。

［210］平利县地方志编纂委员会编：《平利县志》，三秦出版社 1995
年版。

［211］镇坪县地方志编纂委员会编：《镇坪县志》，陕西人民出版社
2004 年版。

［212］宁陕县地方志编纂委员会办公室编：《宁陕县志》，陕西人民
版社 1992 年版。

［213］岚皋县志编纂委员会编：《岚皋县志》，陕西人民出版社 1993
年版。

［214］白河县地方志编纂委员会编：《白河县志》，陕西人民出版社
1996 年版。

［215］紫阳县志编纂委员会编：《紫阳县志》，三秦出版社 1989
年版。

［216］商洛市地方志编纂委员会编：《商洛地区志》，方志出版社
2006 年版。

［217］商州市地方志编纂委员会编：《商州市志》，中华书局 1998
年版。

［218］洛南县地方志编纂委员会编：《洛南县志》，作家出版社 1999
年版。

［219］丹凤县志编纂委员会编：《丹凤县志》，陕西人民出版社 1994
年版。

［220］商南县志编纂委员会编：《商南县志》，作家出版社 1993
年版。

［221］山阳县地方志编纂委员会编：《山阳县志》，陕西人民出版社
1991 年版。

［222］镇安县志编纂委员会编：《镇安县志》，陕西人民教育出版社
1995 年版。

［223］柞水县志编纂委员会编：《柞水县志》，陕西人民出版社 1998

年版。

[224] 杨陵区地方志编纂委员会编:《杨陵区志》，西安地图出版社 2004 年版。

四　研究著作

[1] 邓拓:《中国救荒史》，生活·读书·新知三联书店 1961 年版。

[2] 袁林:《西北灾荒史》，甘肃人民出版社 1994 年版。

[3] 宋正海等:《中国古代重大自然灾害和异常年表总集》，广东教育出版社 1992 年版。

[4] 李文海等:《近代中国灾荒纪年》，湖南教育出版社 1991 年版。

[5] 李文海等:《近代中国灾荒纪年续编》，湖南教育出版社 1993 年版。

[6] 李文海等:《中国近代十大灾荒》，上海人民出版社 1994 年版。

[7] 李文海、周源:《灾荒与饥馑:1840—1919》，高等教育出版社 1991 年版。

[8] 李文海、夏明方:《中国荒政全书》，北京古籍出版社 2003 年版。

[9] 朱凤祥:《中国灾害通史·清代卷》，郑州大学出版社 2009 年版。

[10] 水利电力部水管司、科技司、水利水电科学研究院主编:《清代黄河流域洪涝档案史料》，中华书局 1993 年版。

[11] [美] 尼克尔斯:《穿越神秘的陕西》，史红帅译，三秦出版社 2009 年版。

[12] 钟明善:《长安学丛书·于右任卷》，三秦出版社 2011 年版。

[13] 陈高佣等编:《中国历代天灾人祸表》，北京图书馆出版社 2007 年版。

[14] 郑曦原译:《纽约时报·晚清观察记（1854—1911 年)》，当代中国出版社 2011 年版。

[15] 黄泽苍:《中国天灾问题》，上海商务印书馆 1935 年版。

［16］耿占军：《清代陕西农业地理研究》，西北大学出版社 1996
　　　年版。

［17］李令福：《关中水利开发与环境》，人民出版社 2004 年版。

［18］［法］魏丕信：《18 世纪中国的官僚制度与荒政》，徐建青译，
　　　江苏人民出版社 2003 年版。

［19］朱浒：《地方性流动及其超越——晚清义赈与近代中国的新陈
　　　代谢》，中国人民大学出版社 2006 年版。

［20］虞和平编：《经元善集》，华中师范大学出版社 1988 年版。

［21］［美］费正清：《剑桥中国晚清史（1800—1911）》，中国社会
　　　科学院历史研究所编译室译，中国社会科学出版社 1985 年版。

［22］李允俊：《晚清经济史事编年》，上海古籍出版社 2000 年版。

［23］李凤梧：《中国历代治吏通观》，山东人民出版社 2010 年版。

［24］唐海彬：《陕西经济地理》，新华出版社 1988 年版。

［25］李建超：《陕西地理》，陕西人民出版社 1984 年版。

［26］耿怀英、曹才润：《自然灾害与防灾减灾》，气象出版社 2000
　　　年版。

［27］王元林：《泾洛流域自然环境变迁研究》，中华书局 2005 年版。

［28］葛剑雄：《中国人口史》，复旦大学出版社 2001 年版。

［29］夏明方：《民国时期自然灾害与乡村社会》，中华书局 2000
　　　年版。

［30］刘仰东：《百年灾荒史话》，社会科学文献出版社 2000 年版。

［31］马宗晋主编：《中国重大自然灾害及减灾对策》，科学出版社
　　　1993 年版。

［32］马宗晋主编：《灾害与社会》，地震出版社 1990 年版。

［33］孙绍骋：《中国救灾制度研究》，商务印书馆 2004 年版。

［34］孟昭华：《中国灾荒史记》，中国社会出版社 2003 年版。

［35］文芳主编：《天灾人祸》，文史出版社 2004 年版。

［36］曹树基主编：《田祖有神——明清以来的自然灾害及其社会应
　　　对机制》，上海交通大学出版社 2007 年版。

[37] 汪汉忠：《灾害、社会与现代化：以苏北民国时期为中心的考察》，社会科学文献出版社 2005 年版。

[38] 蔡勤禹：《民间组织与灾荒救治——民国华洋义赈会研究》，商务印书馆 2005 年版。

[39] 薛毅：《中国华洋义赈救灾总会研究》，武汉大学出版社 2008 年版。

[40] 席会芬、郭彦森、郭学德等著：《百年大灾难》，中国经济出版社 2000 年版。

[41] 钱钢、耿庆国主编：《20 世纪中国重灾百录》，上海人民出版社 1999 年版。

[42] 史学伟、曲雯：《二十一世纪大灾难》，北京出版社 1998 年版。

[43] 李原、黄资慧：《20 世纪灾变图》，福建教育出版社 1992 年版。

[44] 王林：《古今大灾难实录》，中国青年出版社 1992 年版。

[45] 科技部、国家计委、国家经贸委灾害综合研究组：《灾害、社会、减灾、发展——中国百年自然灾害态势与 21 世纪减灾策略分析》，气象出版社 2000 年版。

[46] 陕西省气象局气象台主编：《陕西省自然灾害史料》，陕西省气象局气象台 1976 年版。

[47] 陕西历史自然灾害简要纪实编委会主编：《陕西历史自然灾害简要纪实》，气象出版社 2002 年版。

[48] 张波主编：《中国农业自然灾害史料集》，陕西科学技术出版社 1989 年版。

[49] 中央气象局气象科学研究院：《中国近五百年旱涝分布图集》，地图出版社 1981 年版。

[50] 国家经贸委灾害综合研究组编纂：《中国重大自然灾害与社会图集》，广东科技出版社 2004 年版。

[51] 陕西省农牧志编纂委员会：《陕西农村资料》，陕西人民出版社 1988 年版。

[52] 章有义：《中国近代农业史资料》，生活·读书·新知三联书店

1957 年版。

[53] 冯和法：《中国农村经济资料（上）》，上海黎明书局 1935 年版。

[54] 冯和法：《中国农村经济资料（下）》，台湾华世出版社 1978 年版。

[55] 蒋杰：《关中农村人口问题》，国立西北农林专科学校 1938 年版。

[56] 千家驹：《中国农村经济论文集》，中华书局 1936 年版。

[57] 千家驹：《旧中国公债史资料（1894—1949）》，中华书局 1984 年版。

[58] 薛慕桥：《旧中国的农村经济》，农业出版社 1980 年版。

[59] 乔启明、蒋杰：《中国人口与食粮问题》，中华书局 1937 年版。

[60] 赵文林、谢淑君：《中国人口史》，人民出版社 1988 年版。

[61] 池子华：《中国流民史（近代卷）》，安徽人民出版社 2001 年版。

[62] 赵泉民：《政府·合作社·乡村社会——国民政府农村合作运动研究》，上海社会科学院出版社 2007 年版。

[63] 朱汉国：《中国社会通史·民国卷》，山西教育出版社 1996 年版。

[64] 郭琦、史念海、张岂之主编：《陕西通史·民国卷》，陕西师范大学出版社 1997 年版。

[65] 蔡鸿源：《民国法规集成》，黄山书社 1999 年版。

[66] 陕西省卫生厅编写：《陕西省预防医学简史》，陕西人民出版社 1981 年版。

[67] 陈翰笙：《陈翰笙集》，中国社会科学出版社 2002 年版。

[68] ［巴西］约绪·德·卡斯特罗：《饥饿地理》，生活·读书·新知三联书店 1959 年版。

[69] ［英］贝思飞：《民国时期的土匪》，上海人民出版社 1992 年版。

［70］［美］爱德华·斯诺：《我在旧中国13年》，夏翠薇译，香港朝阳出版社1972年版。

［71］钱俊瑞：《中国目下的农业恐慌》，人民出版社1983年版。

［72］王子平等：《地震社会学初探》，地震出版社1989年版。

［73］陶内：《中国之农业和工业》，中华书局1937年版。

［74］忏盦：《赈灾辑要》，广益书局1936年版。

［75］孙中山：《孙中山全集》第1卷，中华书局1982年版。

［76］王开主编：《陕西古代道路交通史》，人民交通出版社1989年版。

五　研究论文

［1］邹逸麟：《"灾害与社会"研究刍议》，《复旦学报》2000年第6期。

［2］胡辉莹等：《灾害心理学在灾害应急救援中的作用》，中国中西医结合学会灾害医学专业委员会成立大会暨第三届灾害医学学术会议学术论文集，2006年。

［3］张晓虹、张伟然：《太白山信仰与关中气候》，《自然科学史研究》2000年第3期。

［4］僧海霞：《民间信仰与区域景观：以清代陕西太白山信仰为核心》，博士学位论文，陕西师范大学，2010年。

［5］庞建春：《旱作村落雨神崇拜的地方叙事——陕西蒲城尧山圣母信仰个案》，载曹树基主编《田租有神——明清以来的自然灾害及其社会应对机制》，上海交通大学出版社2007年版。

［6］康霈竹：《清代仓储制度的衰落与饥荒》，《社会科学战线》1996年第3期。

［7］吴洪琳：《清代陕西社仓的经营和管理》，《陕西师范大学学报》2004年第2期。

［8］李向军《清代救灾的基本程序》，《中国经济史研究》1992年第4期。

［9］李向军：《清代救灾的制度建设与社会效果》，《历史研究》1995
      年第 5 期。

［10］于进军编：《慈禧西逃时漕粮京饷转输史料》，《历史档案》
      1986 年第 3 期。

［11］谢俊美：《晚清卖官鬻爵新探——兼论捐纳制度与清朝灭亡》，
      《华东师范大学学报》2001 年第 5 期。

［12］赵晓华：《晚清的赈捐制度》，《史学月刊》2009 年第 12 期。

［13］贺立平：《边缘替代：让渡与扩展的合成——一个分析中国社
      团的理论框架》，载《海大法学评论》2002 年卷，吉林人民出
      版社 2002 年版。

［14］朱浒：《地方谱系向国家场域的蔓延——1900—1901 年陕西旱
      灾与义赈》，《清史研究》2006 年第 2 期。

［15］冯建萍：《陕西天主教方济各会传教活动研究（1696—1949）》，
      硕士学位论文，西北大学，2009 年。

［16］晏路：《康熙、雍正、乾隆时期的赈灾》，《满族研究》1998 年
      第 3 期。

［17］吕美颐：《略论清代赈灾制度中的弊端与防弊措施》，《郑州大
      学学报》1995 年第 4 期。

［18］张莉：《乾隆朝陕西灾荒及救灾政策》，《历史档案》2004 年第
      3 期。

［19］刘仰东：《灾荒：考察近代中国社会的另一个视角》，《清史研
      究》1995 年第 2 期。

［20］卜风贤：《明清时期减灾政策与救荒制度》，《中国减灾》2007
      年第 11 期。

［21］吴洪琳：《论清代陕西社仓的地域分布特征》，《中国历史地理
      论丛》2001 年第 1 期。

［22］周源和：《清代人口研究》，《中国社会科学》1982 年第 2 期。

［23］吴文晖：《灾荒与中国人口问题》，《中国实业杂志》1935 年第
      10 期。

[24] 陈翰笙：《关中小农经济的崩毁》，《东方杂志》1933 年第 30 卷第 1 号。

[25] 李蕤：《无尽长的死亡线——1942 年豫灾剪影》，《河南文史资料》1985 年第 13 辑。

[26] 卜凤贤：《中国农业灾害历史演变规律初探》，《古今农业》1997 年第 4 辑。

[27] 章元善：《我的合作经验及感想》，《大公报》1933 年 4 月 29 日。

[28] 吴敬敷：《华洋义赈会农村合作事业访问记》，《农村复兴委员会会报》1934 年第 2 卷第 4 号。

[29] 秦孝仪：《中国华洋义赈总会拟定之农村信用合作社章程》，《革命文献》第 84 辑，台北文海出版社 1980 年版。

[30] 于树德：《农荒预防与产业协济会》，《东方杂志》1920 年第 17 卷第 20 号。

[31] 樊如森：《陕西抗战时期经济发展述评》，《云南大学学报》（社会科学版）2009 年第 5 期。

[32] 于右任：《陕灾述略》，《陕西地方志通讯》1985 年第 5 期。

[33] 冯柳堂：《旱灾与民食问题》，《东方杂志》1934 年第 31 卷第 18 号。

[34] 聂树人：《陕西历史上的水旱灾害问题》，《陕西农业》1964 年第 4 期。

[35] 李文海：《论近代中国灾荒史研究》，《中国人民大学学报》1988 年第 6 期。

[36] 李文海：《中国近代灾荒与社会生活》，《近代史研究》1990 年第 5 期。

[37] 吴德华：《试论民国时期的灾荒》，《武汉大学学报》1992 年第 3 期。

[38] 沈社荣：《浅析 1928—1930 年西北大旱灾的特点及影响》，《固原师专学报》2002 年第 1 期。

[39] 李德民、周世春：《论陕西近代旱荒的影响及成因》，《西北大学学报》（哲学社会科学版）1994 年第 3 期。

[40] 袁林：《陕西历史饥荒统计规律研究》，《陕西师范大学学报》（哲学社会科学版）2002 年第 5 期。

[41] 池子华：《近代农业生产条件的恶化和流民现象》，《中国农史》1999 年第 2 期。

[42] 阎永增、池子华：《近十年来中国近代灾荒史研究综述》，《唐山师范学院学报》2001 年第 1 期。

[43] 莫子刚、邝良锋：《试析十年内战时期灾荒的社会政治原因》，《西南民族学院学报》（哲学社会科学版）1999 年第 6 期。

[44] 张士杰：《国民政府推行农村合作运动的原因与理论阐释》，《民国档案》2000 年第 1 期。

[45] 夏明方：《抗战时期的灾荒与人口迁移》，《抗日战争研究》2000 年第 2 期。

[46] 曹峻：《试论民国时期的灾荒》，《民国档案》2000 年第 3 期。

[47] 王金香：《近代北中国旱灾成因探析》，《晋阳学刊》2000 年第 6 期。

[48] 魏宏运：《抗日战争时期西北地区的农业开发》，《史学月刊》2001 年第 1 期。

[49] 李玉尚：《民国时期西北地区人口的疾病与死亡》，《中国人口科学》2002 年第 1 期。

[50] 王印焕：《1911—1937 年移民移境就食问题初探》，《史学月刊》2002 年第 2 期。

[51] 梅德平：《国民政府时期农村合作社组织变迁的制度分析》，《民国档案》2004 年第 2 期。

[52] 刘五书：《论民国时期的以工代赈救荒》，《史学月刊》1997 年第 2 期。

[53] 孙语圣：《民国时期的疫灾与防治述论》，《民国档案》2005 年第 2 期。

［54］郑磊：《鸦片种植与饥荒问题——以民国时期关中地区为个案研究》，《中国社会经济史研究》2002 年第 2 期。

［55］张明爱、蔡勤禹：《民国时期救灾制度评析》，《东方论坛》2003 年第 2 期。

［56］蔡勤禹：《国民政府救难机制研究——以抗战时期为例》，《零陵学院学报》2003 年第 4 期。

［57］蔡勤禹：《民间慈善团体述评》，《档案与史学》2004 年第 2 期。

［58］满志敏：《历史旱涝灾害资料分布问题的研究》，《历史地理》第 16 辑，上海人民出版社 2000 年版。

［59］李喜霞：《民国时期西北地区的灾荒研究》，《西安文理学院学报》（社会科学版）2006 年第 2 期。

［60］王虹波：《论民国时期自然灾害对乡村经济的影响》，《通化师范学院学报》2007 年第 1 期。

［61］温艳：《20 世纪 20 — 40 年代西北灾荒研究》，硕士学位论文，西北大学，2005 年。

［62］孔祥成、刘芳：《试论民国时期的战争与灾荒》，《延安大学学报》（社会科学版）2007 年第 5 期。

［63］马真：《南京国民政府救灾体制研究（1927—1937）》，硕士学位论文，山东师范大学，2006 年。

［64］温艳、岳珑：《论民国时期西北地区自然灾害对人口的影响》，《求索》2010 年第 9 期。

［65］碧茵：《娼妓问题之检讨》，《东方杂志》第 32 卷第 17 号。

［66］雷亚妮：《清代陕西罂粟种植及对农业经济的影响》，《长安历史文化研究》第 4 辑，陕西人民出版社 2011 年版。

后　记

中国自古以来就是一个农业大国，农业历来被视为各业之本，备受历代统治者的重视。但由于气候变化无常，因而就难免会经常受到水、旱、风、雹、蝗等自然灾害的侵袭，以致给农业生产和农民生活造成极大的灾难。傅筑夫先生指出，一部二十四史几乎就是一部中国灾荒史。尤其是近些年来，全球自然灾害严重，20世纪的最后十年为"国际减轻自然灾害十年"，我国也进入自然灾害频发期，给广大人民造成了重大生命与财产损失，亟待学界研究预防灾害、减灾救灾的有效机制。

笔者对农业自然灾害的关注由来已久。作为农家子弟，笔者从小就对农村和农业有着一种特殊的感情。1988年，笔者从河南大学历史系毕业以后，有幸考取了我国著名历史地理学家史念海先生和朱士光先生的硕士研究生，开始从事中国历史地理的学习和研究工作。当时，在史念海先生的指导下，中国历史农业地理的研究正在进行当中，根据自己的爱好和研究工作的需要，笔者选择了"清代陕西农业地理"作为自己学位论文的研究内容，而"清代陕西农业自然灾害的时空分布规律及其影响"就是其中的一个部分。

2006年，笔者有幸成为陕西师范大学历史地理专业的硕士研究生导师，又开始指导研究生开展历史灾害地理方面的研究，刘英、赵锐、雷亚妮先后以《唐代关中地区水旱灾害与政府应对策略相互关系研究》《两汉关中地区自然灾害与政府应对策略相互关系研究》《晚清陕西水旱灾害与社会应对研究》为题撰写自己的硕士学位论文，并顺利通过答辩，刘英、雷亚妮的学位论文还获得了"优秀"的等次。

到了2011年，笔者以"清至民国陕西农业自然灾害研究"为题申报陕西省的社会科学基金项目，并获准立项资助。作为该项目的成员，笔者的两名研究生高禹、郑恕哲分别以《民国时期陕西地区农业自然灾害及救灾机制的现代化构建》和《清代陕西农业自然灾害的影响与社会应对》为题写作硕士学位论文，其中高禹的学位论文获得了各位评审专家的一致好评。上述这些成果都为"清至民国陕西农业自然灾害研究"课题的顺利完成奠定了良好的基础。为了保证课题研究的质量，在前期研究的基础上，笔者又按照研究大纲对最后成稿的撰写进行了分工：由笔者负责第一章"绪论"和第六章"清至民国时期陕西地区救灾活动的特点、困境与启示"的撰写，高禹负责第二章"清至民国陕西农业自然灾害的发生概况及特点"的撰写，郑恕哲负责第三章"清至民国陕西农业自然灾害影响的多维分析"的撰写，雷亚妮负责第四章"继承与嬗变——清至民国陕西官方救灾机制的发展与完善"和第五章"清至民国陕西社会救灾力量的兴起与壮大"的撰写。最后由笔者负责完成最终的统稿工作。所以说，本项目的最终完成是课题组成员共同努力的结果。

也正是以"清至民国陕西农业自然灾害研究"这一项目为基础，2012 年笔者又以"中国西部旱灾的社会应对研究（1644—1949）"为题申报了国家社会科学基金项目，并获准立项。希望我们对历史时期自然灾害的研究能够为我国当前的灾害预防和减灾救灾工作提供有益的借鉴与帮助，对农业的稳定发展发挥些许的作用，这样也算不负课题组成员的一番辛苦和努力了。